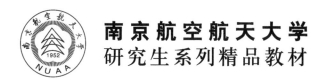

**南京航空航天大学**
**研究生系列精品教材**

# 高级运筹学

## （第二版）

党耀国　王俊杰　刘　斌／编著

科学出版社

北　京

# 内 容 简 介

本书主要包括高级运筹学的基本概念与基本理论、线性规划与灵敏度分析、整数规划、动态规划、目标规划、一维极值优化问题、无约束最优化方法、约束最优化方法、运筹学软件介绍等定量分析和优化的理论与方法。这些内容是经济管理类研究生应具备的基础知识，本书强调学以致用，以大量实际问题为背景引出各分支的基本概念、模型和方法，具有很强的实用性；在基本原理和方法的介绍方面，本书尽量避免复杂的理论证明，通过大量通俗易懂的例子进行理论方法的讲解，具有较强的趣味性，又不失理论性，理论难度由浅入深，适合不同层次的读者。

本书可作为高等院校经济管理类各专业的研究生教材，也可作为应用数学、计算科学等部分专业本科生的教材或参考书，还可作为面向实际应用的工程类、经济管理类和各类管理干部进修班的学员的参考书。

**图书在版编目(CIP)数据**

高级运筹学 / 党耀国，王俊杰，刘斌编著. —2 版. —北京：科学出版社，2024.6

南京航空航天大学研究生系列精品教材

ISBN 978-7-03-077675-4

Ⅰ. ①高…　Ⅱ. ①党…　②王…　③刘…　Ⅲ. ①运筹学-研究生-教材

Ⅳ. ①O22

中国国家版本馆 CIP 数据核字(2024)第 019860 号

责任编辑：方小丽 / 责任校对：杨聪敏
责任印制：赵　博 / 封面设计：蓝正设计

**科学出版社** 出版

北京东黄城根北街 16 号

邮政编码：100717

http://www.sciencep.com

涿州市般润文化传播有限公司印刷

科学出版社发行　各地新华书店经销

\*

2016 年 1 月第 一 版　开本：787×1092　1/16
2024 年 6 月第 二 版　印张：15 1/2
2025 年 1 月第七次印刷　字数：368 000

**定价：68.00 元**

(如有印装质量问题，我社负责调换)

# 前　言

党的二十大报告指出："我们要坚持教育优先发展、科技自立自强、人才引领驱动，加快建设教育强国、科技强国、人才强国，坚持为党育人、为国育才，全面提高人才自主培养质量，着力造就拔尖创新人才，聚天下英才而用之。"[①]

"运筹帷幄之中，决胜千里之外。"运筹学是一门应用科学，广泛应用现有的科学技术知识和数学方法，解决生产、管理等实践中的现实问题，为决策者选择优化决策提供定量的依据。运筹学在自然科学、工程技术、生产实践、经济建设及现代化管理中有着重要的意义。本书根据经济管理类及大多数工科研究生知识结构的需要，系统介绍了高级运筹学的基本概念与基本理论、线性规划与灵敏度分析、整数规划、动态规划、目标规划、一维极值优化问题、无约束最优化方法、约束最优化方法等定量分析和优化的理论与方法。掌握运筹学的这些基本理论与方法，是高等院校经济管理类专业研究生、各级各类管理人员必须具备的基本素质。

本书在编写过程中，在上一版的基础上，增加了目标规划以及基于运筹学软件的案例分析等内容，以生产管理实践中的实际问题为素材，强调实践中的管理理念，通过大量实际案例的分析和讲解，加深了读者对实际问题的认识，增强其学习兴趣；深入浅出地讲解各种模型的基本概念和求解思路，尽力避开纯粹数学上的复杂推导，易于学生理解和自学；教材体系结构清晰，涵盖了运筹学的经典理论模型和方法，内容选择安排合理，简单实用。

本书的部分内容曾作为教材被南京航空航天大学经济管理类及部分工科研究生使用多年，并得到南京航空航天大学研究生精品课程建设项目的资助。在此对研究生院的支持表示感谢。同时也向所有被直接或间接引用与参考的同行学者致以由衷的谢意。

本书共 9 章，其中第 1、2、7、8 章由党耀国执笔，第 5、6、9 章由王俊杰执笔，第 3、4 章由刘斌执笔。党耀国负责全书统稿，并审定了各章内容。

本书可作为高等院校经济管理类各专业的研究生教材，也可作为应用数学、计算科学等部分专业本科生的教材或参考书，还可作为面向实际应用的工程类、经济管理类和各类管理干部进修班的学员的参考书。

由于编著者水平有限，本书可能存在疏漏和不足之处，敬请专家、学者及读者不吝指正。

党耀国

2024 年 5 月

---

[①] 《习近平：高举中国特色社会主义伟大旗帜 为全面建设社会主义现代化国家而团结奋斗——在中国共产党第二十次全国代表大会上的报告》，https://www.gov.cn/xinwen/2022-10/25/content_5721685.htm，2022 年 10 月 25 日。

# 目　　录

第 1 章　基本概念与基本理论 ·········································· 1
  1.1　运筹学最优化问题举例 ······································· 1
  1.2　凸集、凸函数和凸规划 ······································· 5
    1.2.1　凸集 ················································ 5
    1.2.2　凸函数 ·············································· 6
    1.2.3　凸规划 ·············································· 8
  1.3　最优性条件 ················································ 10
    1.3.1　非线性规划的数学模型 ································· 10
    1.3.2　极值问题 ············································ 11
  1.4　迭代算法收敛性 ············································ 13
    1.4.1　迭代的基本格式 ······································ 13
    1.4.2　收敛性与收敛速度 ···································· 15
  习题 1 ······················································· 16
第 2 章　线性规划与灵敏度分析 ······································ 17
  2.1　线性规划问题及其数学模型 ·································· 17
    2.1.1　线性规划问题的数学模型 ······························ 17
    2.1.2　线性规划问题的标准型 ································· 19
  2.2　线性规划问题的图解法及几何意义 ···························· 21
    2.2.1　线性规划问题解的概念 ································· 21
    2.2.2　线性规划问题的图解法 ································· 24
    2.2.3　基本定理 ············································ 27
  2.3　单纯形算法 ················································ 27
    2.3.1　确定初始基可行解 ···································· 28
    2.3.2　最优性检验 ·········································· 29
    2.3.3　基变换 ·············································· 30
  2.4　单纯形算法的进一步讨论 ···································· 34
    2.4.1　初始基本可行解的确定 ································· 34
    2.4.2　大 M 法 ············································· 35
    2.4.3　两阶段法 ············································ 37
    2.4.4　检验数的几种表示方法 ································· 39
  2.5　线性规划的对偶理论 ········································ 40
    2.5.1　对偶问题 ············································ 40
    2.5.2　对偶理论 ············································ 42

　　　　2.5.3　对偶解的经济解释 ·················································· 48

　　　　2.5.4　对偶单纯形法 ······················································ 51

　　2.6　灵敏度分析 ·································································· 54

　　　　2.6.1　目标函数价值系数 $c_j$ 的灵敏度分析 ····························· 55

　　　　2.6.2　资源约束量 $b$ 的灵敏度分析 ····································· 57

　　　　2.6.3　添加新变量的灵敏度分析 ········································· 58

　　　　2.6.4　添加新约束的灵敏度分析 ········································· 59

　　　　2.6.5　技术系数 $a_{ij}$ 的改变 (计划生产的产品工艺结构发生改变) ······ 60

　　2.7　应用举例 ···································································· 63

　习题 2 ············································································· 66

第 3 章　整数规划 ···································································· 70

　　3.1　整数规划的数学建模 ······················································ 70

　　　　3.1.1　装箱问题 ·········································· 70

　　　　3.1.2　工厂选址问题 ····························································· 70

　　　　3.1.3　背包问题 ············································ 71

　　3.2　整数规划的求解算法 ······················································ 72

　　　　3.2.1　分支定界算法 ····························································· 72

　　　　3.2.2　割平面法 ···································································· 74

　　　　3.2.3　0-1 规划及隐枚举法 ······················································ 76

　　　　3.2.4　指派问题及匈牙利法 ······················································ 77

　　3.3　案例分析 ···································································· 82

　　　　3.3.1　分销中心选址问题 ························································ 82

　　　　3.3.2　航线的优化安排问题 ······················································ 84

　　　　3.3.3　投资项目选择问题 ························································ 86

　　　　3.3.4　值班人员安排问题 ························································ 87

　习题 3 ············································································· 89

第 4 章　动态规划 ···································································· 92

　　4.1　多阶段决策过程与实例 ····················································· 92

　　4.2　动态规划的基本概念和递归方程 ············································ 94

　　4.3　最优性原理与建模方程 ····················································· 98

　　4.4　动态规划的应用案例 ······················································ 99

　　　　4.4.1　背包问题 ···································································· 99

　　　　4.4.2　投资问题 ·································································· 101

　　　　4.4.3　排序问题 ·································································· 103

　　　　4.4.4　旅行售货商问题 ·························································· 106

　　　　4.4.5　Stackelberg 博弈 ························································ 108

　　　　4.4.6　动态规划在非线性规划求解中的应用 ······································ 108

　　　　4.4.7　动态规划在基础数学中的应用 ············································ 109

4.5　案例分析 ················································ 110
习题 4 ······················································ 114
**第 5 章　目标规划** ········································· 116
5.1　目标规划问题 ··········································· 116
5.1.1　目标规划的定义 ··································· 116
5.1.2　目标规划问题举例 ································· 116
5.1.3　多目标优化问题处理方法的一般讨论 ·············· 120
5.2　目标规划的数学模型 ····································· 122
5.2.1　多目标优化问题的处理 ····························· 123
5.2.2　目标约束的处理 ··································· 124
5.2.3　带有优先级的目标规划 ····························· 125
5.3　目标规划的图解法 ······································· 129
5.4　目标规划的算法 ········································· 132
5.4.1　单纯形法 ········································· 132
5.4.2　序列解法 ········································· 137
5.5　应用举例 ··············································· 140
习题 5 ······················································ 145
**第 6 章　一维极值优化问题** ································· 149
6.1　分数法 (斐波那契法) ····································· 150
6.2　黄金分割法 (0.618 法) ··································· 152
6.3　牛顿法 (切线法) ········································· 154
6.4　抛物线法 (二次插值法) ··································· 156
6.5　外推内插法 ············································· 160
习题 6 ······················································ 161
**第 7 章　无约束最优化方法** ································· 162
7.1　梯度法 (最速下降法) ····································· 162
7.2　共轭梯度法 ············································· 165
7.3　牛顿法 ················································· 169
7.4　变尺度法 ··············································· 173
7.5　坐标轮换法 ············································· 178
7.6　单纯形法 ··············································· 180
7.7　模式搜索法 ············································· 183
7.8　鲍威尔方法 ············································· 185
习题 7 ······················································ 192
**第 8 章　约束最优化方法** ··································· 193
8.1　约束优化方法概述 ······································· 193
8.1.1　约束优化问题的类型 ······························· 193
8.1.2　约束优化方法的分类 ······························· 193

　　　8.1.3　约束优化问题的最优解及其必要条件 ································ 194
　8.2　库恩-塔克条件 ······························································· 196
　　　8.2.1　等式约束优化问题的最优性条件 ······························· 196
　　　8.2.2　不等式约束优化问题的最优性条件 ···························· 197
　　　8.2.3　一般约束优化问题的最优性条件 ······························· 199
　8.3　罚函数法与障碍函数法 ··················································· 203
　　　8.3.1　罚函数法 ····························································· 203
　　　8.3.2　障碍函数法 ·························································· 207
　　　8.3.3　混合罚函数法 ······················································ 210
　　　8.3.4　乘子法 ································································· 211
　8.4　复形法 ········································································· 212
　习题 8 ··············································································· 214
第 9 章　运筹学软件介绍 ··························································· 215
　9.1　运筹学中几种常见软件介绍 ············································· 215
　9.2　利用 Excel 求解线性规划问题 ·········································· 218
　　　9.2.1　Excel 求解线性规划问题步骤 ·································· 218
　　　9.2.2　利用 Excel 进行线性规划的灵敏度分析 ···················· 221
　9.3　利用 Excel 求解整数规划 ··············································· 223
　　　9.3.1　整数规划求解 ······················································ 223
　　　9.3.2　0-1 整数规划求解 ················································· 225
　9.4　LINGO 软件求解非线性规划 ··········································· 226
　　　9.4.1　LINGO 软件介绍 ················································· 226
　　　9.4.2　LINGO 求解一维极值优化问题 ······························· 228
　　　9.4.3　LINGO 求解无约束最优问题 ··································· 229
　　　9.4.4　LINGO 求解约束最优问题 ······································ 230
　9.5　LINGO 求解多目标规划问题 ··········································· 230
　　　9.5.1　多目标规划实例 ··················································· 230
　　　9.5.2　多目标规划的有效解 ············································· 233
参考文献 ·············································································· 238

# 第 1 章　基本概念与基本理论

## 1.1　运筹学最优化问题举例

在运筹学模型中，一类最重要的模型是数学规划模型，它们有如下共同形式：

$$\begin{cases} \text{opt.} f(x_i, c_j) \\ \text{s.t.} g_h(x_i, d_k) \leqslant (=, \geqslant) 0 \end{cases}$$

其中，$i, j, k, h$ 为指标变量取值从 1 开始顺序排列的有限自然数；$f$ 为实值函数 (或向量函数)，称为目标函数；$g_h$ 为一系列函数，称为约束函数；opt. 表示对右端函数优化，一般取最大 (max) 或最小 (min)；s.t. 是 subject to 的缩写，表示问题的解要满足后面的等式或不等式组，$x_i$ 为决策变量，$c_j, d_k$ 为问题的参数。

这类模型的形式表示要在限定的约束条件下求得目标函数的最优解。

在讨论中常把约束条件表示为集合的形式：

$$S = \{x_i \,|\, g_h(x_i, d_k) \leqslant (=, \geqslant) 0\}$$

称为约束集合或可行解集合 (简称可行集)，为了便于讨论，常把模型记为如下的简单形式：

$$\begin{cases} \text{opt.} f(x) \\ \text{s.t.} x \in S \end{cases}$$

数学规划模型按其函数特征及变量性质可以划分为不同类型。

(1) 线性规划模型。各函数均为线性函数，变量均为确定型的问题。

(2) 非线性规划模型。各函数中含有非线性函数，变量均为确定型的问题。

(3) 多目标规划模型。上两类问题中，若目标函数是向量值函数，变量即多个目标函数的问题。

(4) 整数规划模型。上述问题中，若决策变量的取值范围是整数的问题，则为整数规划模型。

(5) 动态规划模型。求解多阶段决策过程的问题。

(6) 随机规划模型。当问题存在随机因素时，求解过程有其特殊的要求。

为了帮助读者建立运筹学模型的概念，并了解建模思想的实际应用，下面举一些运筹学优化的例子。

**例 1.1**　多参数的曲线拟合问题。已知热敏电阻 $R$ 依赖于温度 $t$ 的函数关系：

$$R(t) = x_1 \exp\left(\frac{x_2}{t + x_3}\right)$$

其中，$x_1, x_2, x_3$ 为待定参数。

经过实验测得一组数据 $\{(t_i, R_i) \mid i = 1, 2, \cdots, n\}$，问题是如何确定参数 $x_1, x_2, x_3$ 使得偏差的平方和最小。

给定一组数据 $(x_1, x_2, x_3)$，由上式可以确定 $R$ 关于 $t$ 的函数关系式，但这条曲线不一定正好通过测量点，通常使用最小平方和误差来度量。

$$\min f(x_1, x_2, x_3) = \sum_{i=1}^{n} \left( R_i - x_1 \exp\left( \frac{x_2}{t_i + x_3} \right) \right)^2$$

这就是最小二乘问题。

**例 1.2**　生产成本问题。设 $x_1$ 为资本，$x_2$ 为劳动力，$Q$ 为产出产量。则

$$Q(x_1, x_2) = A x_1^{\alpha} x_2^{\beta}$$

其中，$A$ 为生产技术水平；$\alpha, \beta$ 为参数；$Q(x_1, x_2)$ 称为柯布-道格拉斯 (Cobb-Douglas) 生产函数。

已知工资率为 $\omega$，资本报酬率为 $r$，则生产成本为

$$C = r x_1 + \omega x_2$$

生产成本问题就是产量不低于某一水平 $Q_0$ 的条件下，使生产成本最小化

$$\min C = r x_1 + \omega x_2$$
$$\text{s.t.} \begin{cases} A x_1^{\alpha} x_2^{\beta} \geqslant Q_0 \\ x_1 \geqslant 0, x_2 \geqslant 0 \end{cases}$$

**例 1.3**　资源分配问题。考虑将 $m$ 种资源安排给 $n$ 种活动，问应如何分配资源，才能使收益最大？

设决策变量 $x_j (j = 1, 2, \cdots, n)$ 表示选用活动 $j$ 的水平，已知数据有 $b = (b_1, b_2, \cdots, b_m)^{\mathrm{T}}$，其中 $b_i$ 为第 $i$ 种资源的拥有量，$A = (a_{ij})_{m \times n}$，$a_{ij}$ 为资源 $i$ 相对于活动 $j$ 的消耗量。$C = (c_1, c_2, \cdots, c_n)^{\mathrm{T}}$，其中 $c_j$ 为活动 $j$ 的单位利润。则对应的最优化模型为

$$\max Z = C^{\mathrm{T}} X$$
$$\text{s.t.} \begin{cases} AX \leqslant b \\ X \geqslant 0 \end{cases}$$

该模型是线性规划模型。目标函数与约束不等式都是关于决策变量的线性函数。

在某些实际应用中，有时考虑的利润 $c_1, c_2, \cdots, c_n$ 并不是固定的数值，而是随机变量，假定 $C$ 是一个均值为 $\overline{C} = (\bar{c}_1, \bar{c}_2, \cdots, \bar{c}_n)^{\mathrm{T}}$，协方差矩阵为 $V$ 的随机变量。

(1) 如果希望 $Z$ 的期望最大，则可以考虑线性规划模型：

$$\max Z = \overline{C}^{\mathrm{T}} X$$
$$\text{s.t.} \begin{cases} AX \leqslant b \\ X \geqslant 0 \end{cases}$$

(2) 如果希望 $Z$ 的方差最小, 则有如下模型:

$$\min Z = X^{\mathrm{T}}VX$$
$$\text{s.t.} \begin{cases} AX \leqslant b \\ X \geqslant 0 \end{cases}$$

这时目标函数是一个二次函数, 约束为线性约束, 它是比较特殊的非线性规划模型, 称为二次规划问题.

(3) 如果希望 $Z$ 的期望最大, 同时方差最小:

$$\max \overline{C}^{\mathrm{T}}X$$
$$\min Z = X^{\mathrm{T}}VX$$
$$\text{s.t.} \begin{cases} AX \leqslant b \\ \overline{C}^{\mathrm{T}}X \geqslant \overline{Z} \\ X \geqslant 0 \end{cases}$$

这是一个多目标规划问题.

(4) 如果对 $Z$ 的期望、方差综合考虑. 假定人们的兴趣在于保证期望达到至少某一值 $\overline{Z}$, 而风险最小. 这个 $\overline{Z}$ 常常被认为是愿望水平或满意水平. 一种自然的考虑就是要求 $\overline{C}^{\mathrm{T}}X \geqslant \overline{Z}$, 则

$$\min Z = X^{\mathrm{T}}VX$$
$$\text{s.t.} \begin{cases} AX \leqslant b \\ \overline{C}^{\mathrm{T}}X \geqslant \overline{Z} \\ X \geqslant 0 \end{cases}$$

这是二次规划问题.

另一种方法是令 $\alpha = P(C^{\mathrm{T}}X \geqslant \overline{Z})$, $\alpha$ 为获得满意水平 $\overline{Z}$ 的概率, 人们当然希望 $\alpha$ 最大. 为了把这个不确定性问题转化为确定性问题, 假设 $C = d + Yp$, $d, p$ 为 $n$ 维向量, $Y$ 为随机变量, 则

$$\alpha = = P(C^{\mathrm{T}}X \geqslant \overline{Z}) = P(d^{\mathrm{T}}X + Yp^{\mathrm{T}}X \geqslant \overline{Z}) = P\left(Y \geqslant \frac{\overline{Z} - d^{\mathrm{T}}X}{p^{\mathrm{T}}X}\right)$$

相应的模型为

$$\min \frac{\overline{Z} - d^{\mathrm{T}}X}{p^{\mathrm{T}}X}$$
$$\text{s.t.} \begin{cases} AX \leqslant b \\ X \geqslant 0 \end{cases}$$

该模型的目标函数是分子、分母都是决策变量的线性函数, 称为线性分式规划.

**例 1.4**　投资决策问题. 某企业有 $n$ 个项目可供选择, 至少要对其中一个项目投资. 已知该企业拥有总资金为 $A$ 元, 投资于第 $i(i = 1, 2, \cdots, n)$ 个项目需要花资金 $a_i$ 元, 预计可以收益 $b_i$ 元. 试选择最佳投资方案.

设投资决策变量为

$$x_i = \begin{cases} 1, & \text{投资第 } i \text{ 个项目} \\ 0, & \text{不投资第 } i \text{ 个项目} \end{cases} \quad (i = 1, 2, \cdots, n)$$

则投资总额为 $\sum\limits_{i=1}^{n} a_i x_i$，投资总收益为 $\sum\limits_{i=1}^{n} b_i x_i$。

因为要至少对一个项目投资，且投资总额不能超过总资金 $A$，故有限制条件

$$0 \leqslant \sum_{i=1}^{n} a_i x_i \leqslant A$$

另外，由于 $x_i (i = 1, 2, \cdots, n)$ 只取 0 或 1，故有

$$x_i(1 - x_i) = 0, \quad i = 1, 2, \cdots, n$$

最佳投资方案应是投资额最小而收益最大的方案，所以该最佳投资决策问题归结为，在总资金以及决策变量方案 (取 0 或 1) 的限制条件下，最大化总收益和总投资额之比。因此数学模型为

$$\max f(x_1, x_2, \cdots, x_n) = \frac{\sum\limits_{i=1}^{n} b_i x_i}{\sum\limits_{i=1}^{n} a_i x_i}$$

$$\text{s.t.} \begin{cases} 0 \leqslant \sum\limits_{i=1}^{n} a_i x_i \leqslant A \\ x_i(1 - x_i) = 0, i = 1, 2, \cdots, n \end{cases}$$

该模型也是一个线性分式规划模型。

**例 1.5** 选址问题。设有 $n$ 个市场，第 $j$ 个市场的位置为 $(a_j, b_j)$，对某种货物的需求量为 $q_j$，现规划 $m$ 个仓库，第 $i$ 个仓库的容量为 $c_i$。试确定仓库的位置，使仓库到市场的总加权距离最小。

设 $(x_i, y_i)$ 为仓库的位置坐标，$d_{ij}$ 为仓库 $i$ 到市场 $j$ 的距离，$w_{ij}$ 为仓库 $i$ 到市场 $j$ 的货物单位数量。则该问题的数学模型为

$$\min \sum_{i=1}^{m} \sum_{j=1}^{n} w_{ij} d_{ij}$$

$$\text{s.t.} \begin{cases} \sum\limits_{j=1}^{n} w_{ij} \leqslant c_i, & i = 1, 2, \cdots, m \\ \sum\limits_{i=1}^{m} w_{ij} = q_j, & j = 1, 2, \cdots, n \\ w_{ij} \geqslant 0 \end{cases}$$

关于 $d_{ij}$ 的度量, 可以采用 $d_{ij} = \sqrt{(x_i - a_j)^2 + (y_i - b_j)^2}$, 这时模型就是以 $x_1, x_2, \cdots,$ $x_m; y_1, y_2, \cdots, y_m; w_{11}, w_{12}, \cdots, w_{mn}$ 为变量的非线性规划模型。如果仓库的位置是固定的, 则 $d_{ij}$ 是常数, 它就是线性规划模型。

## 1.2　凸集、凸函数和凸规划

### 1.2.1　凸集

**定义 1.1**　假设 $K$ 是 $n$ 维欧氏空间的一个点集, 若对于 $K$ 中的任意两点 $X_1$、$X_2$, 其连线内的所有点 $\alpha X_1 + (1 - \alpha)X_2 (0 \leqslant \alpha \leqslant 1)$ 都在集合 $K$ 中, 即

$$\alpha X_1 + (1 - \alpha)X_2 \in K, \quad 0 \leqslant \alpha \leqslant 1$$

则称 $K$ 为凸集。

为了便于归类及讨论, 规定空集 $\varnothing$ 为凸集。

从直观上讲, 凸集无凹入部分, 其内部没有洞。

常见的实心圆、实心球、实心立方体等都是凸集, 圆周不是凸集。

图 1.1 中, (a)、(b) 为凸集, (c)、(d) 不是凸集。容易验证以下结论是正确的。

(1) 全集 $\mathbb{R}^n$ 都是凸集。

(2) 若 $S_1, S_2$ 为凸集, 则它们的交 $S_1 \cap S_2$ 是凸集。

(3) 若 $S$ 为凸集, 则 $\alpha S$ 仍为凸集, 其中 $\alpha$ 为实数。

(4) 设 $\alpha = (\alpha_1, \alpha_2, \cdots, \alpha_n) \in \mathbb{R}^n, \alpha \neq 0$, 且 $\alpha \in \mathbb{R}$ 则 $H = \left\{ X \in \mathbb{R}^n \left| \alpha^{\mathrm{T}} X = b \right. \right\}$ 是凸集。即通常所称的超平面。

当 $\alpha$ 为一维向量时, 就是直线。

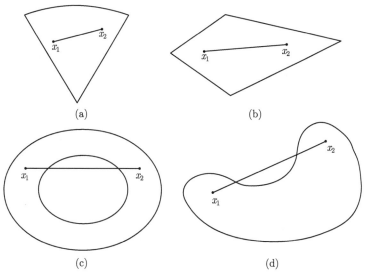

图 1.1　凸集与非凸集示例

半空间 $H^- = \{X \in \mathbb{R}^n \,|\, \alpha^{\mathrm{T}}X \leqslant b\}$ 与 $H^+ = \{X \in \mathbb{R}^n \,|\, \alpha^{\mathrm{T}}X \geqslant b\}$ 都是凸集。

**定义 1.2**　设 $X_1, X_2, \cdots, X_k$ 是 $n$ 维欧氏空间 $\mathbb{R}^n$ 中的 $k$ 个点，若存在 $\alpha_1, \alpha_2, \cdots,$ $\alpha_k$，且 $0 \leqslant \alpha_i \leqslant 1(i = 1, 2, \cdots, k)$，$\sum\limits_{i=1}^{k} \alpha_i = 1$，使 $X = \alpha_1 X_1 + \alpha_2 X_2 + \cdots + \alpha_k X_k$，则称 $X$ 为由点 $X_1, X_2, \cdots, X_k$ 所构成的凸组合。

按照定义，凡是由 $X, Y$ 的凸组合表示的点都在 $X, Y$ 的连线内，反之亦然。

**定义 1.3**　假设 $K$ 为凸集，$X \in K$；若不能用不同的两个点 $X_1$、$X_2 \in K$ 的线性组合表示为

$$X = \alpha X_1 + (1 - \alpha)X_2, \quad 0 < \alpha < 1$$

则称 $X$ 为凸集 $K$ 的一个顶点 (或称为极点)。

顶点不位于凸集 $K$ 中的任意不同两点的连线内。

### 1.2.2　凸函数

**定义 1.4**　设 $f(X)$ 是定义在 $n$ 维欧氏空间 $\mathbb{R}^{(n)}$ 中某个凸集 $\Omega$ 上的函数，若对任意一个实数 $\alpha(0 < \alpha < 1)$ 以及 $\Omega$ 中的任意两点 $X_1$ 和 $X_2$，恒有

$$f(\alpha X_1 + (1 - \alpha)X_2) \leqslant \alpha f(X_1) + (1 - \alpha)f(X_2)$$

则称 $f(X)$ 是定义在凸集 $\Omega$ 上的凸函数。

若对任意一个实数 $\alpha(0 < \alpha < 1)$ 以及 $X_1$、$X_2 \in \Omega$，且 $X_1 \neq X_2$。恒有 $f(\alpha X_1 + (1 - \alpha)X_2) < \alpha f(X_1) + (1 - \alpha)f(X_2)$，则称 $f(X)$ 是定义在凸集 $\Omega$ 上的严格凸函数。

若上述不等式反向，称 $f(X)$ 为 $\Omega$ 上的凹函数及严格凹函数。

以一维函数为例，凸函数的几何意义在于，任意两点间的曲线弧总是位于这两点间的弦线段之下，即函数图形上任意两点的连线处处不在这个函数图形的下方，称为凸函数，凹函数则相反。

图 1.2(a) 为凸函数，显示了凸函数曲线在 $[X_1, X_2]$ 内处低于割线的特征；图 1.2(b) 为凹函数，图 1.2 (c) 为非凸非凹函数。

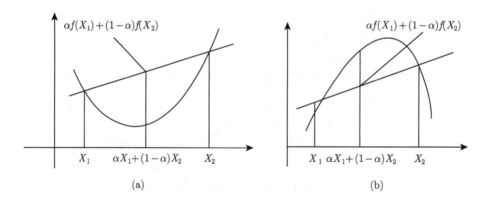

　　　　　(a)　　　　　　　　　　　　　　　　　(b)

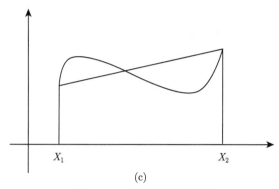

(c)

图 1.2　一维凸函数示意图

为了与人们的视觉习惯相符, 凸函数也称为下凸函数, 凹函数也称为下凹函数。

显然, 线性函数既是凸函数, 又是凹函数。如 $f(X)$ 为凸函数 (凹函数), 则 $-f(X)$ 为凹函数 (凸函数)。

凸函数的性质如下。

**性质 1.1**　设 $f(X)$ 是凸集 $\Omega$ 上的凸函数, $X_1, X_2, \cdots, X_k \in \Omega, \lambda_i \geqslant 0$, 且 $\sum\limits_{i=1}^{k} \lambda_i = 1$, 则 $f\left(\sum\limits_{i=1}^{k} \lambda_i X_i\right) \leqslant \sum\limits_{i=1}^{k} \lambda_i f(X_i)$。

**性质 1.2**　设 $f_1(X), f_2(X)$ 是凸集 $\Omega$ 上的两个凸函数, 则和函数 $f_1(X) + f_2(X)$ 仍是凸集 $\Omega$ 上的凸函数。

**性质 1.3**　设 $f(X)$ 是凸集 $\Omega$ 上的凸函数, 对任意的实数 $\beta \geqslant 0$, $\beta f(X)$ 仍是凸集 $\Omega$ 上的凸函数。

由性质 1.2、性质 1.3 可得: 凸集 $\Omega$ 上的有限个凸函数 $f_1(X), f_2(X), \cdots, f_m(X)$ 的正系数的线性组合 $\beta_1 f_1(X) + \beta_2 f_2(X) + \cdots + \beta_m f_m(X)$, 仍是凸集 $\Omega$ 上的凸函数。

**性质 1.4**　设 $f(X)$ 是定义在凸集 $\Omega$ 上的凸函数, 则对每一个实数 $\beta$, 集合 $S_\beta = \{X \mid X \in \Omega, f(X) \leqslant \beta\}$ 是凸集。集合 $S_\beta$ 称为实数 $\beta$ 的水平集。

值得注意的是, 性质 1.4 的逆命题不成立。

**例 1.6**　当 $\Omega = \{x \in R \mid x \geqslant 0\}$ 时, $f(x) = \sqrt{x}$ 是 $\Omega$ 上的严格凹函数, 而不是凸函数。但对于一切 $\beta \in \mathbb{R}$, 水平集 $S_\beta = \{X \mid X \in \Omega, f(X) \leqslant \beta\}$ 是凸集。

下面介绍凸函数的判定方法。

**定理 1.1**　设 $f(X)$ 是凸集 $\Omega$ 上具有一阶连续偏导数, 则 $f(X)$ 是凸集 $\Omega$ 上的凸函数的充分必要条件为: 对于任意两点 $X_1, X_2 \in \Omega, X_1 \neq X_2$, 必有

$$f(X_2) \geqslant f(X_1) + \nabla f(X_1)^{\mathrm{T}} (X_2 - X_1)$$

不等式是严格不等式时, 即得严格凸函数的充要条件。

即对一个可微函数, 函数为凸函数的充分必要条件为函数图形上任意一点处的切平面位于曲面的下方。

**定理 1.2**　设 $f(X)$ 是凸集 $\Omega$ 上具有二阶连续偏导数，则 $f(X)$ 是凸集 $\Omega$ 上的凸函数的充分必要条件为：$f(X)$ 的黑塞矩阵 $H(X)$ 在整个 $\Omega$ 上是半正定的。

**定理 1.3**　$f(X)$ 在凸集 $\Omega$ 上为严格凸函数的充分条件是 $f(X)$ 的黑塞矩阵 $H(X)$ 是正定的。但必要性不成立。

例如，$f(x) = x^4$ 是严格凸函数，但它的二阶黑塞矩阵 $f''(x) = 12x^2$，当 $x = 0$ 时它不是正定的。

凹函数和上面的结果类似，在此就不重复。

**例 1.7**　设 $f(X) = \dfrac{1}{2}X^{\mathrm{T}}QX + b^{\mathrm{T}}X + C, X \in \mathbb{R}^n$，其中 $Q$ 为 $n$ 阶对称矩阵，则

(1) $f$ 是 $\mathbb{R}^n$ 上的凸函数 $\Leftrightarrow Q$ 为半正定矩阵。

(2) $f$ 是 $\mathbb{R}^n$ 上的严格凸函数 $\Leftrightarrow Q$ 为正定矩阵。

证明：二次函数 $f(X)$ 在 $\mathbb{R}^n$ 上具有二阶连续偏导数，且

$$\nabla f(X) = QX + b, \quad \nabla^2 f(X) = Q$$

由定理知，(1) 成立。

下面证 (2)：因为 $f$ 是 $\mathbb{R}^n$ 上的严格凸函数，当且仅当

$$f(Y) > f(X) + \nabla f(X)^{\mathrm{T}}(Y - X), 任意 \ X, Y \in \mathbb{R}^n, X \neq Y$$

即等价于 $f(Y) > f(X) + (QX + b)^{\mathrm{T}}(Y - X), X, Y \in \mathbb{R}^n, X \neq Y$。

因为 $f$ 是二次函数，$Q$ 为对称矩阵，所以上式等价于 $\dfrac{1}{2}Y^{\mathrm{T}}QY > -\dfrac{1}{2}X^{\mathrm{T}}QX + X^{\mathrm{T}}QY$ 即 $\dfrac{1}{2}(Y - X)^{\mathrm{T}}Q(Y - X) > 0$，故 $Q$ 为正定矩阵。

因此，对于二次函数在凸集 $\Omega$ 上为严格凸函数与其黑塞矩阵 $H(X)$ 正定是充分必要条件。

**例 1.8**　证明 $f(X) = -x_1^2 - x_2^2$ 为凹函数。

**证明**

$$\frac{\partial f}{\partial x_1} = -2x_1, \quad \frac{\partial f}{\partial x_2} = -2x_2$$

$$\frac{\partial^2 f}{\partial x_1^2} = -2, \quad \frac{\partial^2 f}{\partial x_2^2} = -2, \quad \frac{\partial^2 f}{\partial x_1 \partial x_2} = \frac{\partial^2 f}{\partial x_2 \partial x_1} = 0$$

故 $H(X) = \begin{bmatrix} -2 & 0 \\ 0 & -2 \end{bmatrix}$，所以 $H(X)$ 为负定矩阵，故 $f(X)$ 为严格凹函数。

### 1.2.3　凸规划

一般来说，函数的局部极值不一定就是全局极值，解非线性规划时，所求最优解必须是目标函数在某个可行域上的全部极值。对于一类所给凸规划来说，其局部最优解必定是全局最优解。

**定理 1.4**　设 $f(X)$ 是凸集 $\Omega$ 上的一个凸函数，则使得 $f(X)$ 取得极小值的点集必是一个凸集，而且 $f(X)$ 的任一局部极小值也是它在凸集 $\Omega$ 上的全局极小值。

该定理说明，对于凸集上的凸函数，所有极小点位于同一凸集中，即所有极小点的集合形成一个凸集，而且局部极小值也是全局极小值。

**推论 1.1**　设 $f(X)$ 在凸集 $\Omega$ 内为严格凸函数，其最小点若存在，则该最小点一定是唯一的。

**定理 1.5**　设 $f(X)$ 是凸集 $\Omega$ 上的一阶可微凸函数，点 $X^* \in \Omega$，且为 $\Omega$ 的内点，则 $X^*$ 为 $f(X)$ 在凸集 $\Omega$ 上的全局极小点的充分必要条件为对于所有 $Y \in \Omega$，有 $\nabla f(X^*)(Y - X^*) \geqslant 0$。

由定理可知，当 $X^*$ 为 $\Omega$ 的内点时，上式对于任意的 $(Y - X^*)$ 都成立，即它意味着 $\nabla f(X^*) = 0$，也就是说，对于凸集上的凸函数，驻点就是全局极小点。

**定义 1.5**　设有数学规划问题

$$\min f(X)$$

$$\text{s.t.} X \in \Omega$$

其中，$f(X)$ 为凸可行域 $\Omega$ 上的凸函数，则称这个规划为凸规划。

若将可行域记为 $\Omega = \{X | g_j(X) \geqslant 0, j = 1, 2, \cdots, l\}$，则有如下结论。

**定理 1.6**　设 $-g_j(X) \geqslant 0 (j = 1, 2, \cdots, l)$ 为凸函数，则 $\Omega = \{X | g_j(X) \geqslant 0, j = 1, 2, \cdots, l\}$ 为凸集。

讨论下列凸规划：

$$\min_{X \in \Omega} f(X)$$

$$\Omega = \{X | g_j(X) \geqslant 0, \ j = 1, 2, \cdots, l\}$$

其中，$f(X)$ 为凸函数，$g_j(X)$ 为凹函数 $(-g_j(X)$ 为凸函数)，显然该规划称为凸规划。

由此可知，凸规划的局部最优解就是它的全局最优解。因此，凸规划是一种较简单的非线性规划。并且当 $f(X)$ 为严格凸函数时，最优解若存在则唯一。

上述结论对数学规划的求解非常有用，一旦判定规划问题为凸规划，则当在一个邻域里搜索到局部最优解时，即搜索到了全局最优解。

**例 1.9**　求解非线性规划问题

$$\min f(X) = x_1^2 + x_2^2 - 2x_1 + 1$$

$$\text{s.t.} \begin{cases} g_1(X) = -x_1^2 + 4x_1 + x_2 - 5 \geqslant 0 \\ g_2(X) = x_1 - 2x_2 + 4 \geqslant 0 \\ x_1, x_2 \geqslant 0 \end{cases}$$

**解**　因为 $f(X), g_1(X)$ 的黑塞矩阵分别为

$$H(X) = \begin{bmatrix} \dfrac{\partial^2 f(X)}{\partial x_1^2} & \dfrac{\partial^2 f(X)}{\partial x_1 \partial x_2} \\ \dfrac{\partial^2 f(X)}{\partial x_2 \partial x_1} & \dfrac{\partial^2 f(X)}{\partial x_2^2} \end{bmatrix} = \begin{bmatrix} 2 & 0 \\ 0 & 2 \end{bmatrix},$$

$$G_1(X) = \begin{bmatrix} \dfrac{\partial^2 g_1(X)}{\partial x_1^2} & \dfrac{\partial^2 g_1(X)}{\partial x_1 \partial x_2} \\[3mm] \dfrac{\partial^2 g_1(X)}{\partial x_2 \partial x_1} & \dfrac{\partial^2 g_1(X)}{\partial x_2^2} \end{bmatrix} = \begin{bmatrix} -2 & 0 \\ 0 & 0 \end{bmatrix},$$

由于 $H(X)$ 为正定矩阵，故 $f(X)$ 为严格凸函数；$G_1(X)$ 为半负定矩阵，所以 $g_1(X)$ 为凹函数，$g_2(X)$ 为线性函数，可以看作凹函数。

所以，该非线性规划问题为凸规划。

如图 1.3 所示，图中 $A$ 点为最优点 $X^* = (1.61, 1.15)$，目标函数的最优值为 $f(X^*) = 1.6946$。

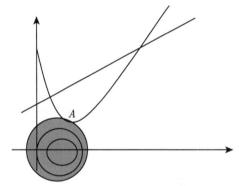

图 1.3　凸规划例题示意图

## 1.3　最优性条件

如果目标函数或约束条件中含有一个或多个是变量的非线性函数，则称这类规划问题为非线性规划 (nonlinear programming，NP)。

一般地，解非线性规划问题要比解线性规划问题困难得多，因为它不像解线性规划问题有单纯形法这一通用的方法，非线性规划目前还没有适合于各种问题的一般算法，各个方法都有自己特定的应用范围。

### 1.3.1　非线性规划的数学模型

**例 1.10**　某金属制品厂要加工一批容积为 $1\mathrm{m}^3$ 的长方形容器，按规格要求，上下底的材料为 25 元/$\mathrm{m}^2$，侧面的材料为 40 元/$\mathrm{m}^2$，试确定长、宽、高的尺寸，使这个容器的成本最低。

**解**　设容器的长为 $x_1$，宽为 $x_2$，则高为 $1/x_1x_2$。

根据题意得

$$\begin{cases} \min f(x_1, x_2) = 50x_1x_2 + 80\left[\dfrac{1}{x_1x_2}(x_1 + x_2)\right] \\ x_1, x_2 \geqslant 0 \end{cases}$$

**例 1.11**　某公司经营两种设备，第一种设备每件售价 30 元，第二种设备每件售价 450 元，根据统计，售出一件第一种设备所需营业时间平均为 0.5 小时，第二种设备为 $(2 + 0.25x_2)$ 小时，其中 $x_2$ 是第二种设备的售出数量，已知该公司在这段时间内的总营业时间为 800 小时，试决定使其营业额最大的营业计划。

**解**　设该公司计划经营第一种设备为 $x_1$ 件，第二种设备为 $x_2$ 件，根据题意得

$$\max \quad f(x_1, x_2) = 30x_1 + 450x_2$$
$$\text{s.t.} \quad \begin{cases} 0.5x_1 + (2 + 0.25x_2)x_2 \leqslant 800 \\ x_1, x_2 \geqslant 0 \end{cases}$$

由这两个例子可以看出，这两个例子在高等数学中代表了两类不同类型的极值问题。例 1.10 是无条件极值问题；例 1.11 是有条件极值问题。

如果令 $X = (x_1, x_2, \cdots, x_n)$ 是 $n$ 维空间 $E^{(n)}$ 上的点，则一般非线性的数学模型为

$$\begin{cases} \min f(X) \\ h_i(X) = 0, \quad i = 1, 2, \cdots, m \\ g_j(X) \leqslant 0, \quad j = 1, 2, \cdots, l \end{cases}$$

$f(X)$ 为目标函数，$h_i(X), g_j(X)$ 为约束条件，$X$ 为自变量。若某个约束条件是 "$\geqslant$" 的不等式，不等式两边乘以 "$-1$"。

### 1.3.2　极值问题

下面介绍多变量函数 $f(X)$ 极小点的必要条件及充分条件。这些条件在高等数学中已有讨论，为了方便读者，这里进行必要的介绍。

设 $f(X)$ 是定义在 $n$ 维欧氏空间 $E^{(n)}$ 上某一区域 $\Omega$ 上的 $n$ 元函数，其中 $X = (x_1, x_2, \cdots, x_n)$。

对于 $X^* \in \Omega$，如果存在某一个 $\varepsilon > 0$，使得所有与 $X^*$ 的距离小于 $\varepsilon$ 的 $X \in \Omega$（即 $X \in \Omega$，且 $|X - X^*| < \varepsilon$），均满足 $f(X) \geqslant f(X^*)$，则称 $X^*$ 为 $f(X)$ 在 $\Omega$ 上的局部极小点。$f(X^*)$ 为局部极小值。

若所有 $X \neq X^*$，且 $|X - X^*| < \varepsilon, X \in \Omega$，有 $f(X) > f(X^*)$，则称 $X^*$ 为 $f(X)$ 在 $\Omega$ 上的严格局部极小点。$f(X^*)$ 为严格局部极小值。

若点 $X^* \in \Omega$，对于所有的 $X \in \Omega$，均满足 $f(X) \geqslant f(X^*)$，则称 $X^*$ 为 $f(X)$ 在 $\Omega$ 上的全局极小点。$f(X^*)$ 为全局极小值。

若对于所有 $X \neq X^*$，且 $X \in \Omega$，都有 $f(X) > f(X^*)$，则称 $X^*$ 为 $f(X)$ 在 $\Omega$ 上的严格全局极小点。$f(X^*)$ 为严格全局极小值。

如果将上述不等式反向，即可得到局部极大点 (值) 与全局极大点 (值) 的定义。

**定理 1.7** (极值的一阶必要条件)　设 $f(X)$ 是定义在 $E^{(n)}$ 上某一区域 $\Omega$ 上的函数，$X^*$ 是 $\Omega$ 内的一点，若 $f(X)$ 在 $X^*$ 处可微且取得局部极值，则必有

$$\frac{\partial f(X^*)}{\partial x_1} = \frac{\partial f(X^*)}{\partial x_2} = \cdots = \frac{\partial f(X^*)}{\partial x_n} = 0$$

或

$$\nabla f(X^*)\left(\frac{\partial f(X^*)}{\partial x_1}, \frac{\partial f(X^*)}{\partial x_2}, \cdots, \frac{\partial f(X^*)}{\partial x_n}\right)^{\mathrm{T}} = 0$$

上式的点称为驻点或平稳点。即在区域内部，极点必是驻点。$\nabla f(X^*)$ 称为 $f(X)$ 在点 $X$ 处的梯度。但反过来，驻点不一定是极值点。如点 $(0,0)$ 是函数 $f(x_1, x_2) = x_1^3 + x_2^3$ 的驻点，但不是极值点。

**定理 1.8** (极值的二阶充分条件)　设 $f(X)$ 是定义在 $E^{(n)}$ 上某一区域 $\Omega$ 上的函数，且在 $\Omega$ 上二次连续可微，$X^*$ 是 $\Omega$ 内的一点，若 $f(X)$ 在 $X^*$ 处满足 $\nabla f(X^*) = 0$，且对任意非零向量 $Y$，有 $Y^{\mathrm{T}} H(X^*)Y > 0$ 则称 $f(X)$ 在点 $X^*$ 处取得严格局部极小值。这里 $H(X^*)$ 是 $f(X)$ 在点 $X^*$ 处的黑塞矩阵。

若 $Y^{\mathrm{T}} H(X^*)Y < 0$，则 $f(X)$ 在点 $X^*$ 处取得严格局部极大值。

由定理 1.8 可以看出，驻点处的黑塞矩阵 $H(X^*)$ 是正定矩阵时，函数 $f(X)$ 在点 $X^*$ 处取得极小值。驻点处的黑塞矩阵 $H(X^*)$ 是负定矩阵时，函数 $f(X)$ 在点 $X^*$ 处取得极大值。

**定理 1.9** (极值的二阶必要条件)　设 $f(X)$ 是定义在 $\Omega$ 上的函数，且在点 $X^*$ 处存在二阶连续偏导数，若 $X^*$ 是 $f(X)$ 的局部极小点，则 $\nabla f(X^*) = 0$，且二阶黑塞矩阵 $H(X^*)$ 半正定。

需要指出的是，定理 1.8 不是必要条件，定理 1.9 不是充分条件。

**例 1.12**　对于无约束问题

$$\min f(X) = x_1^4 + 2x_1^2 x_2^2 + x_2^4 = (x_1^2 + x_2^2)^2$$

试判断该极值点的黑塞矩阵是不是正定矩阵。

**解**　由于 $\nabla f(X) = (4x_1^3 + 4x_1 x_2^2, 4x_1^2 x_2 + 4x_2^3)$

令 $\nabla f(X) = 0$，得驻点 $\overline{X} = (0,0)$，

并且 $H(X) = \begin{bmatrix} 12x_1^2 + 4x_2^2 & 8x_1 x_2 \\ 8x_1 x_2 & 4x_1^2 + 12x_2^2 \end{bmatrix}$，

所以 $H(\overline{X}) = \begin{bmatrix} 0 & 0 \\ 0 & 0 \end{bmatrix}$

$H(\overline{X})$ 不是正定矩阵，但 $f(X)$ 在点 $\overline{X}$ 处取得最小值，即 $\overline{X}$ 为 $f(X)$ 严格局部极小点。

**例 1.13**　$\min f(X) = \dfrac{1}{3} x_1^3 + \dfrac{1}{3} x_2^3 - x_2^2 - x_1$

**解**　由于 $\nabla f(X) = (x_1^2 - 1, x_2^2 - 2x_2)^{\mathrm{T}}$

令 $\nabla f(X) = 0$，得 $\overline{X}_1 = (1,0)^{\mathrm{T}}, \overline{X}_2 = (1,2)^{\mathrm{T}}, \overline{X}_3 = (-1,0)^{\mathrm{T}}, \overline{X}_4 = (-1,2)^{\mathrm{T}}$

$$H(X) = \begin{bmatrix} 2x_1 & 0 \\ 0 & 2x_2 - 2 \end{bmatrix}, H(\overline{X}_1) = \begin{bmatrix} 2 & 0 \\ 0 & -2 \end{bmatrix}, H(\overline{X}_2) = \begin{bmatrix} 2 & 0 \\ 0 & 2 \end{bmatrix}$$

$$H(\overline{X}_3) = \begin{bmatrix} -2 & 0 \\ 0 & -2 \end{bmatrix}, H(\overline{X}_4) = \begin{bmatrix} -2 & 0 \\ 0 & 2 \end{bmatrix}$$

$H(\overline{X}_1), H(\overline{X}_4)$ 是不定的, 因此 $\overline{X}_1$、$\overline{X}_4$ 不是极值点; $H(\overline{X}_3)$ 是负定的, 故 $\overline{X}_3$ 是极大点。$H(\overline{X}_2)$ 是正定的, 故 $\overline{X}_2$ 是严格极小点。

**例 1.14**　对于无约束问题

$$\min f(X) = x_1^2 - x_2^3$$

试判断黑塞矩阵半正定矩阵的点不一定是极值点。

**解**　因为 $\nabla f(X) = (2x_1, 3x_2^2)^{\mathrm{T}}$,
令 $\nabla f(X) = 0$, 得 $\overline{X} = (0,0)^{\mathrm{T}}$

$$H(X) = \begin{bmatrix} 2 & 0 \\ 0 & 6x_2 \end{bmatrix}, H(\overline{X}) = \begin{bmatrix} 2 & 0 \\ 0 & 0 \end{bmatrix}$$

$H(\overline{X})$ 是半正定矩阵, 但在 $\overline{X}$ 的任意 $\delta$ 邻域 $|x - \overline{x}| < \delta$ 内, 总可以取到 $\tilde{X} = (0, \delta/2)^{\mathrm{T}}$, 使得 $f(\tilde{X}) < f(\overline{X})$, 即 $\overline{X}$ 不是局部极小点。

## 1.4　迭代算法收敛性

对于求可微函数的最优解, 从理论上讲, 首先令函数的梯度等于零 ($\nabla f(X) = 0$), 求得驻点, 然后利用充分条件进行判别, 求最优解。

但在实际中, 对于一般的 $n$ 元函数 $f(X)$ 来说, 由于 $\nabla f(X) = 0$ 得到的常常是一个非线性方程组, 求它的解相当困难。另外很多实际问题的目标函数对各自变量的偏导数不存在, 从而无法利用上面所说求它的驻点, 因此这时常常使用迭代法。

### 1.4.1　迭代的基本格式

迭代法就是从已知点 $X^{(1)}$ 出发,按照某种规则 (即算法),求出比 $X^{(1)}$ 更好的解 $X^{(2)}$[若极小化问题, $f(X^{(1)}) < f(X^{(2)})$], 再按照此规则求出比 $X^{(2)}$ 更好的点 $X^{(3)}$, 如此重复这个过程, 便产生一个点列 $\{X^{(k)}\}$, 这种算法就称为迭代算法。如果是求最小化问题, 迭代序列恒满足 $f(X^{(k+1)}) < f(X^{(k)})$, 因此称此迭代算法为下降迭代算法, 简称为下降算法。

记 $\Delta X^{(k)} = X^{(k+1)} - X^{(k)}$, 令 $\Delta X^{(k)} = \lambda_k d^{(k)}$, 得

$$X^{(k+1)} = X^{(k)} + \Delta X^{(k)} = X^{(k)} + \lambda_k d^{(k)}$$

其中, $d^{(k)}$ 为与 $\Delta X^{(k)}$ 同方向的向量, 称为搜索向量, $\lambda_k$ 称为步长因子 ($\lambda_k > 0$)。

下降迭代算法的关键在于构造每一步的搜索向量和确定步长因子, 众多算法的不同之处就在于确定 $d^{(k)}$ 的方法不同。确定步长 $\lambda_k$ 也有不同的选择方法, 多数算法中的步长取为

$$\lambda_k : \min_{\lambda} f(X^{(k)} + \lambda_k d^{(k)})$$

迭代中从某一点出发沿搜索方向 $d^{(k)}$ 搜索时, 新的序列要满足以下两个条件。

(1) 下降方向。设 $\overline{x} \in S, d \in \mathbb{R}^n, d \neq 0$, 若存在 $\delta > 0$, 使 $f(\overline{x} + \lambda d) < f(\overline{x}), \forall \lambda \in (0, \delta)$, 则称 $d$ 为 $\overline{x}$ 点的下降方向。

(2) 可行方向。设 $\bar{x} \in S, d \in \mathbb{R}^n, d \neq 0$，若存在 $\delta > 0$，使 $\bar{x} + \lambda d \in S, \forall \lambda \in (0, \delta)$，称 $d$ 为 $\bar{x}$ 点的可行方向。

同时满足上述两个性质的方向称下降可行方向。

下降迭代算法的一般步骤如下。

第一步：选定初始点 $X^{(1)}$，$k = 1$。

第二步：按照某种规则构造搜索向量，取 $f(X)$ 在点 $X^{(k)}$ 的下降方向作为搜索向量 $d^{(k)}$。

第三步：从 $X^{(k)}$ 出发，沿 $d^{(k)}$ 方向搜索求步长 $\lambda_k$，使得 $f(X^{(k)} + \lambda_k d^{(k)}) < f(X^{(k)})$，并且 $X^{(k)} + \lambda_k d^{(k)}$ 在原定义域内。

第四步：得到新的迭代点 $X^{(k+1)} = X^{(k)} + \lambda_k d^{(k)}$。

第五步：检查终止条件，判定 $X^{(k+1)}$ 是否为极小点或近似极小点，若是，停止迭代，输出 $X^{(k+1)}$ 作为所求最优解；否则，令 $k = k+1$，转入第二步。

迭代算法流程如图 1.4 所示。

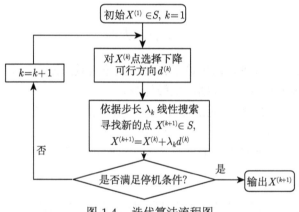

图 1.4　迭代算法流程图

为了便于计算，有时取搜索向量 $d^{(k)}$ 为单位向量，称为规格化方向，有时取步长 $\lambda_k$ 为常数，称为定步长。

**定理 1.10**　设 $f(X)$ 一阶连续可导，$X^{(k+1)}$ 按如下规则获得

$$\begin{cases} f(X^{(k)} + \lambda_k d^{(k)}) = \min_{\lambda} \left\{ f(X^{(k)} + \lambda_k d^{(k)}) \right\} \\ X^{(k+1)} = X^{(k)} + \lambda_k d^{(k)} \end{cases}$$

则有 $\nabla f(X^{(k+1)})^{\mathrm{T}} d^{(k)} = 0$。

**证明**　设 $\varphi(\lambda) = f(X^{(k)} + \lambda_k d^{(k)})$，令 $\varphi'(\lambda) = 0$，即

$$\frac{\mathrm{d} f(X^{(k)} + \lambda_k d^{(k)})}{\mathrm{d}\lambda} = 0, \text{ 得 } \nabla f(X^{(k)} + \lambda_k d^{(k)})^{\mathrm{T}} d^{(k)} = 0$$

可求得 $\lambda_k$ 使 $\nabla f(X^{(k+1)})^{\mathrm{T}} d^{(k)} = 0$。

由于函数 $f(X)$ 在某点的梯度和该点的等值面的切线正交，因此任一搜索方向和其上最优点处的等值面相切。

### 1.4.2　收敛性与收敛速度

由下降迭代算法得到的序列 $\{X^{(k)}\}$ 必须收敛，即在一定条件下，迭代算法产生的点序列收敛于原问题的解。即 $\lim\limits_{k \to \infty} X^{(k)} = X^*$ 或 $\lim\limits_{k \to \infty} \|X^{(k)} - X^*\| = 0$，称该点列 $\{X^{(k)}\}$ 收敛于 $X^*$。

但求解非线性规划最优化问题时，通常迭代点序列收敛于全局最优解是相当困难的。例如，求函数 $f(x) = |x|$ 的极小点，显然 $x = 0$ 时是唯一极小点，构造迭代序列：

$$x^{(k+1)} = \begin{cases} \dfrac{1}{2}(x^{(k)} - 1) + 1, & x^{(k)} > 1 \\[2mm] \dfrac{1}{2}x^{(k)}, & x^{(k)} \leqslant 1 \end{cases}$$

易证明这是一个下降序列。若取初始点 $x^{(0)} > 1$，则所有的 $x^{(k)} > 1$，因此迭代序列不可能收敛到极小点；若取 $x^{(0)} \leqslant 1$，则迭代序列收敛到极小点 $x = 0$。

若仅当初始点充分靠近极小点产生的迭代序列才能收敛到 $X^*$ 的算法，称为局部收敛算法；如果对任意初始点产生的迭代序列都能收敛到 $X^*$ 的算法，称为全局收敛算法。

由于在求解时事先并不知道最优解，因此迭代到什么时候停止呢？常用的准则如下。

(1) 两次迭代绝对误差。

可行域内：$\|X^{(k+1)} - X^{(k)}\| < \varepsilon_1$。

函数值域：$\|f(X^{(k+1)}) - f(X^{(k)})\| < \varepsilon_2$。

(2) 两次迭代相对误差。

可行域内：$\dfrac{\|X^{(k+1)} - X^{(k)}\|}{\|X^{(k)}\|} < \varepsilon_3$。

函数值域：$\dfrac{\|f(X^{(k+1)}) - f(X^{(k)})\|}{\|f(X^{(k)})\|} < \varepsilon_4$。

(3) 梯度模足够小：$\|\nabla f(X^{(k)})\| < \varepsilon_5$。

以上诸 $\varepsilon$ 为预先给定的充分小的正数。

满足以上终止条件的算法称为收敛算法。此外，判断一个算法的好坏，一看是否收敛，二看收敛速度。如果算法产生的迭代序列虽然收敛到最优解，但收敛速度很慢，以至于在允许的时间内得不到满意结果，那么这类算法也谈不上是好算法。这里给出常见的收敛速度的概念。

**定义 1.6**　设由下降算法产生的序列为 $\{X^{(k)}\}$，若该序列收敛于 $X^*$，即 $\lim\limits_{k \to \infty} \|X^{(k)} - X^*\| = 0$，若 $\lim\limits_{k \to \infty} \dfrac{\|X^{(k+1)} - X^*\|}{\|X^{(k)} - X^*\|} = \beta$ 存在，则

(1) 当 $\beta = 0$ 时，称该序列 $\{X^{(k)}\}$ 为超线性收敛。

(2) 当 $0 < \beta < 1$ 时，称该序列 $\{X^{(k)}\}$ 为线性收敛。

(3) 当 $\beta = 1$ 时，称该序列 $\{X^{(k)}\}$ 为次线性收敛，次线性收敛速度一般较慢。

**定义 1.7** 若存在某个实数 $\alpha > 0$，有

$$\lim_{k \to \infty} \frac{||X^{(k+1)} - X^*||}{||X^{(k)} - X^*||^{\alpha}} = \beta$$

则称该算法产生的序列 $\{X^{(k)}\}$ 为 $\alpha$ 阶收敛。当 $\alpha = 1$，$\beta > 0$ 时，称为线性收敛；当 $\alpha = 2$ 时，称为二阶收敛；当 $1 < \alpha < 2$，$\beta > 0$ 时，称为超线性收敛。一般来说，$\alpha > 1$ 时都称为好算法，因为超线性收敛速度较快。

一般认为，具有超线性收敛或二阶收敛速度的算法是比较快速的算法。不过应该认识到，对任意一个算法，收敛性和收敛速度的理论结果并不保证算法在实际应用 (执行) 时一定有好的实际计算效果。一方面，这些理论结果本身不能保证算法一定有好的特性；另一方面，它们忽略了计算过程中十分重要的舍入误差的影响。

# 习　题　1

1. 某厂有资金 500 万元，生产产品由 A、B 两种原料合成，其中 A、B 两种原料每吨单价各为 100 万元与 50 万元。设 $x_1$ 与 $x_2$ 各为 A、B 的用量，产量函数为

$$3.6x_1 - 0.4x_1^2 + 1.6x_2 - 0.2x_2^2$$

试建立使产量最大化的数学模型。

2. 如何判断函数的凹凸性？说明各种判定方法的适用性与优缺点。

3. 求下列函数的驻点，并判断是否为极值点。

(1) $f(X) = 5x_1^2 + 12x_1x_2 - 16x_1x_3 + 10x_2^2 - 26x_2x_3 + 17x_3^2 - 2x_1 - 4x_2 - 6x_3$

(2) $f(X) = 2x_1x_2x_3 - 4x_1x_3 - 2x_2x_3 + x_1^2 + x_2^2x_3^2 - 2x_1 - 4x_2 + 4x_3$

4. 判定下列函数的凸性。

(1) $f(X) = 3x_1^2 - 4x_1x_2 + x_2^2$

(2) $f(X) = 60 + x_1^2 - x_1x_2 + x_2^2 - 10x_1 - 4x_2$

5. 判定下列非线性规划是否为凸规划。

(1) $\min f(X) = 2x_1^2 + x_2^2 + x_3^2$

$$\text{s.t.} \begin{cases} x_1^2 + x_2^2 \leqslant 4 \\ 5x_1 + x_3 = 10 \\ x_1, x_2, x_3 \geqslant 0 \end{cases}$$

(2) $\min f(X) = x_1 + 2x_2$

$$\text{s.t.} \begin{cases} x_1^2 + x_2^2 \leqslant 9 \\ x_2 \geqslant 0 \end{cases}$$

(3) $\min f(X) = (x_1 - 1)^2 + (x_2 - 2)^2 + x_3$

$$\text{s.t.} \begin{cases} x_1 + 2x_2 - x_3 = 5 \\ 2x_1 - 3x_2 + 2x_3 + x_4 = 7 \\ x_1, x_2, x_3, x_4 \geqslant 0 \end{cases}$$

# 第 2 章 线性规划与灵敏度分析

线性规划是运筹学的一个重要分支，研究在给定的约束条件下，求所考察的目标函数在某种意义下的极值问题。自 1947 年美国数学家丹捷格 (G. B. Dantzig) 提出求解线性规划问题的方法——单纯形法之后，线性规划在理论上趋于成熟，在实际中的应用日益广泛与深入。特别是在能用计算机来处理成千上万个约束条件和变量的大规模线性规划问题之后，它的适用领域更加广泛。从解决技术问题中的最优化设计到工业、农业、商业、交通运输业、军事、经济计划与管理、决策等各个领域均可发挥重要作用；从范围来看，小到一个小组的日常工作和计划安排，大至整个部门以及国民经济计划的最优方案的提出，都有用武之地。它具有适应性强、应用广泛、计算技术比较简单的特点，是现代管理科学的重要基础和手段之一。

## 2.1 线性规划问题及其数学模型

### 2.1.1 线性规划问题的数学模型

在生产管理和经济活动中，经常会遇到线性规划问题，如何利用线性规划的方法来进行分析，下面举例说明。

**例 2.1** 计划安排问题。某工厂在计划期内安排生产 I、II 两种产品，已知生产单位产品需要消耗原材料 A、B、C，具体数据如表 2.1 所示。

**表 2.1 生产单位产品原材料消耗** (单位：吨)

| 原材料名称 | I | II | 资源总量 |
| --- | --- | --- | --- |
| 原材料 A | 0 | 3 | 15 |
| 原材料 B | 4 | 0 | 12 |
| 原材料 C | 2 | 2 | 14 |

工厂每生产一单位产品 I 可获利润 2 万元，每生产一单位产品 II 可获利润 3 万元，问工厂应如何合理安排这两种产品的产量，使得在资源有限的条件下获得利润最大？

**解** 工厂目前要决策的问题是生产多少单位产品 I 和生产多少单位产品 II 才使工厂获利最大，把在计划期内生产单位产品 I 和生产单位产品 II 的件数用变量 $x_1$、$x_2$ 来表示，则称 $x_1$、$x_2$ 为决策变量。因为在计划期内原材料 A 的可利用数量是 15，所以在确定单位产品 I、II 的产量时，有不等式：

$$3x_2 \leqslant 15$$

同理，因在计划期内原材料 B 的限制，有不等式：

$$4x_1 \leqslant 12$$

原材料 C 的限制，有不等式：

$$2x_1 + 2x_2 \leqslant 14$$

若用 $Z$ 表示该工厂的利润，则该工厂的利润值：

$$Z = 2x_1 + 3x_2$$

综上所述，该工厂的计划安排问题可用如下数学模型表示为

$$\max Z = 2x_1 + 3x_2$$

$$\text{s.t.} \begin{cases} 3x_2 \leqslant 15 \\ 4x_1 \leqslant 12 \\ 2x_1 + 2x_2 \leqslant 14 \\ x_1, x_2 \geqslant 0 \end{cases}$$

**例 2.2**　成本问题。某炼油厂每季度需供应给合同单位汽油 15 万吨、煤油 12 万吨、重油 12 万吨。该厂计划从 A、B 两处运回原油提炼，已知两处的原油成分含量见表 2.2；又已知从 A 处采购的原油价格为每吨 (包括运费) 200 元，B 处采购的原油价格为每吨 (包括运费) 290 元，问：该炼油厂应如何从 A、B 两处采购原油，在满足供应合同的条件下，使购买成本最小。

表 2.2　A、B 两处的原油成分含量

| 成分 | A | B |
| --- | --- | --- |
| 汽油 | 15% | 50% |
| 煤油 | 20% | 30% |
| 重油 | 50% | 15% |
| 其他 | 15% | 5% |

分析：很明显，该厂从 A、B 两处采购原油可以有多种不同的方案，但最优方案应是使购买成本最小的一个，即在满足供应合同单位的前提下，使成本最小的一个采购方案。

**解**　设 $x_1, x_2$ 分别表示从 A、B 两处采购的原油量，则所有的采购方案均应同时满足

$$\begin{cases} 0.15x_1 + 0.50x_2 \geqslant 15 \\ 0.20x_1 + 0.30x_2 \geqslant 12 \\ 0.50x_1 + 0.15x_2 \geqslant 12 \\ x_1 \geqslant 0, x_2 \geqslant 0 \end{cases}$$

采购成本为 $x_1, x_2$ 的函数，即

$$S = 200x_1 + 290x_2$$

最终目标是求满足约束条件和使采购成本最小时的解。由此，建立的数学模型为

$$\min S = 200x_1 + 290x_2$$

$$\text{s.t.} \begin{cases} 0.15x_1 + 0.50x_2 \geqslant 15 \\ 0.20x_1 + 0.30x_2 \geqslant 12 \\ 0.50x_1 + 0.15x_2 \geqslant 12 \\ x_1 \geqslant 0, x_2 \geqslant 0 \end{cases}.$$

以上两个例子的数学模型可以看出，目标函数为决策变量的线性函数，约束条件也为决策变量的线性不等式 (或等式)，该类数学模型具有如下特点。

(1) 有一组非负的决策变量 (decision or control variable)，这组决策变量的值都代表一个具体方案。

(2) 有一组约束条件：含有决策变量的线性不等式 (或等式) 组 (linear function constraints)。

(3) 有一个含有决策变量的线性目标函数 (objective linear function)，按研究问题的不同，要求目标函数实现最大化或最小化。

把满足上述三个条件的数学模型称为线性规划数学模型。如果目标函数是决策变量的非线性函数，或约束条件含有决策变量的非线性不等式 (或等式)，则称这类数学模型为非线性规划数学模型。

线性规划数学模型的一般形式如下：

$$(\min) \max \ Z = c_1 x_1 + c_2 x_2 + \cdots + c_n x_n \tag{2.1}$$

$$\text{s.t.} \begin{cases} a_{11}x_1 + a_{12}x_2 + \cdots + a_{1n}x_n \leqslant (=,\geqslant)b_1 \\ a_{21}x_1 + a_{22}x_2 + \cdots + a_{2n}x_n \leqslant (=,\geqslant)b_2 \\ \cdots \\ a_{m1}x_1 + a_{m2}x_2 + \cdots + a_{mn}x_n \leqslant (=,\geqslant)b_m \\ x_1, x_2, \cdots, x_n \geqslant 0 \end{cases} \tag{2.2}$$
$$\tag{2.3}$$

在该数学模型中，式 (2.1) 称为目标函数；式 (2.2) 称为约束条件；式 (2.3) 称为变量的非负约束条件。

### 2.1.2　线性规划问题的标准型

由前面所举的例子可知，线性规划问题可能有各种不同的形式。目标函数根据实际问题的要求可能是求最大化，也有可能求最小化；约束条件可以是 "$\leqslant$" 形式、"$\geqslant$" 形式的不等式，也可以是等式的形式。决策变量有时有非负限制，有时没有非负限制。这种多样性给讨论问题带来了不便。为了便于讨论，规定线性规划问题描述为如下的标准形式：

$$\max \ Z = c_1 x_1 + c_2 x_2 + \cdots + c_n x_n$$

$$\text{s.t.} \begin{cases} a_{11}x_1 + a_{12}x_2 + \cdots + a_{1n}x_n = b_1 \\ a_{21}x_1 + a_{22}x_2 + \cdots + a_{2n}x_n = b_2 \\ \cdots \\ a_{m1}x_1 + a_{m2}x_2 + \cdots + a_{mn}x_n = b_m \\ x_1, x_2, \cdots, x_n \geqslant 0 \end{cases} \tag{2.4}$$

这里假设 $b_i \geqslant 0\ (i = 1, 2, \cdots, m)$。

以上模型的简写形式为

$$
\max\ Z = \sum_{j=1}^{n} c_j x_j
$$
$$
\text{s.t.}
\begin{cases}
\displaystyle\sum_{j=1}^{n} a_{ij} x_j = b_i, & i = 1, 2, \cdots, m \\
x_j \geqslant 0, & j = 1, 2, \cdots, n
\end{cases}
\tag{2.5}
$$

用向量形式表达时，上述模型可以写为

$$
\max\ Z = CX
$$
$$
\text{s.t.}
\begin{cases}
\displaystyle\sum_{j=1}^{n} P_j x_j = b, & i = 1, 2, \cdots, m \\
X \geqslant 0, & j = 1, 2, \cdots, n
\end{cases}
\tag{2.6}
$$

用矩阵形式表达时，上述模型可以写为

$$
\max\ Z = CX
$$
$$
\text{s.t.}
\begin{cases}
AX = b \\
X \geqslant 0
\end{cases}
\tag{2.7}
$$

其中，$C = (c_1, c_2, \cdots, c_n), X = (x_1, x_2, \cdots, x_n)^{\mathrm{T}}, b = (b_1, b_2, \cdots, b_m)^{\mathrm{T}}, P_j = (a_{1j}, a_{2j}, \cdots, a_{mj})^{\mathrm{T}}, A = (P_1, P_2, \cdots, P_n), 0 = (0, 0, \cdots, 0)^{\mathrm{T}}, j = 1, 2, \cdots, n$。

称 $A$ 为约束方程组的系数矩阵 $(m \times n)$，一般情况下 $m < n, m, n$ 为正整数，分别表示约束条件的个数和决策变量的个数，$C$ 为价值向量，$X$ 为决策向量，通常 $a_{ij}, b_i, c_j (i = 1, 2, \cdots, m, j = 1, 2, \cdots, n)$ 为已知常数。

实际上，具体问题的线性规划数学模型是各式各样的，需要把它们化成标准型，并借助标准型的求解方法进行求解。

以下就具体讨论如何把一般的线性规划模型化成标准型。

(1) 目标函数的转化。若原问题的目标函数是求最小化，即 $\min Z = CX$，这时只需要将目标函数的最小值变换为求目标函数的最大值，即 $\min Z = \max(-Z)$。令 $Z' = -Z$，就是将目标函数乘以 $(-1)$ 后转化为如下最大化问题：

$$
\max Z' = -CX
$$

(2) 不等式约束转化为等式约束。不等式约束有两种情况：一种是约束条件为 "$\leqslant$" 形式的不等式，则在 "$\leqslant$" 号的左边加入非负的松弛变量，把原 "$\leqslant$" 形式的不等式转化为等式；另一种是约束条件为 "$\geqslant$" 形式的不等式，则可在 "$\geqslant$" 号的左边减去一个非负的剩余变量，把原 "$\geqslant$" 形式的不等式转化为等式。同时相应的松弛变量或剩余变量在目标函数中的价值系数取值为 0。

(3) 变量约束的转换。若原线性规划问题中某个变量为无非负要求的变量，即有某一个变量 $x_j$ 取正值或负值都可以。这时为了满足标准型对变量的非负要求，可令 $x_j = x_j' - x_j''$，其中 $x_j'$、$x_j'' \geqslant 0$，将其代入原问题，即在原问题中将 $x_j$ 用两个非负变量之差代替。

上述的标准型具有如下特点。

(1) 目标函数求最大值。

(2) 所求的决策变量都要求是非负的。

(3) 所有的约束条件都是等式。

(4) 常数项为非负。

综合以上的讨论，可以把任意形式的线性规划问题通过上述手段化成标准型的线性规划问题。现举例如下。

**例 2.3**　将例 2.1 的线性规划数学模型化为标准型。

**解**　引进 3 个新的非负变量 $x_3$，$x_4$，$x_5$ 使不等式变为等式，标准型为

$$\max Z = 2x_1 + 3x_2$$
$$\text{s.t.} \begin{cases} 3x_2 + x_3 = 15 \\ 4x_1 + x_4 = 12 \\ 2x_1 + 2x_2 + x_5 = 14 \\ x_1, x_2, x_3, x_4, x_5 \geqslant 0 \end{cases}$$

**例 2.4**　试将如下线性规划问题化成标准型：

$$\min Z = -x_1 + 2x_2 - 3x_3$$
$$\text{s.t.} \begin{cases} x_1 + x_2 + x_3 \leqslant 7 \\ x_1 - x_2 + x_3 \geqslant 2 \\ -3x_1 + x_2 + 2x_3 = 5 \\ x_1, x_2 \geqslant 0, x_3 \text{ 无限制} \end{cases}$$

**解**　由于 $x_3$ 无限制，因此令 $x_3 = x_4 - x_5, x_4, x_5 \geqslant 0$，第 1 个约束不等式左端加上非负松弛变量 $x_6$，第 2 个约束不等式左端减去非负剩余变量 $x_7$，目标函数由于求最小化，因此令 $Z' = -Z$，同时将目标函数及约束条件中的 $x_3$ 换为 $x_3 = x_4 - x_5$，则可将上述线性规划问题化成如下的标准型：

$$\max Z' = x_1 - 2x_2 + 3x_4 - 3x_5 + 0x_6 + 0x_7$$
$$\text{s.t.} \begin{cases} x_1 + x_2 + x_4 - x_5 + x_6 = 7 \\ x_1 - x_2 + x_4 - x_5 - x_7 = 2 \\ -3x_1 + x_2 + 2x_4 - 2x_5 = 5 \\ x_1, x_2, x_4, \cdots, x_7 \geqslant 0 \end{cases}$$

## 2.2　线性规划问题的图解法及几何意义

### 2.2.1　线性规划问题解的概念

在讨论线性规划问题的求解之前，要先了解线性规划问题解的概念。由前面讨论可知线性规划问题的标准型如下所示：

$$\max Z = \sum_{j=1}^{n} c_j x_j \tag{2.8}$$

$$\text{s.t.}\begin{cases} \sum_{j=1}^{n} a_{ij}x_j = b_i, & i = 1, 2, \cdots, m \\[2mm] x_j \geqslant 0, & j = 1, 2, \cdots, n \end{cases} \tag{2.9} \tag{2.10}$$

(1) 可行解。满足约束条件式 (2.9)，式 (2.10) 的解 $X = (x_1, x_2, \cdots, x_n)^{\mathrm{T}}$ 称为线性规划问题的可行解；所有可行解的集合称为可行解集或可行域。

(2) 最优解。满足约束条件及目标函数 (2.8) 的可行解称为线性规划问题的最优解。

(3) 基。假设 $A$ 是约束方程组的系数矩阵，其秩数为 $m$，$B$ 是矩阵 $A$ 中由 $m$ 列构成的非奇异子矩阵 ($B$ 的行列式值不为 0)，则称 $B$ 是线性规划问题的一个基。这就是说，矩阵 $B$ 是由 $m$ 个线性无关的列向量组成的。不失一般性，可假设：

$$B = \begin{bmatrix} a_{11} & a_{12} & \cdots & a_{1m} \\ a_{21} & a_{22} & \cdots & a_{2m} \\ \vdots & \vdots & & \vdots \\ a_{m1} & a_{m2} & \cdots & a_{mm} \end{bmatrix} = (P_1, P_2, \cdots, P_m)$$

为线性规划问题的一个基。

在例 2.1 中得到该问题的数学模型的标准型为

$$\max Z = 2x_1 + 3x_2$$

$$\text{s.t.}\begin{cases} 3x_2 + x_3 = 15 \\ 4x_1 + x_4 = 12 \\ 2x_1 + 2x_2 + x_5 = 14 \\ x_1, x_2, x_3, x_4, x_5 \geqslant 0 \end{cases}$$

该问题有 3 个约束方程，它的系数矩阵为

$$A = (p_1, p_2, p_3, p_4, p_5) = \begin{bmatrix} 0 & 3 & 1 & 0 & 0 \\ 4 & 0 & 0 & 1 & 0 \\ 2 & 2 & 0 & 0 & 1 \end{bmatrix}$$

其中，$p_j$ 为系数矩阵 $A$ 中第 $j$ 列的列向量，在 $A$ 中存在一个不为零的 3 阶子式，在此例中

$$B_1 = \begin{bmatrix} 3 & 0 & 0 \\ 0 & 1 & 0 \\ 2 & 0 & 1 \end{bmatrix}, \quad B_2 = \begin{bmatrix} 1 & 0 & 0 \\ 0 & 1 & 0 \\ 0 & 0 & 1 \end{bmatrix}$$

都是该线性规划的一个基。

在基 $B = \begin{bmatrix} a_{11} & a_{12} & \cdots & a_{1m} \\ a_{21} & a_{22} & \cdots & a_{2m} \\ \vdots & \vdots & & \vdots \\ a_{m1} & a_{m2} & \cdots & a_{mm} \end{bmatrix} = (P_1, P_2, \cdots, P_m)$ 中各列向量 $P_1, P_2, \cdots, P_m$

称为基向量，而系数矩阵 $A$ 中剩余的 $n - m$ 个列向量称为非基向量，其子矩阵记为 $N$。在

上例中，向量 $(3,0,2)^{\mathrm{T}}$ 是基 $B_1$ 的基向量，同时还是基 $B_2$ 的非基向量。与基向量 $p_j(j = 1, 2, \cdots, m)$ 相对应的变量 $x_j(j = 1, 2, \cdots, m)$ 称为基变量，通常用 $X_B = (x_1, x_2, \cdots, x_m)^{\mathrm{T}}$ 表示。与基向量相对应的变量称为非基变量，通常用 $X_N = (x_{m+1}, x_{m+2}, \cdots, x_n)^{\mathrm{T}}$ 表示。在上例中，$x_2, x_4, x_5$ 都是 $B_1$ 的基变量，$x_1, x_3$ 是 $B_1$ 的非基变量；$x_3, x_4, x_5$ 是 $B_2$ 的基变量，$x_1, x_2$ 是 $B_2$ 的非基变量。

(4) 基本解与基本可行解。设该方程组系数矩阵 $A$ 的秩为 $m$，因 $m < n$，所以线性方程组 $AX = b$ 有无穷多个解。假设前 $m$ 个变量的系数列向量是线性无关的，这时线性方程组 $AX = b$ 可改写为

$$
\begin{bmatrix} a_{11} \\ a_{21} \\ \vdots \\ a_{m1} \end{bmatrix} x_1 + \cdots + \begin{bmatrix} a_{1m} \\ a_{2m} \\ \vdots \\ a_{mm} \end{bmatrix} x_m = b - \begin{bmatrix} a_{1m+1} \\ a_{2m+1} \\ \vdots \\ a_{mm+1} \end{bmatrix} x_{m+1} - \cdots - \begin{bmatrix} a_{1n} \\ a_{2n} \\ \vdots \\ a_{mn} \end{bmatrix} x_n
$$

或：$$\sum_{j=1}^{m} P_j x_j = b - \sum_{j=m+1}^{n} P_j x_j$$

将系数矩阵 $A$ 写成如下的分块矩阵形式

$$
A = (B, N)
$$

将基变量组成的向量记为 $X_B = (x_1, x_2, \cdots, x_m)^{\mathrm{T}}$，非基变量组成的向量记为 $X_N = (x_{m+1}, x_{m+2}, \cdots, x_n)^{\mathrm{T}}$，则 $X$ 也可以写成如下的分块矩阵形式：

$$
X = \begin{pmatrix} X_B \\ X_N \end{pmatrix}
$$

这时约束方程组 $AX = b$ 就可以写成

$$
BX_B = b - NX_N \tag{2.11}
$$

由于 $B$ 是线性规划问题的一个基，因此由式 (2.11) 可得

$$
X_B = B^{-1}(b - NX_N) = B^{-1}b - B^{-1}NX_N
$$

若令非基变量 $X_N = 0$，即 $x_{m+1} = \cdots = x_n = 0$，可得 $X_B = B^{-1}b$，得线性方程组 $AX = b$ 的一个解 $X = \begin{pmatrix} B^{-1}b \\ 0 \end{pmatrix}$，这个解的非 0 分量的数目不大于方程的个数 $m$，这时称解 $X$ 为线性规划问题的基本解。

在此例中，$B_1$ 是该线性规划的一个基，令这个基的非基变量 $x_1 = 0, x_3 = 0$，这时求得基变量的唯一解 $x_2 = 5, x_4 = 12, x_5 = 4$，这样就求得该线性规划的一个基本解 $(0, 5, 0, 12, 4)^{\mathrm{T}}$。

由于基本解不能保证所有分量都大于等于零，也就是说基本解不一定是可行解。满足非负条件 (2.10) 的基本解，即 $B^{-1}b \geqslant 0$ 时，称 $X$ 为线性规划问题的基本可行解。由此可

见，基本可行解的非 0 分量的数目不大于 $m$，并且都是非负的。此时对应的基称为可行基。一般来说，判断一个基是否为可行基，只有在求出基本解以后，当其基本解所有变量都大于等于零时，才能判定这个解是基本可行解，这个基是可行基。

以上提到的几种解的概念，可用图 2.1 来表示。

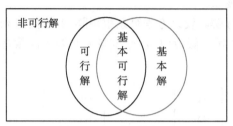

图 2.1    几种解的概念

### 2.2.2    线性规划问题的图解法

对于简单的线性规划问题 (只有两个决策变量的线性规划问题)，可以通过图解法进行求解。图解法简单直观，有助于了解线性规划问题求解的基本原理。以例 2.1 为例，介绍具体的图解法求解线性规划的方法。

**例 2.5**    用图解法求解线性规划问题：

$$\max Z = 2x_1 + 3x_2$$

$$\text{s.t.} \begin{cases} 3x_2 \leqslant 15 \\ 4x_1 \leqslant 12 \\ 2x_1 + 2x_2 \leqslant 14 \\ x_1, x_2 \geqslant 0 \end{cases}$$

**解**    对于上述只有两个变量的线性规划问题，以 $x_1$ 和 $x_2$ 为坐标轴建立直角坐标系。由图 2.2 可知，同时满足约束条件的点必然落在由两个坐标轴与三条直线所围成的多边形 $OABCD$ 的区域内或该多边形的边界上，该多边形区域内及边界上的点就是满足约束条件的解的集合，就是该线性规划的可行域；画两条目标函数 $Z = 2x_1 + 3x_2$ 的等值线，找出其递增的方向，用虚线表示，用箭头表示目标函数值递增的方向。沿箭头方向移动目标函数的等值线，平移等值线直至与可行域 $OABCD$ 相切或融合为一条直线，此时就得到最优解为 $B$ 点，其坐标可通过解方程组得到：

解得

$$\begin{cases} 2x_1 + 2x_2 = 14 \\ 3x_2 = 15 \end{cases}$$

$$\begin{cases} x_1 = 2 \\ x_2 = 5 \end{cases}$$

$(2, 5)$ 就是该线性规划问题的最优解。

此时相应的目标函数的最大值为

$$Z = 2 \times 2 + 3 \times 5 = 19$$

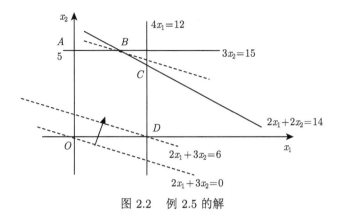

图 2.2　例 2.5 的解

**例 2.6**　用图解法求解线性规划问题：

$$\max Z = 40x_1 + 80x_2$$

$$\text{s.t.} \begin{cases} x_1 + 2x_2 \leqslant 30 \\ 3x_1 + 2x_2 \leqslant 60 \\ 2x_2 \leqslant 24 \\ x_1, x_2 \geqslant 0 \end{cases}$$

**解**　以 $x_1$ 和 $x_2$ 为坐标轴建立直角坐标系。从图 2.3 可知，同时满足约束条件的点必然落在多边形 $OABCD$ 的区域内或该多边形的边界上；虚线为目标函数 $Z = 40x_1 + 80x_2$ 的等值线，箭头方向为目标函数值递增的方向。沿箭头方向移动目标函数的等值线，平移等值线直至与可行域 $OABCD$ 相切或融合为一条直线，此时就得到最优解为 $B$、$C$ 两点，即最优解为 $BC$ 线段上任一点，其坐标可通过解方程组得到。

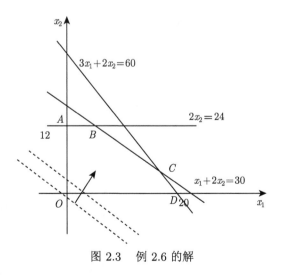

图 2.3　例 2.6 的解

$B$ 点为 $X(1) = (6, 12)$

$C$ 点为 $X(2) = (15, 7.5)$

$$X = \alpha X(1) + (1-\alpha)X(2), \quad 0 \leqslant \alpha \leqslant 1$$

即　　$x_1 = 6\alpha + (1-\alpha) \cdot 15$

　　　$x_2 = 12\alpha + (1-\alpha) \cdot 7.5$

整理得

$$x_1 = 15 - 9\alpha$$
$$x_2 = 7.5 + 4.5\alpha, \quad 0 \leqslant \alpha \leqslant 1$$
$$\max Z = 1200$$

**例 2.7**　用图解法求解线性规划问题

$$\max Z = 2x_1 + 4x_2$$
$$\text{s.t.} \begin{cases} 2x_1 + x_2 \geqslant 8 \\ -2x_1 + x_2 \leqslant 2 \\ x_1, x_2 \geqslant 0 \end{cases}$$

**解**　以 $x_1$ 和 $x_2$ 为坐标轴建立直角坐标系。由于该线性规划的可行域是无界的，作目标函数等值线，如图 2.4 的虚线所示，并用箭头标出其函数值增加的方向，由此可以看出，该问题无有限最优解。

若目标函数由 $\max Z = 2x_1 + 4x_2$ 改为 $\min Z = 2x_1 + 4x_2$，虽然可行域是无界的，但该线性规划问题有最优解 $x_1 = 4, x_2 = 0$，即 $B(4,0)$ 点。

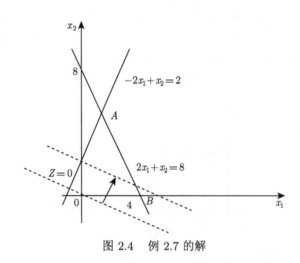

图 2.4　例 2.7 的解

图解法求解只有两个决策变量的线性规划问题，具体步骤如下。

(1) 以 $x_1$ 和 $x_2$ 为坐标轴建立直角坐标系。找出所有约束条件都同时满足的区域，即可行域。

(2) 给定目标函数一个特定的值，画出目标函数等值线，对于目标函数最大化问题，找出目标函数等值线增加的方向，沿目标函数值递增的方向平移等值线直至与可行域相切或融合为一条直线，此时交点就是所求的最优解，交点坐标由联立方程组求得。

通过以上各题图解法可以得出：

(1) 线性规划的所有可行解构成的可行域一般是凸多边形,有些可行域可能是无界的。

(2) 若存在最优解,则一定在可行域的某顶点得到。

(3) 若在两个顶点上同时得到最优解,则在这两点的连线内的任一点都是最优解。

(4) 若可行域无界,则可能发生最优解无界的情况。

(5) 若可行域是空集,此时无最优解。

上述理论具有普遍意义,对于两个以上变量的线性规划问题都是成立的。

图解法虽然直观、简便,但在变量多即多维的情况下,它就无能为力了。因此,需要介绍一种代数方法——单纯形法,为了以后介绍方便,需要研究有关线性规划问题解的一些基本定理。

### 2.2.3 基本定理

**定理 2.1** 若线性规划问题存在可行域 $D$,则其可行域

$$D = \{X | AX = b, X \geqslant 0\}$$

是凸集。

**引理 2.1** 线性规划问题的可行解 $X$ 为基本可行解的充要条件是 $X$ 的正分量所对应的系数列向量是线性无关的。

**定理 2.2** 线性规划问题的基本可行解 $X$ 对应于可行域 $D$ 的顶点。

**定理 2.3** 若可行域有界,则线性规划问题的目标函数一定可以在其可行域的某个顶点上达到最优解。即一定存在一个基本可行解是最优解。

**定理 2.4** 若线性规划问题在 $k$ 个顶点上达到最优解 $(k \geqslant 2)$,则在这些顶点的凸组合上也达到最优解。

根据以上讨论可以得到如下结论。

(1) 线性规划问题的所有可行解的集合是凸集,它可以是有界的区域,也可以是无界的区域;但仅有有限个顶点。

(2) 线性规划问题的每一个基本可行解对应于可行域的一个顶点。若线性规划问题有最优解,必定在可行域的某顶点处取得。

(3) 如果一个线性规划问题存在多个最优解,那么至少有两个相邻的顶点处是线性规划的最优解。

(4) 如果可行域为无界,则线性规划问题可能无最优解,也可能有最优解;若有最优解,必定在可行域的某顶点处取得。

虽然可行域的顶点个数是有限的 (它不超过 $C_n^m$ 个),采用"枚举法"可以找出所有基本可行解,然后一一比较它们的目标函数值的大小,最终可以找到最优解。但当 $m$、$n$ 的数目很大时,这种办法实际上是行不通的。因此,需要讨论一种方法,通过逐步迭代保证能逐步改进并最终求出最优解。

## 2.3 单纯形算法

单纯形算法的基本思路是:根据线性规划问题的标准型,从可行域中某个基本可行解 (顶点) 开始,转换到另一个基本可行解 (顶点),并使得每次转换,目标函数值均有所改善,

最终得到最优解。

从线性规划解的性质定理可知,线性规划问题的可行域是凸多边形或凸多面体,而且如果一个线性规划问题有最优解,就一定可以在可行域的某个顶点上达到。换言之,若某线性规划问题只有唯一的最优解,那么这个最优解所对应的点一定是可行域的一个顶点,若该线性规划问题有多个最优解,那么它一定可以在可行域的顶点中找到至少两个相邻顶点对应于该线性规划问题的最优解。

现在需要解决的问题是:

(1) 为了使目标函数逐步变优,应如何从可行域的一个顶点转移到可行域的另一个顶点?

(2) 目标函数何时达到最优值?判断标准是什么?

### 2.3.1　确定初始基可行解

当线性规划问题的约束条件均为 "≤" 形式的不等式时,可以利用转化为标准型的方法,在每个约束条件的左端加上一个松弛变量,其松弛变量 $x_{s1}, x_{s2}, \cdots, x_{sm}$ 的系数矩阵即为单位矩阵;对于约束条件为 "≥" 形式的不等式或等式,若系数矩阵中不存在单位矩阵,就采用构造人造基的办法,即对不等式约束减去一个非负的剩余变量后,再加上一个非负的人工变量;对于等式约束,加上一个非负的人工变量。这样总可以找到一个单位矩阵,关于这个方法将在 2.4 节讨论。

若线性规划问题的标准型 (简写为 LP):

$$\max Z = \sum_{j=1}^{n} c_j x_j$$

$$\text{s.t.} \begin{cases} \sum_{j=1}^{n} a_{ij} x_j = b_i, & i = 1, 2, \cdots, m \\ x_j \geqslant 0, & j = 1, 2, \cdots, n \end{cases}$$

或

$$\max Z = CX$$

$$\text{s.t.} \begin{cases} AX = b \\ X \geqslant 0 \end{cases}$$

或

$$\max Z = CX$$

$$\text{s.t.} \begin{cases} \sum_{j=1}^{n} P_j x_j = b, & i = 1, 2, \cdots, m \\ X \geqslant 0, & j = 1, 2, \cdots, n \end{cases}$$

若可以从系数矩阵 $A$ 中直接观察到一个单位矩阵,不妨设

$$B = (P_1, P_2, \cdots, P_m) = \begin{bmatrix} 1 & 0 & \cdots & 0 \\ 0 & 1 & \cdots & 0 \\ \vdots & \vdots & & \vdots \\ 0 & 0 & \cdots & 1 \end{bmatrix} \tag{2.12}$$

在约束条件中把非基变量项移到等式的右边得

$$\begin{cases} x_1 = b_1 - a_{1,m+1}x_{m+1} - \cdots - a_{1n}x_n \\ x_2 = b_2 - a_{2,m+1}x_{m+1} - \cdots - a_{2n}x_n \\ \cdots \\ x_m = b_m - a_{m,m+1}x_{m+1} - \cdots - a_{mn}x_n \end{cases} \tag{2.13}$$

令所有非基变量 $x_{m+1} = x_{m+2} = \cdots = x_n = 0$, 得

$$X = (b_1, b_2, \cdots, b_m, 0, \cdots, 0)^{\mathrm{T}}$$

由于 $b_i \geqslant 0$, 故 $X$ 满足所有的约束条件, 所以它是一个基本可行解。

式 (2.13) 就是把基变量用非基变量表示的形式。

### 2.3.2　最优性检验

假定已求得线性规划问题的一个基本可行解 $X^{(0)}$, 为叙述方便, 不失一般性, 假设:

$$\begin{cases} x_1 = b_1' - a_{1,m+1}'x_{m+1} - \cdots - a_{1n}'x_n \\ x_2 = b_2' - a_{2,m+1}'x_{m+1} - \cdots - a_{2n}'x_n \\ \cdots \\ x_m = b_m' - a_{m,m+1}'x_{m+1} - \cdots - a_{mn}'x_n \end{cases} \tag{2.14}$$

令所有非基变量 $x_{m+1} = x_{m+2} = \cdots = x_n = 0$, 得

$$X^{(0)} = (b_1', b_2', \cdots, b_m', 0, \cdots, 0)^{\mathrm{T}}$$

把式 (2.14) 代入目标函数得

$$z = \sum_{i=1}^{m} c_i b_i' + \sum_{j=m+1}^{n} \left( c_j - \sum_{i=1}^{m} c_i a_{ij}' \right) x_j \tag{2.15}$$

式 (2.15) 就是把目标函数用非基变量表示的形式。

令 $z_0 = \sum_{i=1}^{m} c_i b_i', \ z_j = \sum_{i=1}^{m} c_i a_{ij}', \ j = m+1, m+2, \cdots, n$

于是得　$z = z_0 + \sum_{j=m+1}^{n} (c_j - z_j) x_j$

再令　$\sigma_j = c_j - z_j, \ j = m+1, m+2, \cdots, n$

得

$$z = z_0 + \sum_{j=m+1}^{n} \sigma_j x_j \tag{2.16}$$

在式 (2.16) 中, 非基变量的系数 $\sigma_j$ 称为非基变量 $x_j \ (j = m+1, m+2, \cdots, n)$ 的检验数。

以上可用矩阵表示, 线性规划的矩阵形式通过矩阵分组可表示为

$$\max \ Z = (C_B, C_N) \begin{bmatrix} X_B \\ X_N \end{bmatrix}$$

$$\text{s.t.} \begin{cases} (B, N) \begin{bmatrix} X_B \\ X_N \end{bmatrix} = b \\ X_B, X_N \geqslant 0 \end{cases}$$

经过变换整理得

$$\max \ Z = C_B B^{-1} b + (C_N - C_B B^{-1} N) X_N$$
$$\text{s.t.} \begin{cases} X_B = B^{-1} b - B^{-1} N X_N \\ X_B, X_N \geqslant 0 \end{cases} \tag{2.17}$$

式 (2.17) 就是线性规划的典则形式。

对于线性规划的典则形式，令非基变量 $X_N = 0$，即可得到以下结论。

(1) 线性规划的目标函数值为 $C_B B^{-1} b$。

(2) 基变量的解为 $B^{-1} b$。

(3) 对于给定的基 $B$，非基变量的检验数向量为 $\sigma_N = C_N - C_B B^{-1} N$。

**定理 2.5** (最优解判别定理)　若 $X^{(0)} = (b_1', b_2', \cdots, b_m', 0, \cdots, 0)^{\mathrm{T}}$ 为对应于基 $B$ 的基本可行解，且对于一切 $j = m+1, m+2, \cdots, n$，有 $\sigma_j \leqslant 0$，则 $X^{(0)}$ 为线性规划问题的最优解。

**定理 2.6** (无穷多最优解判别定理)　若 $X^{(0)} = (b_1', b_2', \cdots, b_m', 0, \cdots, 0)^{\mathrm{T}}$ 为对应于基 $B$ 的基本可行解，且对于一切 $j = m+1, m+2, \cdots, n$，有 $\sigma_j \leqslant 0$，又存在某个非基变量的检验数 $\sigma_{m+k} = 0$，则线性规划问题有无穷多最优解。

**定理 2.7** (无有限最优解判别定理)　若 $X^{(0)} = (b_1', b_2', \cdots, b_m', 0, \cdots, 0)^{\mathrm{T}}$ 为对应于基 $B$ 的基本可行解，有一个 $\sigma_{m+k} > 0$，而对于 $i = 1, 2, \cdots, m$，有 $a_{i,m+k}' \leqslant 0$，则线性规划问题无有限最优解 (也称为无最优解)。

以上讨论的都是针对标准型的，即求目标函数极大化问题。当求目标函数极小化时，一种情况如前所述，将其化为标准型；另一种情况是将判别定理中的检验数 $\sigma_j$ 取反方向。

### 2.3.3　基变换

若前面所求的基本可行解还不是最优解，下面将介绍如何通过基变换，求一个新的基本可行解，如何保证基变换后新的目标函数更优。

若初始基本可行解 $X^{(0)}$ 不是最优解或不能判别无界，则需要找一个新的基本可行解，即进入迭代过程，具体做法是从原基本可行解的基用一个非基列向量换一个基列向量 (变换后还必须保证这些向量线性无关)，得到一个新的基本可行解基，称为基变换。为了换基，先要确定换入变量，再确定换出变量，让它们相应的系数列向量进行对换，这样就找到一个新的基本可行解。

#### 1. 换入变量的确定

当某些非基变量的检验数 $\sigma_j > 0$ 时，如果 $x_j$ 增加，则目标函数值还可以增加。当有两个或两个以上 $\sigma_j > 0$ 时，那么选哪个非基变量作为换入变量呢？为了使目标函数值增加

得最快, 一般选择 $\sigma_j > 0$ 中的最大者, 即

$$\sigma_j = \max_l \{\sigma_l \,|\, \sigma_l > 0\}$$

$\sigma_j$ 所对应的变量 $x_j$ 为换入变量 (就是下一个基的基变量)。

### 2. 换出变量的确定

因为基变量个数总是为 $m$, 所以换入一个变量之后还必须换出一个变量。下面来考虑如何选择换出变量。

确定换出变量的原则是保持解的可行性。这就是说, 要使原基本可行解的某一个正分量 $x_l$ 变为 0, 同时保持其余分量均非负。具体实现是按 "最小比例原则" 进行, 也称 $\theta$ 原则。
若

$$\min_i \left\{ \frac{b_i'}{a_{ij}'} \,\middle|\, a_{ij}' > 0 \right\} = \frac{b_l'}{a_{il}'} = \theta_l$$

则对应的变量 $x_l$ 为换出变量。

### 3. 旋转运算 (迭代运算)

在确定了换入变量 $x_j$ 与换出变量 $x_l$ 之后, 要把 $x_j$ 和 $x_l$ 的位置对换, 就是说, 要把 $x_j$ 所对应的列向量 $p_j$ 变成单位列向量。这时只需对系数矩阵的增广矩阵进行行变换即可, 称 $a_{lj}$ 为旋转元。

由以上讨论可以构造线性规划问题的初始单纯形表, 具体见表 2.3。

表 2.3   初始单纯形表

| | $c_j$ | | $c_1$ | $\cdots$ | $c_k$ | $\cdots$ | $c_m$ | $c_{m+1}$ | $\cdots$ | $c_j$ | $\cdots$ | $c_n$ | $\theta$ |
|---|---|---|---|---|---|---|---|---|---|---|---|---|---|
| $C_B$ | $X_B$ | $b^*$ | $x_1$ | $\cdots$ | $x_k$ | $\cdots$ | $x_m$ | $x_{m+1}$ | $\cdots$ | $x_j$ | $\cdots$ | $x_n$ | |
| $c_1$ | $x_1$ | $b_1^*$ | 1 | $\cdots$ | 0 | $\cdots$ | 0 | $a_{1m+1}$ | $\cdots$ | $a_{1j}$ | $\cdots$ | $a_{1n}$ | |
| $\cdots$ | $\cdots$ | $\cdots$ | $\cdots$ | | $\cdots$ | | $\cdots$ | $\cdots$ | | $\cdots$ | | $\cdots$ | |
| $c_l$ | $x_l$ | $b_l^*$ | 0 | $\cdots$ | 1 | $\cdots$ | 0 | $a_{lm+1}$ | $\cdots$ | $a_{lj}$ | $\cdots$ | $a_{ln}$ | |
| $\cdots$ | $\cdots$ | $\cdots$ | $\cdots$ | | $\cdots$ | | $\cdots$ | $\cdots$ | | $\cdots$ | | $\cdots$ | |
| $c_m$ | $x_m$ | $b_m^*$ | 0 | $\cdots$ | 0 | $\cdots$ | 1 | $a_{mm+1}$ | $\cdots$ | $a_{mj}$ | $\cdots$ | $a_{mn}$ | |
| | | | 0 | $\cdots$ | 0 | $\cdots$ | 0 | $\sigma_{m+1}$ | $\cdots$ | $\sigma_j$ | $\cdots$ | $\sigma_n$ | |

以表 2.3 的元素 $a_{lj}$ (称为主元素或旋转元素) 进行基变换: 将第 $l$ 行每个元素除以 $a_{lj}$, 再将第 $l$ 行每个元素乘以 $-a_{ij}/a_{lj}$ 加到第 $i$ 行上 ($i = 1, 2, \cdots, m$, $i \neq l$), 将第 $l$ 行每个元素乘以 $-\sigma_j/a_{lj}$ 加到检验数行, 这样就可以把与变量 $x_j$ 对应的列向量化为单位列向量, 同时新的目标函数值为

$$Z_1 = Z_0 + \sigma_j \frac{b_l^*}{a_{lj}}$$

经过基变换之后, 针对新基 $B_1$ 的基本可行解为

$$x_i^{(1)} = \begin{cases} b_j^* - \dfrac{b_l^*}{a_{lj}} = \overline{b_i}, & i = 1, 2, \cdots, m, \ i \neq l \\ \dfrac{b_l^*}{a_{lj}} = \overline{b_j}, & i = j \ (\text{即为原来的 } l \text{ 位置}) \\ 0, & i = l \end{cases}$$

综合以上的讨论，单纯形算法的计算步骤可归结如下。

第一步：找出初始可行基，确定初始基本可行解，建立初始单纯形表。

第二步：检查对应于非基变量的检验数 $\sigma_k$, $k \in I_N$ ($I_N$ 为非基变量指标集)，若所有 $\sigma_k \leqslant 0$, $k \in I_N$，则已得到最优解，停止计算，否则转入下一步。

第三步：在所有 $\sigma_k > 0$, $k \in I_N$ 中，若有一个 $\sigma_j$ 对应的系数列向量的所有分量 $a_{ij} \leqslant 0$，则此问题没有有限最优解，停止计算，否则转入下一步。

第四步：根据 $\max\{\sigma_k | \sigma_k > 0, \ k \in I_N\} = \sigma_j$，确定 $x_j$ 为换入变量 (即为新基的基变量)，再根据：

$$\theta_l = \frac{b_l^*}{a_{lj}} = \min\left\{\frac{b_i^*}{a_{ij}}\,\bigg|\, a_{ij} > 0, 1 \leqslant i \leqslant m\right\}$$

确定 $x_l$ 为换出变量 (即为新基的非基变量)，转下一步。

第五步：以 $a_{lj}$ 为主元素进行基变换，转回第二步。

**例 2.8**　利用单纯形算法求解例 2.1 的线性规划问题。

$$\max Z = 2x_1 + 3x_2$$
$$\text{s.t.} \begin{cases} 3x_2 + x_3 = 15 \\ 4x_1 + x_4 = 12 \\ 2x_1 + 2x_2 + x_5 = 14 \\ x_1, x_2, x_3, x_4, x_5 \geqslant 0 \end{cases}$$

**解**　(1) 由标准型得到初始单纯形表 (表 2.4)。

表 2.4　例 2.8 的初始单纯形表

| | $c_j$ | 2 | 3 | 0 | 0 | 0 | |
|---|---|---|---|---|---|---|---|
| $X_B$ | $b$ | $x_1$ | $x_2$ | $x_3$ | $x_4$ | $x_5$ | $\theta_i$ |
| $x_3$ | 15 | 0 | [3] | 1 | 0 | 0 | 5 |
| $x_4$ | 12 | 4 | 0 | 0 | 1 | 0 | |
| $x_5$ | 14 | 2 | 2 | 0 | 0 | 1 | 7 |
| $-Z$ | 0 | 2 | 3 | 0 | 0 | 0 | |

(2) $\max\{\sigma_1, \sigma_2\} = 3 = \sigma_2$，所以 $x_2$ 为换入变量。

(3) 因为 $\sigma_1 = 2$，$\sigma_2 = 3$ 都大于 0，且 $p_1$, $p_2$ 的坐标有正分量存在：

$$\theta = \min_i\left\{\frac{b_i}{a_{i2}}\,\bigg|\, a_{i2} > 0\right\} = \min\{5, 7\} = 5$$

因为 $\theta = 5$ 与 $x_3$ 那一行相对应，所以 $x_3$ 为换出变量。

故 $x_2$ 对应列与 $x_3$ 对应行的相交处的 3 为主元素。

(4) 以 "3" 为主元素进行旋转计算,对表 2.4 进行相应的行初等变换,得表 2.5。

表 2.5　对表 2.4 进行相应的行初等变换

| $c_j$ | | 2 | 3 | 0 | 0 | 0 | $\theta_i$ |
|---|---|---|---|---|---|---|---|
| $X_B$ | $b$ | $x_1$ | $x_2$ | $x_3$ | $x_4$ | $x_5$ | |
| $x_2$ | 5 | 0 | 1 | 1/3 | 0 | 0 | |
| $x_4$ | 12 | 4 | 0 | 0 | 1 | 0 | 3 |
| $x_5$ | 4 | [2] | 0 | -2/3 | 0 | 1 | 2 |
| $-Z$ | -15 | 2 | 0 | -1 | 0 | 0 | |

重复以上步骤得表 2.6。

表 2.6　例 2.8 的最优表

| $c_j$ | | 2 | 3 | 0 | 0 | 0 | $\theta_i$ |
|---|---|---|---|---|---|---|---|
| $X_B$ | $b$ | $x_1$ | $x_2$ | $x_3$ | $x_4$ | $x_5$ | |
| $x_2$ | 5 | 0 | 1 | 1/3 | 0 | 0 | |
| $x_4$ | 4 | 0 | 0 | 4/3 | 1 | -2 | |
| $x_1$ | 2 | 1 | 0 | -1/3 | 0 | 1/2 | |
| $-Z$ | -19 | 0 | 0 | -1/3 | 0 | -1 | |

这时,检验数全部小于等于 0,即目标函数已不可能再增大,于是得到最优解:

$$X^* = (2, 5, 0, 4, 0)^{\mathrm{T}}$$

目标函数的最大值为

$$Z^* = 19$$

**例 2.9**　利用单纯形算法求解线性规划问题。

$$\max Z = 2x_1 + 3x_2 + 0 \cdot x_3 + 0 \cdot x_4 + 0 \cdot x_5 + 0 \cdot x_6$$

$$\text{s.t.} \begin{cases} 2x_1 + 2x_2 + x_3 = 12 \\ x_1 + 2x_2 + x_4 = 8 \\ 4x_1 + x_5 = 16 \\ 4x_2 + x_6 = 12 \\ x_1, x_2, x_3, x_4, x_5, x_6 \geqslant 0 \end{cases}$$

**解**　由标准型得到初始单纯形表 2.7,由单纯形算法得到表 2.8 和表 2.9。

表 2.7　例 2.9 的初始单纯形表

| $c_j$ | | 2 | 3 | 0 | 0 | 0 | 0 | $\theta_i$ |
|---|---|---|---|---|---|---|---|---|
| $X_B$ | $b$ | $x_1$ | $x_2$ | $x_3$ | $x_4$ | $x_5$ | $x_6$ | |
| $x_3$ | 12 | 2 | 2 | 1 | 0 | 0 | 0 | 6 |
| $x_4$ | 8 | 1 | 2 | 0 | 1 | 0 | 0 | 4 |
| $x_5$ | 16 | 4 | 0 | 0 | 0 | 1 | 0 | |
| $x_6$ | 12 | 0 | [4] | 0 | 0 | 0 | 1 | 3 |
| $-Z$ | 0 | 2 | 3 | 0 | 0 | 0 | 0 | |

**表 2.8 单纯形算法计算过程 1**

| $c_j$ | | 2 | 3 | 0 | 0 | 0 | 0 | |
|---|---|---|---|---|---|---|---|---|
| $X_B$ | $b$ | $x_1$ | $x_2$ | $x_3$ | $x_4$ | $x_5$ | $x_6$ | $\theta_i$ |
| $x_3$ | 6 | 2 | 0 | 1 | 0 | 0 | $-1/2$ | 3 |
| $x_4$ | 2 | [1] | 0 | 0 | 1 | 0 | $-1/2$ | 2 |
| $x_5$ | 16 | 4 | 0 | 0 | 0 | 1 | 0 | 4 |
| $x_2$ | 3 | 0 | 1 | 0 | 0 | 0 | $1/4$ | |
| $-Z$ | $-9$ | 2 | 0 | 0 | 0 | 0 | $-3/4$ | |

**表 2.9 单纯形算法计算过程 2**

| $c_j$ | | 2 | 3 | 0 | 0 | 0 | 0 | |
|---|---|---|---|---|---|---|---|---|
| $X_B$ | $b$ | $x_1$ | $x_2$ | $x_3$ | $x_4$ | $x_5$ | $x_6$ | $\theta_i$ |
| $x_3$ | 2 | 0 | 0 | 1 | $-2$ | 0 | $1/2$ | 4 |
| $x_1$ | 2 | 1 | 0 | 0 | 1 | 0 | $-1/2$ | |
| $x_5$ | 8 | 0 | 0 | 0 | $-4$ | 1 | [2] | 4 |
| $x_2$ | 3 | 0 | 1 | 0 | 0 | 0 | $1/4$ | 12 |
| $-Z$ | $-13$ | 0 | 0 | 0 | $-2$ | 0 | $1/4$ | |

在求解过程中，有时会出现最小的 $\theta$ 有两个或更多个相同问题，这种情况出现时，称为出现了退化问题。在出现退化问题时，即最小的 $\theta$ 有两个或更多的 $\theta$ 相同时，在最小相同 $\theta$ 对应的变量中选择变量下标最大的那个基变量为换出变量；同时如果出现大于零且最大的检验数 $\sigma$ 有两个或更多个相同时，在最大相同 $\sigma$ 对应的变量中选择变量下标最小的那个变量为进入变量，这样会避免出现"死循环"的现象。对于表 2.9，选择 $x_5$ 为换出变量，计算如表 2.10。

**表 2.10 例 2.9 的最优表**

| $c_j$ | | 2 | 3 | 0 | 0 | 0 | 0 | |
|---|---|---|---|---|---|---|---|---|
| $X_B$ | $b$ | $x_1$ | $x_2$ | $x_3$ | $x_4$ | $x_5$ | $x_6$ | $\theta_i$ |
| $x_3$ | 0 | 0 | 0 | 1 | $-1$ | $-1/4$ | 0 | |
| $x_1$ | 4 | 1 | 0 | 0 | 0 | $1/4$ | 0 | |
| $x_6$ | 4 | 0 | 0 | 0 | $-2$ | $1/2$ | 1 | |
| $x_2$ | 2 | 0 | 1 | 0 | $1/2$ | $-1/8$ | 0 | |
| $-Z$ | $-14$ | 0 | 0 | 0 | $-3/2$ | $-1/8$ | 0 | |

这时，检验数全部小于等于 0，即目标函数已不可能再增大，于是得到最优解

$$X^* = (4, 2, 0, 0, 0, 4)^{\mathrm{T}}$$

目标函数的最大值为

$$Z^* = 14$$

## 2.4 单纯形算法的进一步讨论

### 2.4.1 初始基本可行解的确定

利用单纯形算法的一个根本前提是要有一个初始的基本可行解。这对于一些简单问题，利用观察或其他手段是容易得到的；但对于较复杂的问题，利用这种方法几乎是不可能的。

这就引起了人们对求初始基本可行解的思考。

以下分几种情形进行讨论。

(1) 对于 $AX = b$，若人们从系数矩阵 $A$ 中能够观测到一个单位矩阵。这时取初始基 $B$ 就是该单位矩阵，对应的基变量为 $X_B$，非基变量为 $X_N$。这时

$$\begin{pmatrix} X_B \\ X_N \end{pmatrix} = \begin{pmatrix} b \\ 0 \end{pmatrix}, \quad \text{这里假设 } b \geqslant 0$$

然后按单纯形算法计算步骤便可得到。这种情况包含了 $AX \leqslant b$ 的情形。

(2) 对于 $AX = b$，并且不能够从系数矩阵 $A$ 中观测到一个单位矩阵。这时分别给每一个约束条件加入一个人工变量 $x_{n+1}, \cdots, x_{n+m}$，得

$$\begin{cases} a_{11}x_1 + \cdots + a_{1n}x_n + x_{n+1} = b_1 \\ a_{21}x_1 + \cdots + a_{2n}x_n + x_{n+2} = b_2 \\ \cdots \\ a_{m1}x_1 + \cdots + a_{mn}x_n + x_{n+m} = b_m \\ x_1, \cdots, x_n, x_{n+1}, \cdots, x_{n+m} \geqslant 0 \end{cases} \quad (2.18)$$

由此可以得到一个 $m$ 阶单位矩阵。以 $x_{n+1}, x_{n+2}, \cdots, x_{n+m}$ 为基变量，令非基变量 $x_1, x_2, \cdots, x_n$ 为 0，便可得到一个初始基本可行解 $X^{(0)}; X^{(0)} = (0, \cdots 0, b_1, b_2, \cdots, b_m)^{\mathrm{T}}$。

因为人工变量是在原约束方程组中加入的非负人工变量，因此在最优解中人工变量必须取 0 (否则就破坏方程组两边相等的约束)，这就要求人工变量要从基变量中逐渐替换掉。若经过基变换，基变量中不再包含有人工变量，这就表示原问题有解；若经过基变换，当所有的 $\sigma_j \leqslant 0$ 时，在基中至少还有一个人工变量，这就意味着原问题无可行解。

### 2.4.2 大 M 法

对于加入人工变量线性规划问题的目标函数如何处理? 希望人工变量对目标函数取值不受影响。因此只有在迭代过程中，把人工变量从基变量中换出，让它成为非基变量。为此，就必须假定人工变量在目标函数中的价值系数为 $(-M)$ (对于极大化目标)，$M$ 为充分大的正数。这样，对于要求实现目标函数最大化的线性规划问题来讲，只要在基变量中还存在人工变量，目标函数就不可能实现最大化。这就是大 M 法。以下举例加以说明。

**例 2.10** 试用大 M 法求解如下线性规划问题的最优解。

$$\min Z = -3x_1 + x_2 + x_3$$
$$\text{s.t.} \begin{cases} x_1 - 2x_2 + x_3 \leqslant 11 \\ -4x_1 + x_2 + 2x_3 \geqslant 3 \\ -2x_1 + x_3 = 1 \\ x_1, x_2, x_3 \geqslant 0 \end{cases}$$

**解** 在上述问题中加入松弛变量、剩余变量和人工变量得

$$\max Z' = 3x_1 - x_2 - x_3 - Mx_6 - Mx_7$$

$$\text{s.t.} \begin{cases} x_1 - 2x_2 + x_3 + x_4 = 11 \\ -4x_1 + x_2 + 2x_3 - x_5 + x_6 = 3 \\ -2x_1 + x_3 + x_7 = 1 \\ x_1, \cdots, x_7 \geqslant 0 \end{cases}$$

其中，$M$ 是一个充分大的正数，取基变量为 $x_4$, $x_6$, $x_7$, 可得表 2.11。

### 表 2.11　原始数据表

| $c_j$ | | 3 | −1 | −1 | 0 | 0 | −M | −M |
| --- | --- | --- | --- | --- | --- | --- | --- | --- |
| $X_B$ | $b$ | $x_1$ | $x_2$ | $x_3$ | $x_4$ | $x_5$ | $x_6$ | $x_7$ |
| $x_4$ | 11 | 1 | −2 | 1 | 1 | 0 | 0 | 0 |
| $x_6$ | 3 | −4 | 1 | 2 | 0 | −1 | 1 | 0 |
| $x_7$ | 1 | −2 | 0 | 1 | 0 | 0 | 0 | 1 |
| $-Z'$ | 0 | 3 | −1 | −1 | 0 | 0 | −M | −M |

由于 $x_4$, $x_6$, $x_7$ 为基变量，因此它们对应的检验数行的检验数必须为 0，经变换得初始单纯形表见表 2.12。

### 表 2.12　初始单纯形表

| $c_j$ | | 3 | −1 | −1 | 0 | 0 | −M | −M | |
| --- | --- | --- | --- | --- | --- | --- | --- | --- | --- |
| $X_B$ | $b$ | $x_1$ | $x_2$ | $x_3$ | $x_4$ | $x_5$ | $x_6$ | $x_7$ | $\theta$ |
| $x_4$ | 11 | 1 | −2 | 1 | 1 | 0 | 0 | 0 | 11 |
| $x_6$ | 3 | −4 | 1 | 2 | 0 | −1 | 1 | 0 | 1.5 |
| $x_7$ | 1 | −2 | 0 | [1] | 0 | 0 | 0 | 1 | 1 |
| $-Z'$ | $4M$ | $3-6M$ | $M-1$ | $3M-1$ | 0 | $-M$ | 0 | 0 | |

由单纯形算法得表 2.13~ 表 2.15。

### 表 2.13　单纯形表 1

| $c_j$ | | 3 | −1 | −1 | 0 | 0 | −M | −M | |
| --- | --- | --- | --- | --- | --- | --- | --- | --- | --- |
| $X_B$ | $b$ | $x_1$ | $x_2$ | $x_3$ | $x_4$ | $x_5$ | $x_6$ | $x_7$ | $\theta$ |
| $x_4$ | 10 | 3 | −2 | 0 | 1 | 0 | 0 | −1 | — |
| $x_6$ | 1 | 0 | [1] | 0 | 0 | −1 | 1 | −2 | 1 |
| $x_3$ | 1 | −2 | 0 | 1 | 0 | 0 | 0 | 1 | — |
| $-Z'$ | $M+1$ | 1 | $M-1$ | 0 | 0 | $-M$ | 0 | $1-3M$ | |

### 表 2.14　单纯形表 2

| $c_j$ | | 3 | −1 | −1 | 0 | 0 | −M | −M | |
| --- | --- | --- | --- | --- | --- | --- | --- | --- | --- |
| $X_B$ | $b$ | $x_1$ | $x_2$ | $x_3$ | $x_4$ | $x_5$ | $x_6$ | $x_7$ | $\theta$ |
| $x_4$ | 12 | [3] | 0 | 0 | 1 | −2 | 2 | −5 | 4 |
| $x_2$ | 1 | 0 | 1 | 0 | 0 | −1 | 1 | −2 | — |
| $x_3$ | 1 | −2 | 0 | 1 | 0 | 0 | 0 | 1 | — |
| $-Z'$ | 2 | 1 | 0 | 0 | 0 | −1 | $1-M$ | $-1-M$ | |

表 2.15　最优表

| $c_j$ | | 3 | $-1$ | $-1$ | 0 | 0 | $-M$ | $-M$ | $\theta$ |
|---|---|---|---|---|---|---|---|---|---|
| $X_B$ | $b$ | $x_1$ | $x_2$ | $x_3$ | $x_4$ | $x_5$ | $x_6$ | $x_7$ | |
| $x_1$ | 4 | 1 | 0 | 0 | $1/3$ | $-2/3$ | $2/3$ | $-5/3$ | |
| $x_2$ | 1 | 0 | 1 | 0 | 0 | $-1$ | 1 | $-2$ | |
| $x_3$ | 9 | 0 | 0 | 1 | $2/3$ | $-4/3$ | $4/3$ | $-7/3$ | |
| $-Z'$ | $-2$ | 0 | 0 | 0 | $-1/3$ | $-1/3$ | $1/3-M$ | $2/3-M$ | |

在表 2.15 中，所有的 $\sigma_j \leqslant 0$，故得到最优解：

$$X^* = (4,1,9,0,0,0,0)^{\mathrm{T}}$$

目标函数值 $Z' = 2$，原问题的最优目标值为 $Z^* = -2$。

### 2.4.3　两阶段法

大 M 法的求解思想比较直观，适合于手工计算不太复杂的线性规划问题。若是利用计算机求解，就必须先给出 $M$ 足够大的值，这会带来数值计算上的困难。因此在商业线性规划软件中使用大 M 法的较少。为了克服计算机处理大 M 的困难，可对约束条件中添加人工变量后的线性规划问题分两个阶段来计算，称为两阶段法。其中，第一阶段就是建立辅助线性规划并求解，以判断原线性规划是否存在基本可行解，第二阶段就是将第一阶段的最优解作为原线性规划问题的初始基本可行解来求最优解。具体由定理 2.8 给出。

**定理 2.8**　设原线性规划问题记成 (LP)，由它而引入的新线性规划问题记成 (LP)\*。分别表示如下：

$$(\mathrm{LP}): \max Z = C^{\mathrm{T}}X \qquad (\mathrm{LP})^*: \min W = e^{\mathrm{T}}X^*$$
$$\begin{cases} AX = b \\ X \geqslant 0 \end{cases} \qquad \begin{cases} AX + IX^* = b \\ X \geqslant 0, X^* \geqslant 0 \end{cases}$$
$$X^* = (x_{n+1}, x_{n+2}, \cdots, x_{n+m})^{\mathrm{T}}, \ \overbrace{e = (1,1,\cdots,1)^{\mathrm{T}}}^{m\,\text{个}}$$

(1) 若 (LP)\* 有最优基本可行解 $\begin{pmatrix} \tilde{X} \\ \tilde{X}^* \end{pmatrix}$，且 $\tilde{X}^* = 0$，即 $W = 0$，则 (LP) 是可行的，而 $\tilde{X}$ 即为 (LP) 的一个基可行解。

(2) 若 (LP)\* 的最优基本可行解为 $\begin{pmatrix} \tilde{X} \\ \tilde{X}^* \end{pmatrix}$，而 $\tilde{X}^* \neq 0$，即 $W \neq 0$，则 (LP) 一定没有最优解。

由定理 2.8 可知，可以根据线性规划问题 (LP)\* 判断原线性规划问题 (LP) 是否存在基本可行解，利用单纯形算法，若得到 $W = 0$，即所有人工变量为非基变量，这表示原线性规划问题已得到了一个基本可行解。于是只需要将第一阶段最终计算表中的目标函数行的数字换成原线性规划问题的目标函数的数字，就得到了求解原线性规划问题的初始单纯形表，再进行第二阶段的求解。若第一阶段的最终计算表出现 $W > 0$，这就表明原线性规划问题 (LP) 无可行解，应停止计算。

各阶段的计算方法及步骤与前述单纯形法计算完全相同，下面用例子说明该方法的具体应用。

**例 2.11**　试用两阶段法求解如下线性规划问题

$$\max Z = 3x_1 - x_2 - x_3$$

$$\text{s.t.} \begin{cases} x_1 - 2x_2 + x_3 \leqslant 11 \\ -4x_1 + x_2 + 2x_3 \geqslant 3 \\ -2x_1 + x_3 = 1 \\ x_1, x_2, x_3 \geqslant 0 \end{cases}$$

**解**　先在以上问题的约束条件中加入松弛变量、剩余变量、人工变量，给出第一阶段的线性规划问题：

$$\min W = x_6 + x_7$$
$$\Rightarrow \quad \max W' = -x_6 - x_7$$

$$\text{s.t.} \begin{cases} x_1 - 2x_2 + x_3 + x_4 = 11 \\ -4x_1 + x_2 + 2x_3 - x_5 + x_6 = 3 \\ -2x_1 + x_3 + x_7 = 1 \\ x_1, \cdots, x_7 \geqslant 0 \end{cases}$$

以 $x_4$，$x_6$，$x_7$ 为基变量得初始表 2.16。

表 2.16　第一阶段的原始数据表

| $c_j$ | | 0 | 0 | 0 | 0 | 0 | $-1$ | $-1$ |
|---|---|---|---|---|---|---|---|---|
| $X_B$ | $b$ | $x_1$ | $x_2$ | $x_3$ | $x_4$ | $x_5$ | $x_6$ | $x_7$ |
| $x_4$ | 11 | 1 | $-2$ | 1 | 1 | 0 | 0 | 0 |
| $x_6$ | 3 | $-4$ | 1 | 2 | 0 | $-1$ | 1 | 0 |
| $x_7$ | 1 | $-2$ | 0 | 1 | 0 | 0 | 0 | 1 |
| $-W'$ | 0 | 0 | 0 | 0 | 0 | 0 | $-1$ | $-1$ |

由于 $x_4, x_6, x_7$ 为基变量，因此它们对应的检验数行的检验数必须为 0，经变换得初始单纯形表 2.17。

表 2.17　第一阶段的初始单纯形表

| $c_j$ | | 0 | 0 | 0 | 0 | 0 | $-1$ | $-1$ | $\theta$ |
|---|---|---|---|---|---|---|---|---|---|
| $X_B$ | $b$ | $x_1$ | $x_2$ | $x_3$ | $x_4$ | $x_5$ | $x_6$ | $x_7$ | |
| $x_4$ | 11 | 1 | $-2$ | 1 | 1 | 0 | 0 | 0 | 11 |
| $x_6$ | 3 | $-4$ | 1 | 2 | 0 | $-1$ | 1 | 0 | 1.5 |
| $x_7$ | 1 | $-2$ | 0 | [1] | 0 | 0 | 0 | 1 | 1 |
| $-W'$ | 4 | $-6$ | 1 | 3 | 0 | $-1$ | 0 | 0 | |

由单纯形算法得表 2.18 和表 2.19。

**表 2.18 第一阶段的初始单纯形计算表**

| $c_j$ | | 0 | 0 | 0 | 0 | 0 | $-1$ | $-1$ | |
|---|---|---|---|---|---|---|---|---|---|
| $X_B$ | $b$ | $x_1$ | $x_2$ | $x_3$ | $x_4$ | $x_5$ | $x_6$ | $x_7$ | $\theta$ |
| $x_4$ | 10 | 3 | $-2$ | 0 | 1 | 0 | 0 | $-1$ | — |
| $x_6$ | 1 | 0 | [1] | 0 | 0 | $-1$ | 1 | $-2$ | 1 |
| $x_3$ | 1 | $-2$ | 0 | 1 | 0 | 0 | 0 | 1 | — |
| $-W'$ | 1 | 0 | 1 | 0 | 0 | $-1$ | 0 | $-3$ | |

**表 2.19 第一阶段的最优表**

| $c_j$ | | 0 | 0 | 0 | 0 | 0 | $-1$ | $-1$ | |
|---|---|---|---|---|---|---|---|---|---|
| $X_B$ | $b$ | $x_1$ | $x_2$ | $x_3$ | $x_4$ | $x_5$ | $x_6$ | $x_7$ | $\theta$ |
| $x_4$ | 12 | 3 | 0 | 0 | 1 | $-2$ | 2 | $-5$ | |
| $x_2$ | 1 | 0 | 1 | 0 | 0 | $-1$ | 1 | $-2$ | |
| $x_3$ | 1 | $-2$ | 0 | 1 | 0 | 0 | 0 | 1 | |
| $-W'$ | 0 | 0 | 0 | 0 | 0 | 0 | $-1$ | $-1$ | |

这里 $x_6$、$x_7$ 是人工变量。第一阶段已求得 $W' = 0$，最优解中因人工变量 $x_6 = x_7 = 0$，所以 $(0, 1, 1, 12, 0)^{\mathrm{T}}$ 是原线性规划问题的一个基本可行解。于是可以开始第二阶段的计算。将第一阶段最终计算表 2.19 中的人工变量列去掉，并将目标函数系数换成原问题的目标函数系数，重新计算检验数行，可得如下第二阶段的初始单纯形表 2.20；应用单纯形算法求解得最终表 2.21。

**表 2.20 第二阶段的初始单纯形表**

| $c_j$ | | 3 | $-1$ | $-1$ | 0 | 0 | |
|---|---|---|---|---|---|---|---|
| $X_B$ | $b$ | $x_1$ | $x_2$ | $x_3$ | $x_4$ | $x_5$ | $\theta$ |
| $x_4$ | 12 | [3] | 0 | 0 | 1 | $-2$ | 4 |
| $x_2$ | 1 | 0 | 1 | 0 | 0 | $-1$ | — |
| $x_3$ | 1 | $-2$ | 0 | 1 | 0 | 0 | — |
| $-Z$ | 2 | 1 | 0 | 0 | 0 | $-1$ | |

**表 2.21 第二阶段的最优表**

| $c_j$ | | 3 | $-1$ | $-1$ | 0 | 0 | |
|---|---|---|---|---|---|---|---|
| $X_B$ | $b$ | $x_1$ | $x_2$ | $x_3$ | $x_4$ | $x_5$ | $\theta$ |
| $x_1$ | 4 | 1 | 0 | 0 | 1/3 | $-2/3$ | |
| $x_2$ | 1 | 0 | 1 | 0 | 0 | $-1$ | |
| $x_3$ | 9 | 0 | 0 | 1 | 2/3 | $-4/3$ | |
| $-Z$ | $-2$ | 0 | 0 | 0 | $-1/3$ | $-1/3$ | |

表 2.21 的所有检验数 $\sigma_j \leqslant 0$，所以 $x_1 = 4, x_2 = 1, x_3 = 9$ 是原线性规划问题的最优解。目标函数值为

$$Z^* = 2$$

### 2.4.4 检验数的几种表示方法

以 $\max Z = CX, AX = b, X \geqslant 0$ 作为标准型，以 $\sigma_j = c_j - z_j \leqslant 0$ 作为最优解的判别准则。还有其他形式，下面把几种检验数的表示方法及判别准则汇总于表 2.22。

表 2.22 几种检验数的表示方法及判别准则汇总表

| 检验数 $\sigma$ | 标准型 | |
|---|---|---|
| | $\text{Max } Z = CX$ <br> $AX = b, X \geqslant 0$ | $\text{Min } Z = CX$ <br> $AX = b, X \geqslant 0$ |
| $c_j - z_j$ | $\leqslant 0$ | $\geqslant 0$ |
| $z_j - c_j$ | $\geqslant 0$ | $\leqslant 0$ |

对于目标函数求极小值的问题采用上述任何一种处理方法，其单纯形法的步骤与求极大值的方法相同。

这里提醒读者注意，在阅读其他有关线性规划的教科书时，一定要注意该书规定的标准型是目标函数求极大值还是求极小值，检验数是 $c_j - z_j$ 还是 $z_j - c_j$，不同的组合会使判别准则不同，但单纯形的计算步骤是不变的。

## 2.5 线性规划的对偶理论

### 2.5.1 对偶问题

对偶理论是线性规划问题的最重要的内容之一。每一个线性规划问题必然有与之相伴而生的另一个线性规划问题，即任何一个求 $\max Z$ 的线性规划问题都有一个求 $\min W$ 的线性规划问题。其中的一个问题 "称为原问题"，记为 LP，另一个称为对偶问题，记为 DP。下面举例说明。

**例 2.12** 资源的合理利用问题。某工厂在计划期内安排生产 I、II 两种产品，已知资料数据如表 2.23 所示，问应如何安排生产计划使得既能充分利用现有资源又使总利润最大？

表 2.23 例 2.12 资料数据

| | I | II | 资源总量 |
|---|---|---|---|
| 原材料 A | 2 | 3 | 24 |
| 原材料 B | 3 | 4 | 30 |
| 设备工时 | 5 | 2 | 26 |
| 利润/元 | 4 | 3 | |

假设 $x_1$、$x_2$ 分别表示在计划期内生产产品 I、II 的件数，其数学模型为

$$\max Z = 4x_1 + 3x_2$$
$$\text{s.t.} \begin{cases} 2x_1 + 3x_2 \leqslant 24 & \text{（材料约束 A）} \\ 3x_1 + 4x_2 \leqslant 30 & \text{（材料约束 B）} \\ 5x_1 + 2x_2 \leqslant 26 & \text{（工时约束）} \\ x_1, x_2 \geqslant 0 \end{cases}$$

现从另一角度考虑此问题。假设有客户提出要求，租赁工厂的设备工时和购买工厂的原材料，为其加工生别的产品，由客户支付工时费和材料费，此时工厂应考虑如何为工时和各种原材料定价，同样使其获得的利润最大？

分析问题：

(1) 设备工时和各种原材料定价不能低于自己生产时的可获利润；

(2) 设备工时和各种原材料定价又不能太高，要使对方能够接受。

**解** (1) 决策变量：设 $y_1$, $y_2$, $y_3$ 分别表示出售单位原材料 A、单位原材料 B 的价格 (含附加值) 和出租设备单位工时的租金。

(2) 目标函数：此时工厂的总收入为 $W = 24y_1 + 30y_2 + 26y_3$，这也是租赁方需要付出的成本。在这个问题中，是企业不生产，将自己的资源出售或出租，因此，此时起决定作用的是租赁方，目标函数为

$$\min W = 24y_1 + 30y_2 + 26y_3$$

(3) 约束条件：工厂决策者考虑以下问题。

① 出售原材料和出租设备应不少于自己生产产品的获利，否则不如自己生产为好。因此有

$$\begin{cases} 2y_1 + 3y_2 + 5y_3 \geqslant 4 \\ 3y_1 + 4y_2 + 2y_3 \geqslant 3 \\ y_1, y_2, y_3 \geqslant 0 \end{cases}$$

② 价格应尽量低，否则没有竞争力 (此价格可成为与客户谈判的底价)。

租赁者考虑：希望价格越低越好，否则另找他人。因此能够使双方共同接受的模型为

$$\min W = 24y_1 + 30y_2 + 26y_3$$
$$\text{s.t.} \begin{cases} 2y_1 + 3y_2 + 5y_3 \geqslant 4 \\ 3y_1 + 4y_2 + 2y_3 \geqslant 3 \\ y_1, y_2, y_3 \geqslant 0 \end{cases}$$

上述两个线性规划问题的数学模型是在同一企业的资源状况和生产条件下，从不同角度考虑所产生的模型，因此两者密切相关。称这两个线性规划问题是互为对偶的两个线性规划问题。其中一个是原问题，记为 (LP)，另一个为原问题的对偶问题，记为 (DP)。

一般地，对于任何一个线性规划问题都有一个与之相对应的对偶问题。原问题与对偶问题的一般形式为

原问题 (LP)

$\max Z = c_1x_1 + c_2x_2 + \cdots + c_nx_n$

$$\text{s.t.} \begin{cases} a_{11}x_1 + a_{12}x_2 + \cdots + a_{1n}x_n \leqslant b_1 \\ a_{21}x_1 + a_{22}x_2 + \cdots + a_{2n}x_n \leqslant b_2 \\ \cdots \\ a_{m1}x_1 + a_{m2}x_2 + \cdots + a_{mn}x_n \leqslant b_m \\ x_j \geqslant 0, (j = 1, 2, \cdots, n) \end{cases}$$

对偶问题 (DP)

$\min W = b_1y_1 + b_2y_2 + \cdots + b_my_m$

$$\text{s.t.} \begin{cases} a_{11}y_1 + a_{21}y_2 + \cdots + a_{m1}y_m \geqslant c_1 \\ a_{12}y_1 + a_{22}y_2 + \cdots + a_{m2}y_m \geqslant c_2 \\ \cdots \\ a_{1n}y_1 + a_{2n}y_2 + \cdots + a_{mn}y_m \geqslant c_n \\ y_i \geqslant 0, (i = 1, 2, \cdots, m) \end{cases}$$

相应的矩阵形式为

$$
\max Z = CX \qquad\qquad \min W = Yb
$$
$$
\text{s.t.} \begin{cases} AX \leqslant b \\ X \geqslant 0 \end{cases} \qquad\qquad \text{s.t.} \begin{cases} YA \geqslant C \\ Y \geqslant 0 \end{cases}
$$

### 2.5.2 对偶理论

1. 原问题与对偶问题的关系

对称形式的对偶问题为

$$
\text{(LP)} \quad \begin{array}{c} \max Z = CX \\ \text{s.t.} \begin{cases} AX \leqslant b \\ X \geqslant 0 \end{cases} \end{array} \qquad \text{(DP)} \quad \begin{array}{c} \min W = Yb \\ \text{s.t.} \begin{cases} YA \geqslant C \\ Y \geqslant 0 \end{cases} \end{array}
$$

由以上两模型可知，原问题与对偶问题之间具有如下关系。

(1) 原问题中目标函数求最大值，在其对偶问题中目标函数则为求最小值。

(2) 原问题中目标函数的系数是其对偶问题中约束条件的右端项；原问题中的右端项是其对偶问题中目标函数的系数。

(3) 原问题中约束条件为"$\leqslant$"，则在其对偶问题中的决策变量为"$\geqslant$"；原问题中决策变量为"$\geqslant$"，则在其对偶问题中的约束条件为"$\geqslant$"。

(4) 原问题中的约束条件个数等于它的对偶问题中的变量个数；原问题中的变量个数等于它的对偶问题中的约束条件个数。

(5) 原问题中约束系数矩阵与对偶问题中约束系数矩阵互为转置关系。

**例 2.13**　写出下述线性规划问题的对偶问题：

$$
\max Z = 4x_1 + 5x_2
$$
$$
\text{s.t.} \begin{cases} 3x_1 + 2x_2 \leqslant 20 \\ 4x_1 - 3x_2 \leqslant 10 \\ x_1, x_2 \geqslant 0 \end{cases}
$$

**解**　按照上述规则，该问题的对偶线性规划为

$$
\min W = 20y_1 + 10y_2
$$
$$
\text{s.t.} \begin{cases} 3y_1 + 4y_2 \geqslant 4 \\ 2y_1 - 3y_2 \geqslant 5 \\ y_1, y_2 \geqslant 0 \end{cases}
$$

当线性规划的约束条件为等式约束时，原问题与其对偶问题之间的变量关系就是非对称形式的对偶关系。

此时，原问题为

$$\max Z = \sum_{j=1}^{n} c_j x_j$$

$$\text{s.t.} \begin{cases} \sum_{j=1}^{n} a_{ij} x_j = b_i, & i = 1, 2, \cdots, m \\ x_j \geqslant 0, & j = 1, 2, \cdots, n \end{cases}$$

对偶问题为

$$\min W = \sum_{i=1}^{m} b_i y_i$$

$$\text{s.t.} \begin{cases} \sum_{i=1}^{m} a_{ij} y_i \geqslant c_j, & j = 1, 2, \cdots, n \\ y_i \text{ 符号不限}, & i = 1, 2, \cdots, m \end{cases}$$

该对偶问题的特点是：对偶变量符号不限，系数矩阵为原问题系数矩阵的转置矩阵。

对于一般情况下线性规划问题如何写出对偶问题。对于等式约束可以把它写成两个不等式约束，对于 "$\geqslant$" 的不等式，可以两边同乘 "$-1$"，再根据对称形式的对偶关系写出对偶问题，然后进行适当的整理，使式中出现的所有系数与原问题中的系数相对应。

根据上述思想，考虑可能出现的各种情况，归纳出原问题与对偶问题之间的关系，可以用表 2.24 表示。

表 2.24　原问题与对偶问题之间的对应关系

| 原问题 max (对偶问题) | 对偶问题 min (原问题) |
|---|---|
| 约束条件数 $= m$ | 变量个数 $= m$ |
| 第 $i$ 个约束条件为 "$\leqslant$" | 第 $i$ 个变量 $\geqslant 0$ |
| 第 $i$ 个约束条件为 "$\geqslant$" | 第 $i$ 个变量 $\leqslant 0$ |
| 第 $i$ 个约束条件为 "$=$" | 第 $i$ 个变量无限制 |
| 变量个数 $= n$ | 约束条件个数 $= n$ |
| 第 $i$ 个变量 $\geqslant 0$ | 第 $i$ 个约束条件为 "$\geqslant$" |
| 第 $i$ 个变量 $\leqslant 0$ | 第 $i$ 个约束条件为 "$\leqslant$" |
| 第 $i$ 个变量无限制 | 第 $i$ 个约束条件为 "$=$" |
| 第 $i$ 个约束条件的右端项 | 目标函数第 $i$ 个变量的系数 |
| 目标函数第 $i$ 个变量的系数 | 第 $i$ 个约束条件的右端项 |
| 约束条件第 $i$ 个变量的系数 | 第 $i$ 个约束条件中各变量的系数 |
| 第 $i$ 个约束条件中各变量的系数 | 约束条件第 $i$ 个变量的系数 |

**例 2.14**　写出下述线性规划问题的对偶问题：

$$\min Z = 3x_1 + 2x_2 - 4x_3 + x_4$$

$$\text{s.t.} \begin{cases} x_1 + x_2 - 3x_3 + x_4 \geqslant 10 \\ 2x_1 + 2x_3 - x_4 \leqslant 8 \\ x_2 + x_3 + x_4 = 6 \\ x_1 \leqslant 0, x_2, x_3 \geqslant 0, x_4 \text{ 无约束} \end{cases}$$

按照表 2.24 将线性规划问题化为对偶问题

$$\max W = 10y_1 + 8y_2 + 6y_3$$

$$\text{s.t.} \begin{cases} y_1 + 2y_2 \geqslant 3 \\ y_1 + y_3 \leqslant 2 \\ -3y_1 + 2y_2 + y_3 \leqslant -4 \\ y_1 - y_2 + y_3 = 1 \\ y_1 \geqslant 0, y_2 \leqslant 0, y_3 \text{ 无约束} \end{cases}$$

**2. 对偶问题的基本定理**

在下面的讨论中，假定线性规划的原问题为

$$\max Z = CX$$

$$\text{s.t.} \begin{cases} AX \leqslant b \\ X \geqslant 0 \end{cases}$$

相应的对偶问题为

$$\min W = Yb$$

$$\text{s.t.} \begin{cases} YA \geqslant C \\ Y \geqslant 0 \end{cases}$$

**定理 2.9** (对称性)　对偶问题的对偶是原问题。

**证明**　设原问题是

$$\max Z = CX$$

$$\text{s.t.} \begin{cases} AX \leqslant b \\ X \geqslant 0 \end{cases}$$

其对偶问题为

$$\min W = Yb$$

$$\text{s.t.} \begin{cases} YA \geqslant C \\ Y \geqslant 0 \end{cases}$$

若将上式两边取负号，又因为 $\min W = \max(-W)$，可得到

$$\max(-W) = -Yb$$

$$\text{s.t.} \begin{cases} -YA \leqslant -C \\ Y \geqslant 0 \end{cases}$$

根据对称变换关系，上式的对偶问题是

$$\min(-W') = -CX$$

$$\text{s.t.} \begin{cases} -AX \geqslant -b \\ X \geqslant 0 \end{cases}$$

又因为

$$\min(-W') = \max W'$$

可得

$$\max W' = \max Z = CX$$
$$\text{s.t.} \begin{cases} AX \leqslant b \\ X \geqslant 0 \end{cases}$$

这就是原问题。

**定理 2.10** (弱对偶定理) 若 $X^{(0)}$ 是原问题的可行解，$Y^{(0)}$ 是对偶问题的可行解，则一定有

$$CX^{(0)} \leqslant Y^{(0)}b$$

**证明** 设原问题是

$$\max Z = CX$$
$$\text{s.t.} \begin{cases} AX \leqslant b \\ X \geqslant 0 \end{cases}$$

因 $X^{(0)}$ 是原问题的可行解，所以满足约束条件，即 $AX^{(0)} \leqslant b$。

若 $Y^{(0)}$ 是对偶问题的可行解，将 $Y^{(0)}$ 左乘上式，得到

$$Y^{(0)}AX^{(0)} \leqslant Y^{(0)}b$$

原问题的对偶问题是

$$\min W = Yb$$
$$\text{s.t.} \begin{cases} YA \geqslant C \\ Y \geqslant 0 \end{cases}$$

因为 $Y^{(0)}$ 是对偶问题的可行解，所以满足

$$Y^{(0)}A \geqslant C$$

将 $X^{(0)}$ 右乘上式，得到

$$Y^{(0)}AX^{(0)} \geqslant CX^{(0)}$$

故

$$CX^{(0)} \leqslant Y^{(0)}AX^{(0)} \leqslant Y^{(0)}b$$

即在原问题和对偶问题都存在可行解的情况下，原问题的目标函数值以对偶问题目标函数值为上界，对偶问题的目标函数值是以原问题的目标函数值为下界。

**定理 2.11** (无界性) 若原问题 (对偶问题) 为无界解，则其对偶问题 (原问题) 无可行解。

**证明** 设原问题 (对偶问题) 为无界解，$X^{(0)}$ $(Y^{(0)})$ 为其可行解，对偶问题 (原问题) 有可行解为 $Y^{(0)}$ $(X^{(0)})$，那么由弱对偶性可得

$$CX^{(0)} \leqslant Y^{(0)}b$$

这与条件相矛盾，因此定理得证。

注意该定理的逆命题不一定成立。当原问题 (对偶问题) 无可行解时，其对偶问题 (原问题) 具有无界解或无可行解。

**定理 2.12** (最优性定理)　若 $X^{(0)}$、$Y^{(0)}$ 分别是原问题和对偶问题的可行解，且 $CX^{(0)} = Y^{(0)}b$，则 $X^{(0)}$、$Y^{(0)}$ 分别是原问题和对偶问题的最优解。

**证明**　若 $CX^{(0)} = Y^{(0)}b$，根据定理 2.10，对偶问题的所有可行解 $Y$ 都存在 $Yb \geqslant CX^{(0)}$，因为 $CX^{(0)} = Y^{(0)}b$，所以 $Yb \geqslant Y^{(0)}b$，可见 $Y^{(0)}$ 是使目标函数取值最小的可行解，因而 $Y^{(0)}$ 是对偶问题的最优解。同样可以证明：对于原问题的所有可行解 $X$，存在 $CX^{(0)} = Y^{(0)}b \geqslant CX$，所以 $X^{(0)}$ 是原问题的最优解。

**定理 2.13** (强对偶定理)　若原问题和对偶问题之一有最优解，则另一问题必有最优解，且它们的目标函数值相等。

**证明**　设 $X^*$ 是原问题的最优解，它对应的基矩阵 $B$ 必存在 $C - C_B B^{-1} A \leqslant 0$，即得到 $Y^* A \geqslant C$，其中 $Y^* = C_B B^{-1}$。

若 $Y^*$ 是对偶问题的可行解，它使

$$\omega = Y^* b = C_B B^{-1} b$$

因原问题的最优解是 $X^*$，使目标函数取值

$$z = CX^* = C_B B^{-1} b$$

由此，得到

$$Y^* b = C_B B^{-1} b = CX^*$$

可见，$Y^*$ 是对偶问题的最优解。

从上述性质中可看到，原问题与对偶问题的解必然是下列三种情况之一。

(1) 原问题与对偶问题都有最优解，且 $CX = Yb$。

(2) 一个问题具有无界解，则它的对偶问题无可行解。

(3) 两个问题均无可行解。

**定理 2.14** (互补松弛性)　若 $X^*$、$Y^*$ 分别是原问题和对偶问题的可行解，则 $X^*$、$Y^*$ 是原问题和对偶问题最优解的充分必要条件是：$Y^* X_s = 0$，$Y_s X^* = 0$ (其中 $X_s$，$Y_s$ 分别是原问题和对偶问题的松弛变量向量)。

**证明**　设原问题和对偶问题的标准型是

$$
\begin{array}{ll}
\text{原问题} & \text{对偶问题} \\
\max Z = CX & \min W = Yb \\
\text{s.t.} \begin{cases} AX + IX_s = b \\ X, X_s \geqslant 0 \end{cases} & \text{s.t.} \begin{cases} YA - IY_s = C \\ Y, Y_s \geqslant 0 \end{cases}
\end{array}
$$

将原问题目标函数中的系数向量 $C$ 用 $YA - IY_s$ 代替后，得到

$$Z = (YA - IY_s)X = YAX - Y_s X$$

将对偶问题的目标函数中的系数向量 $b$，用 $AX + IX_s$ 代替后，得到

$$W = Y(AX + IX_s) = YAX + YX_s$$

若 $Y_s X^* = 0, Y^* X_s = 0$；则 $Y^* b = Y^* A X^* = C X^*$，故 $X^*, Y^*$ 是最优解。

若 $X^*, Y^*$ 分别是原问题和对偶问题的最优解，则

$$CX^* = Y^* A X^* = Y^* b$$

必有 $Y^* X_s = 0, Y_s X^* = 0$。　　　　　　　　　　　　　　　　　　　　证毕

由 $Y^* X_s = 0, Y^* \geqslant 0, X_s \geqslant 0$，可以得到如下结论。

(1) $y_i \neq 0, x_{si} = 0$。若对偶变量值不等于零，则其对应的原问题约束方程中的松弛变量必定为 0，即该约束方程取严格等式。

(2) $x_{si} \neq 0, y_i = 0$。若原问题中某个松弛变量不等于零，即该约束方程取严格不等式，则对应的对偶问题中的变量必定为 0。

由 $Y_s X^* = 0, Y_s \geqslant 0, X^* \geqslant 0$，可以得到如下结论。

(1) $y_{sj} \neq 0, x_j = 0$。若对偶问题中某个剩余变量不等于零，即该对偶问题中约束方程取严格不等式，则对应的原问题中的变量必定为 0。

(2) $x_j \neq 0, y_{sj} = 0$。若原问题的变量值不等于零，则其对偶问题中对应的松弛变量必定为 0，即对偶问题中该约束方程取严格等式。

一般而言，把某一可行点 (如 $X^*$ 和 $Y^*$) 处的严格不等式约束 (包括对变量的非负约束) 称为松约束，而把严格等式约束称为紧约束。所以有结论：设一对对偶问题都有可行解，若原问题的某一约束是某个最优解的松约束，则它的对偶约束一定是其对偶问题最优解的紧约束。

**例 2.15**　已知

$$\min Z = 3x_1 + 4x_2 + 2x_3 + 5x_4 + 9x_5$$

$$\text{s.t.} \begin{cases} x_2 + x_3 - 5x_4 + 3x_5 \geqslant 2 \\ x_1 + x_2 - x_3 + x_4 + 2x_5 \geqslant 3 \\ x_1, \cdots, x_5 \geqslant 0 \end{cases}$$

试通过求对偶问题的最优解来求解原问题的最优解。

**解**　对偶问题为

$$\max W = 2y_1 + 3y_2$$

$$\text{s.t.} \begin{cases} y_2 \leqslant 3 & (1) \\ y_1 + y_2 \leqslant 4 & (2) \\ y_1 - y_2 \leqslant 2 & (3) \\ -5y_1 + y_2 \leqslant 5 & (4) \\ 3y_1 + 2y_2 \leqslant 9 & (5) \\ y_1, y_2 \geqslant 0 \end{cases}$$

用图解法可求得对偶问题的最优解：$Y^* = (1, 3)$，$W = 11$。

将 $y_1^* = 1, y_2^* = 3$ 代入对偶约束条件，可知式 (1)，式 (2)，式 (5) 为紧约束，式 (3)，式 (4) 为松约束。

令原问题的最优解为 $X^* = (x_1, x_2, x_3, x_4, x_5)$，则根据互补松弛条件，必有 $x_3 = x_4 = 0$。

又由于 $y_1^* = 1, y_2^* = 3$，原问题的约束必为等式，即

$$\begin{cases} x_2 + 3x_5 = 2 \\ x_1 + x_2 + 2x_5 = 3 \end{cases}$$

化简为

$$\begin{cases} x_1 = 1 + x_5 \\ x_2 = 2 - 3x_5 \end{cases}$$

此方程组为无穷多解。

令 $x_5 = 0$，得到 $x_1 = 1, x_2 = 2$，即 $X_1^* = (1, 2, 0, 0, 0)$ 为原问题的一个最优解，$Z = 11$。

再令 $x_5 = 2/3$，得到 $x_1 = 5/3$，$x_2 = 0$，即 $X_2^* = (5/3, 0, 0, 0, 2/3)$ 也是原问题的一个最优解，$Z = 11$。

### 2.5.3 对偶解的经济解释

1. 影子价格

在单纯形迭代中，知道目标函数 $Z = C_B B^{-1} b + (C_N - C_B B^{-1} N) X_N$，当非基变量 $X_N = 0$ 时，有 $Z = C_B B^{-1} b$，令 $Y = C_B B^{-1} = (y_1, y_2, \cdots, y_m)$，则得

$$Z = C_B B^{-1} b = Yb = \sum_{i=1}^{m} b_i y_i = W$$

其中，$b_i$ 为线性规划原问题第 $i$ 个约束条件的右端常数项，它代表第 $i$ 种资源的可用量。

在一对线性规划问题和对偶规划问题中，当线性规划问题的某个约束条件右端项常数 $b_i$ 增加一个单位时，所引起的目标函数最优值 $Z^*$ 的改变量 $y_i^*$ 称为第 $i$ 个约束条件的影子价格，又称为边际价格。

$$\text{LP} \begin{cases} \max Z = CX \\ AX \leqslant b \\ X \geqslant 0 \end{cases} \quad \text{DP} \begin{cases} \min W = Yb \\ YA \geqslant C \\ Y \geqslant 0 \end{cases}$$

设 $B$ 为线性规划问题的最优基，$y_i^* (i = 1, 2, \cdots, m)$ 是对偶规划问题的最优解

$$Z^* = C_B B^{-1} b = Y^* b = \sum_{i=1}^{m} b_i y_i^*$$

当 $b_i$ 变为 $b_i + 1$ 时 (其余右端项不变，也不影响 $B$)，目标函数最优值变为

$$Z'^* = y_1^* b_1 + y_2^* b_2 + \cdots + y_i^* (b_i + 1) + \cdots + y_m^* b_m$$

所以有 $Z^* = Z'^* - Z^* = y_i^*$。

在目标函数 $Z = C_B B^{-1} b + (C_N - C_B B^{-1} N) X_N$ 中，求 $Z$ 关于 $b_i$ 的偏导数，得

$$\frac{\partial Z^*}{\partial b_i} = C_B B^{-1} = Y_i^*, \quad i = 1, 2, \cdots, m$$

即 $y_i^*$ 表示 $Z^*$ 对 $b_i$ 的变化率。即对偶解是原问题目标函数关于 $b_i$ 的一阶偏导数。由偏导数的意义可知其经济意义为：在其他条件不变的情况下，单位资源变化所引起的目标函数最优值的变化。即对偶变量 $y_i$ 就是第 $i$ 个约束条件的影子价格。

影子价格不是一种真实价格，而是系统资源价值的映象表现。但是可以通过影子价格对系统资源的利用情况做出客观评价，从而决定企业的经营策略。因此影子价格是在最优决策下对资源的一种估价，没有最优决策就没有影子价格，所以影子价格又称为最优计划价格、预测价格等。

资源的影子价格定量地反映了单位资源在最优生产方案中为总收益所做出的贡献，因此，资源的影子价格也可称为在最优方案中投入生产的机会成本。

若第 $i$ 种资源的单位市场价格为 $m_i$，若 $y_i^* > m_i$，企业愿意购进这种资源，单位纯利为 $y_i^* - m_i$，则有利可图；如果 $y_i^* < m_i$，则企业有偿转让这种资源，可获单位纯利 $m_i - y_i^*$，否则，企业无利可图，甚至亏损。

**例 2.16** 某公司生产甲、乙两种产品，需要消耗两种原材料 A、B，其中生产消耗参数及产品售价见表 2.25。问该公司如何安排生产才能使销售利润最大？

**表 2.25 生产消耗参数及产品售价**

| | 甲产品 | 乙产品 | 每天可供量 | 资源单位成本 |
|---|---|---|---|---|
| A | 2 | 3 | 25 单位 | 5 (万元/单位) |
| B | 1 | 2 | 15 单位 | 10 (万元/单位) |
| 产品售价/万元 | 23 | 40 | | |

**解** 本问题可以建立线性规划来求解。根据给定的资料，有两种建模方法。建立模型如下。

模型一：设生产甲、乙两种产品的数量分别为 $x_1, x_2$；两种原材料 A、B 的使用量分别为 $x_3, x_4$。则有

$$\max Z = 23x_1 + 40x_2 - 5x_3 - 10x_4$$

$$\text{s.t.} \begin{cases} 2x_1 + 3x_2 - x_3 = 0 \\ x_1 + 2x_2 - x_4 = 0 \\ x_3 \leqslant 25 \\ x_4 \leqslant 15 \\ x_1, x_2, x_3, x_4 \geqslant 0 \end{cases}$$

其最优解为 $X = (5, 5, 25, 15)^{\mathrm{T}}$，$Z = 40$，对偶解为 $Y = (6, 11, 1, 1)^{\mathrm{T}}$。

模型二：直接计算出目标函数系数的销售利润，建立模型。设生产甲、乙两种产品的

数量分别为 $x_1, x_2$，则有

$$\max Z = 3x_1 + 5x_2$$

$$\text{s.t.} \begin{cases} 2x_1 + 3x_2 \leqslant 25 \\ x_1 + 2x_2 \leqslant 15 \\ x_1, x_2 \geqslant 0 \end{cases}$$

其最优解为 $X = (5,5)^{\mathrm{T}}$，$Z = 40$，对偶解为 $Y = (1,1)^{\mathrm{T}}$。

这两个模型在本质上没有什么差别，但求出的对偶解却明显不同。在模型一中，对偶解为 $Y = (6,11,1,1)^{\mathrm{T}}$，模型二中的对偶解为 $Y = (1,1)^{\mathrm{T}}$。在模型一中，对偶解是真正意义上的影子价格，$y_1 = 6$ 表明，在这个系统中，原材料 A 的真正价值是 6 万元，同该原材料的采购成本 5 万元相比，每增加一个单位的投入可以使企业净增加 1 万元收入，其恰好是第三个约束的对偶解；$y_2 = 11$ 也可以依此进行解释。而模型二就不是真正意义上的影子价格。

模型一与模型二在结构上是有区别的。模型一将生产产品的资源成本和单位产品销售收入一并纳入模型的目标函数，成本因素在目标函数中有显性表现；模型二将产品销售收入与生产产品的资源成本事先做了相减处理，因而目标函数的系数是单位产品的净利润。

### 2. 影子价格的决策作用

(1) 指出企业挖潜革新的途径。影子价格大于 0，说明该资源已耗尽，成为短线资源。影子价格等于 0，说明该资源有剩余，成为长线资源。

(2) 对市场资源的最优配置起着推进作用。即在配置资源时，对于影子价格大的企业，资源应优先供给。

(3) 可以预测产品的价格。产品的机会成本为 $C_B B^{-1} A - C$，只有当产品价格定在机会成本之上时，企业才有利可图。

(4) 可作为同类企业经济效益评估指标之一。对于资源影子价格越大的企业，资源的利用所带来的收益就越大，经济效益就越好。

通过以上讨论可知：利用对偶解及影子价格进行经营决策，分两种情况进行讨论。

第一种情况，对偶解不是真正意义上的影子价格，其经营决策的原则如下。

(1) 某种资源的对偶解大于 0，表明该资源在系统中有获利能力，应该买入该资源。

(2) 某种资源的对偶解小于 0，表明该资源在系统中无获利能力，应该卖出该资源。

(3) 某种资源的对偶解等于 0，表明该资源在系统中处于均衡状态，既不买入也不卖出该资源。

第二种情况，对偶解等于影子价格，其经营决策的原则如下。

(1) 某种资源的影子价格高于市场价格，表明该资源在系统中有获利能力，应该买入该资源。

(2) 某种资源的影子价格低于市场价格，表明该资源在系统中没有获利能力，应该卖出该资源。

(3) 某种资源的影子价格等于市场价格, 表明该资源在系统中处于均衡状态, 既不买入也不卖出该资源。

### 2.5.4　对偶单纯形法

对偶单纯形法是求解线性规划的另一个基本方法。它是根据对偶原理和单纯形法的原理而设计出来的, 因此称为对偶单纯形法。不要简单理解为是求解对偶问题的单纯形法。

由对偶理论可以知道, 对于一个线性规划问题, 能够通过求解它的对偶问题来找到它的最优解。

同原始单纯形求法一样, 求解对偶问题 (DP), 也可以从 (DP) 的一个基本可行解开始, 从一个基本可行解 (迭代) 到另一个基本可行解, 使目标函数值减少。

也就是说, 求解原问题 (LP) 时, 可以从 (LP) 的一个基本解 (非基可行解) 开始, 逐步迭代, 使目标函数值 ($Z = Yb = C_B B^{-1}b = CX$) 减少, 当迭代到 $X_B = B^{-1}b \geqslant 0$ 时, 即找到了 (LP) 的最优解, 这就是对偶单纯形法。

设 $X^*$ 是最大化线性规划问题最优解的充要条件是 $X^*$ 对应的基 $B$ 同时满足

$$\begin{cases} B^{-1}b \geqslant 0 \\ C - C_B B^{-1}A \leqslant 0 \end{cases}$$

因此, 单纯形法是在保持原问题的解可行的情况下, 经过迭代, 逐步实现对偶问题的解可行, 达到求出最优解的过程。即单纯形法的迭代是先保证现行解对原问题可行, 即在保证 $B^{-1}b \geqslant 0$ 的前提下, 由 $C - C_B B^{-1}A \geqslant 0$ 迭代到 $C - C_B B^{-1}A \leqslant 0$, 由于 $Y = C_B B^{-1}$, 即 $YA \geqslant C$, 说明在原问题取得最优解时, 对偶问题同时获得了可行解。

根据对偶问题的对称性, 也可以在保持对偶问题的解可行的情况下, 经过迭代, 逐步实现原问题的解可行, 以求得最优解。对偶单纯形法就是根据这种思想所设计的。

因此对偶单纯形是先保证现行解对对偶问题是可行的, 即 $C - C_B B^{-1}A \leqslant 0$, 由于 $Y = C_B B^{-1}$, 即 $YA \geqslant C$。然后从 $B^{-1}b \leqslant 0$ 迭代到 $B^{-1}b \geqslant 0$。

对偶单纯形法的计算步骤如下。

(1) 根据线性规划问题, 列出初始单纯形表。检查 $b$ 列的数字, 若都为非负, 且检验数都为非正, 则已得到最优解, 停止计算。当检查 $b$ 列的数字时, 至少还有一个负分量, 检验数保持非正, 转步骤 (2)。

(2) 确定换出变量。按 $\min\limits_{i} \left\{ (B^{-1}b)_i \,\middle|\, (B^{-1}b)_i < 0 \right\} = (B^{-1}b)_l$ 对应的基变量 $x_l$ 为换出变量。

(3) 确定换入变量。在单纯形表中检查 $x_l$ 所在的行的系数 $a_{lj}(j = 1, 2, \cdots, n)$, 若所有的 $a_{lj} \geqslant 0$, 则无可行解, 停止计算。若存在 $a_{lj} < 0(j = 1, 2, \cdots, n)$, 则计算

$$\theta = \min_{j} \left\{ \frac{c_j - z_j}{a_{lj}} \,\middle|\, a_{lj} < 0 \right\} = \frac{c_k - z_k}{a_{lk}}$$

按 $\theta$ 规则, 所对应的列变量的非基变量 $x_k$ 为换入变量。

(4) 以 $a_{lk}$ 为主元素, 按单纯形法进行换基迭代, 得到新的单纯形表。

重复步骤 (1) ～ (4) 进行计算。

**例 2.17** 用对偶单纯形法求解：

$$\min Z = 9x_1 + 12x_2 + 15x_3$$

$$\text{s.t.} \begin{cases} 2x_1 + 2x_2 + x_3 \geqslant 10 \\ 2x_1 + 3x_2 + x_3 \geqslant 12 \\ x_1 + x_2 + 5x_3 \geqslant 14 \\ x_j \geqslant 0, j = 1, 2, 3 \end{cases}$$

**解** 将模型转化为标准型

$$\max Z' = -9x_1 - 12x_2 - 15x_3$$

$$\text{s.t.} \begin{cases} -2x_1 - 2x_2 - x_3 + x_4 = -10 \\ -2x_1 - 3x_2 - x_3 + x_5 = -12 \\ -x_1 - x_2 - 5x_3 + x_6 = -14 \\ x_1, \cdots, x_6 \geqslant 0 \end{cases}$$

得到初始对偶单纯形表 2.26。

表 2.26 初始对偶单纯形表

| | $c_j$ | | $-9$ | $-12$ | $-15$ | 0 | 0 | 0 |
|---|---|---|---|---|---|---|---|---|
| $C_B$ | $x_B$ | $b$ | $x_1$ | $x_2$ | $x_3$ | $x_4$ | $x_5$ | $x_6$ |
| 0 | $x_4$ | $-10$ | $-2$ | $-2$ | $-1$ | 1 | 0 | 0 |
| 0 | $x_5$ | $-12$ | $-2$ | $-3$ | $-1$ | 0 | 1 | 0 |
| 0 | $x_6$ | $-14$ | $-1$ | $-1$ | $[-5]$ | 0 | 0 | 1 |
| $-Z'$ | | 0 | $-9$ | $-12$ | $-15$ | 0 | 0 | 0 |

从表 2.26 可以看出，检验数行对应的对偶问题是可行的，因 $b$ 列数字为负，故需进行迭代运算。

换出变量的确定：按上述对偶单纯形计算步骤 (2)，计算

$$\min(-10, -12, -14) = -14$$

故 $x_6$ 为换出变量。

换入变量的确定：按上述对偶单纯形计算步骤 (3)，计算

$$\theta = \min \left\{ \frac{-9}{-1}, \frac{-12}{-1}, \frac{-15}{-5} \right\} = 3$$

故 $x_3$ 为换入变量。换入、换出变量所在列、行的交叉处的元素为主元素。按单纯形法计算步骤进行迭代，得表 2.27。

表 2.27 例 2.17 的单纯形表

| | $c_j$ | | $-9$ | $-12$ | $-15$ | $0$ | $0$ | $0$ |
|---|---|---|---|---|---|---|---|---|
| $C_B$ | $x_B$ | $b$ | $x_1$ | $x_2$ | $x_3$ | $x_4$ | $x_5$ | $x_6$ |
| $0$ | $x_4$ | $-7.2$ | $-1.8$ | $-1.8$ | $0$ | $1$ | $0$ | $-0.2$ |
| $0$ | $x_5$ | $-9.2$ | $-1.8$ | $[-2.8]$ | $0$ | $0$ | $1$ | $-0.2$ |
| $-15$ | $x_3$ | $2.8$ | $0.2$ | $0.2$ | $1$ | $0$ | $0$ | $-0.2$ |
| | $-Z'$ | | $42$ | $-6$ | $-9$ | $0$ | $0$ | $0$ | $-3$ |

重复以上步骤得表 2.28、表 2.29。

表 2.28 例 2.17 的单纯形计算表

| | $c_j$ | | $-9$ | $-12$ | $-15$ | $0$ | $0$ | $0$ |
|---|---|---|---|---|---|---|---|---|
| $C_B$ | $x_B$ | $b$ | $x_1$ | $x_2$ | $x_3$ | $x_4$ | $x_5$ | $x_6$ |
| $0$ | $x_4$ | $-9/7$ | $[-9/14]$ | $0$ | $0$ | $1$ | $-9/14$ | $-1/14$ |
| $-12$ | $x_2$ | $23/7$ | $9/14$ | $1$ | $0$ | $0$ | $-5/14$ | $1/14$ |
| $-15$ | $x_3$ | $15/7$ | $1/14$ | $0$ | $1$ | $0$ | $1/14$ | $-3/14$ |
| | $-Z'$ | | $501/7$ | $-3/14$ | $0$ | $0$ | $0$ | $-45/14$ | $-33/14$ |

表 2.29 例 2.17 的最优表

| | $c_j$ | | $-9$ | $-12$ | $-15$ | $0$ | $0$ | $0$ |
|---|---|---|---|---|---|---|---|---|
| $C_B$ | $x_B$ | $b$ | $x_1$ | $x_2$ | $x_3$ | $x_4$ | $x_5$ | $x_6$ |
| $-9$ | $x_1$ | $2$ | $1$ | $0$ | $0$ | $-14/9$ | $1$ | $1/9$ |
| $-12$ | $x_2$ | $2$ | $0$ | $1$ | $0$ | $1$ | $-1$ | $0$ |
| $-15$ | $x_3$ | $2$ | $0$ | $0$ | $1$ | $1/9$ | $0$ | $-2/9$ |
| | $-Z'$ | | $72$ | $0$ | $0$ | $0$ | $-1/3$ | $-3$ | $-7/3$ |

所以，$X^* = (2, 2, 2, 0, 0, 0), Z'^* = -72$。

原问题 $Z^* = 72$。

通过上面的例子可以看出，对偶单纯形算法与一般单纯形算法的区别如下。

(1) 单纯形表。一般单纯形表始终保持基本可行解，对偶单纯形表先保持对偶解可行，原问题的解不可行。

(2) 换基迭代过程。一般单纯形算法先确定换入基变量，后确定换出基变量。对偶单纯形算法则相反，先确定换出基变量，后确定换入基变量。

(3) 换出基变量的确定规则。一般单纯形方法是以检验数行中大于零的最大检验数对应的非基变量作为换出基变量，然后将已得到的基变量的值与换入基变量所在的列的正分量相除，以最小比值对应的基变量作为换出基变量。在对偶单纯形求解时，以基变量的负值中最小的对应为换出基变量，将检验数与换出基变量所在行的负分量相除，然后选取最小比值对应的非基变量为换入基变量。

(4) 最优解的判别标准。一般单纯形最优解的判别标准为 $C - C_B B^{-1} A \leqslant 0$，对偶单纯形最优解的判别标准为 $X_B = B^{-1} b \geqslant 0$。

对偶单纯形的优点与用途如下。

(1) 初始解可以是非可行解，当检验数都是负数时，就可以进行基变换，这样避免了增加人工变量，使运算简便。

(2) 对变量较少而约束条件很多的线性规划问题，可先将其变为对偶问题，再用对偶单纯形求解，简化计算。

(3) 用于后面的灵敏度分析。

最后提醒一下，对偶单纯形算法不能理解为是求解对偶问题的算法，相反它是求解原问题最优解的有效工具。

# 2.6　灵敏度分析

在前面的线性规划问题讨论中，都是假定 $a_{ij}, b_i, c_j$ 为常数，但实际工作中这些系数往往是估计值和预测值。如市场条件发生变化，价值系数 $c_j$ 就会发生变化；当资源投入量发生改变时，$b_i$ 也随着发生变化；当工艺条件发生改变时，$a_{ij}$ 也随着工艺的变化而变化。因此当这些系数有一个或几个发生变化时，已求得的线性规划问题的最优解会有什么变化？或者这些系数在什么范围内变化时，线性规划问题的最优解不发生变化？

因此在进行灵敏度分析时，要弄清楚：① 系数在什么范围内变化时，最优解 (基) 不变；② 若系数的变化使最优解发生变化，如何最简便地求得新的最优解。

线性规划数学模型及单纯形表的矩阵表示形式如下。

一般线性规划问题的数学模型的形式为

$$\max Z = CX$$
$$\text{s.t.} \begin{cases} AX \leqslant b \\ X \geqslant 0 \end{cases}$$

线性规划的典则形式为

$$\max Z = C_B B^{-1} b + (C_N - C_B B^{-1} N) X_N$$
$$\text{s.t.} \begin{cases} X_B = B^{-1} b - B^{-1} N X_N \\ X_B, X_N \geqslant 0 \end{cases}$$

其检验数

$$\sigma = C - C_B B^{-1} A = (C_B, C_N) - C_B B^{-1}(B, N) = (0, C_N - C_B B^{-1} N)$$

当非基变量 $X_N = 0$ 时，有如下单纯形表 (表 2.30)。

表 2.30　线性规划单纯形表

| | | $C_B$ | | $C_N$ |
|---|---|---|---|---|
| | $b$ | $X_B$ | | $X_N$ |
| $X_B$ | $B^{-1}b$ | $I$ | | $B^{-1}N$ |
| $Z$ | $C_B B^{-1} b$ | $0$ | | $C_N - C_B B^{-1} N$ |

下面分别就各个参数改变的情形进行讨论。

例 2.18　已知某企业计划生产 3 种产品 A、B、C，其资源消耗与利润如表 2.31 所示。

表 2.31 某企业产品生产的资源消耗与利润

|  | A | B | C | 资源量 |
|---|---|---|---|---|
| 甲 | 1 | 1 | 1 | 12 |
| 乙 | 1 | 2 | 2 | 20 |
| 利润 | 5 | 8 | 6 |  |

问：如何安排产品产量，可获最大利润？

**解** 设三种产品的产量分别为 $x_1$、$x_2$、$x_3$。其数学模型的标准型为

$$\max Z = 5x_1 + 8x_2 + 6x_3$$

$$\text{s.t.} \begin{cases} x_1 + x_2 + x_3 + x_4 = 12 \\ x_1 + 2x_2 + 2x_3 + x_5 = 20 \\ x_1, x_2, x_3, x_4, x_5 \geqslant 0 \end{cases}$$

该问题的初始单纯形表如表 2.32 所示。

表 2.32 初始单纯形表

|  |  |  | 5 | 8 | 6 | 0 | 0 |
|---|---|---|---|---|---|---|---|
|  | $X_B$ | $b$ | $x_1$ | $x_2$ | $x_3$ | $x_4$ | $x_5$ |
| 0 | $x_4$ | 12 | 1 | 1 | 1 | 1 | 0 |
| 0 | $x_5$ | 20 | 1 | 2 | 2 | 0 | 1 |
| $-Z$ |  | 0 | 5 | 8 | 6 | 0 | 0 |

经过计算得最优单纯形表，如表 2.33 所示。

表 2.33 最优单纯形表

|  |  |  | 5 | 8 | 6 | 0 | 0 |
|---|---|---|---|---|---|---|---|
|  | $X_B$ | $b$ | $x_1$ | $x_2$ | $x_3$ | $x_4$ | $x_5$ |
| 5 | $x_1$ | 4 | 1 | 0 | 0 | 2 | $-1$ |
| 8 | $x_2$ | 8 | 0 | 1 | 1 | $-1$ | 1 |
| $-Z$ |  | $-84$ | 0 | 0 | $-2$ | $-2$ | $-3$ |

这时最优生产方案为 $X = (4,8,0)^{\text{T}}$，目标函数最优值为 84。

### 2.6.1 目标函数价值系数 $c_j$ 的灵敏度分析

目标函数价值系数一旦发生变化，会影响到最优解的判别结果，也会影响到目标函数值。下面就此进行讨论。

1. 非基变量的价值系数 $c_j$ 的灵敏度分析

假设 $c_j$ 为非基变量的价值系数，由于非基变量价值系数的改变只对最优解的检验数 $\sigma_j = c_j - C_B B^{-1} P_j$ 起作用，因此 $c_j$ 的改变，只使检验数 $\sigma_j$ 发生改变，其他不变。

(1) 如果 $c_j$ 的改变使检验数 $\sigma_j$ 仍小于等于 0，则对最优解方案没有影响。

在例 2.18 中，如果 $c_3$ 改变，使 $\sigma_3 = c_3 - C_B B^{-1} P_3 = c_3 - (5,8) \begin{bmatrix} 2 & -1 \\ -1 & 1 \end{bmatrix} \begin{bmatrix} 1 \\ 2 \end{bmatrix} = c_3 - 8 \leqslant 0$，即 $c_3 \leqslant 8$ 时，原最优生产方案不发生改变。

(2) 若 $c_3$ 改变为 10 时，$\sigma_3 = 2 > 0$，则原生产方案已不是最优生产方案。这时单纯形表变为表 2.34。

表 2.34　单纯形表 1

|  |  |  | 5 | 8 | 10 | 0 | 0 |
|---|---|---|---|---|---|---|---|
|  | $X_B$ | $b$ | $x_1$ | $x_2$ | $x_3$ | $x_4$ | $x_5$ |
| 5 | $x_1$ | 4 | 1 | 0 | 0 | 2 | −1 |
| 8 | $x_2$ | 8 | 0 | 1 | [1] | −1 | 1 |
| −Z |  | −84 | 0 | 0 | 2 | −2 | −3 |

由单纯形算法得表 2.35。

表 2.35　单纯形表 2

|  |  |  | 5 | 8 | 10 | 0 | 0 |
|---|---|---|---|---|---|---|---|
|  | $X_B$ | $b$ | $x_1$ | $x_2$ | $x_3$ | $x_4$ | $x_5$ |
| 5 | $x_1$ | 4 | 1 | 0 | 0 | 2 | −1 |
| 10 | $x_3$ | 8 | 0 | 1 | 1 | −1 | 1 |
| −Z |  | −100 | 0 | −2 | 0 | 0 | −5 |

单位产品 C 的利润 $c_3$ 为 10 时，最优生产方案调整为 $X = (4, 0, 8)^{\mathrm{T}}$，目标函数最优值为 100。

2. 基变量的价值系数 $c_j$ 的灵敏度分析

(1) 假设 $c_j$ 为目标函数中基变量的价值系数，由于基变量的价值系数的改变使所有的检验数 $\sigma = C - C_B B^{-1} A$ 发生改变，若所有的 $\sigma = C - C_B B^{-1} A$ 仍小于等于 0，则对最优解方案没有影响，但目标函数最优值会发生改变。

在例 2.18 中，如果 $c_1$ 改变，使

$$\sigma_A = C - C_B B^{-1} A = (c_1, 8, 6, 0, 0) - (c_1, 8) \begin{bmatrix} 1 & 0 & 0 & 2 & -1 \\ 0 & 1 & 1 & -1 & 1 \end{bmatrix}$$

$$= (0, 0, -2, -2c_1 + 8, c_1 - 8) \leqslant 0$$

即 $\begin{cases} -2c_1 + 8 \leqslant 0 \\ c_1 - 8 \leqslant 0 \end{cases}$ 解得 $4 \leqslant c_1 \leqslant 8$，那么原最优生产方案不发生改变。

即单位产品 A 的利润在 [4,8] 之间变化时，最优生产方案不变，但目标函数最优值为 $64 + 4c_1$。

(2) 假设 $c_j$ 为目标函数中基变量的价值系数，若 $c_j$ 的改变使有的检验数大于 0，则需要对单纯形表进行换基迭代，得到新的最优生产方案。

在例 2.18 中，如果 $c_1$ 改变为 10，得 $\sigma_5 = 2 > 0$，则需要换基迭代。这时原生产方案已不是最优生产方案。新的单纯形表变为表 2.36。

表 2.36　新的单纯形表 1

|  |  |  | 10 | 8 | 6 | 0 | 0 |
|---|---|---|---|---|---|---|---|
|  | $X_B$ | $b$ | $x_1$ | $x_2$ | $x_3$ | $x_4$ | $x_5$ |
| 10 | $x_1$ | 4 | 1 | 0 | 0 | 2 | $-1$ |
| 8 | $x_2$ | 8 | 0 | 1 | 1 | $-1$ | [1] |
|  | $-Z$ | $-104$ | 0 | 0 | $-2$ | $-12$ | 2 |

由单纯形算法得表 2.37。

表 2.37　新的单纯形表 2

|  |  |  | 10 | 8 | 6 | 0 | 0 |
|---|---|---|---|---|---|---|---|
|  | $X_B$ | $b$ | $x_1$ | $x_2$ | $x_3$ | $x_4$ | $x_5$ |
| 10 | $x_1$ | 12 | 1 | 1 | 1 | 1 | 0 |
| 0 | $x_5$ | 8 | 0 | 1 | 1 | $-1$ | 1 |
|  | $-Z$ | $-120$ | 0 | $-2$ | $-4$ | $-10$ | 0 |

单位产品 A 的利润为 10 时，最优生产方案调整为 $X = (12, 0, 0)^\mathrm{T}$，目标函数最优值为 120。

### 2.6.2　资源约束量 $b$ 的灵敏度分析

从矩阵形式的单纯形表 2.30 可以看出，资源约束项 $b$ 的变化只影响最优解的变化和最优值的变化。

因此，当 $B^{-1}b \geqslant 0$ 时，最优基不变 (即生产产品的品种不变，但生产数量及最优值会发生变化)。

$B^{-1}b \geqslant 0$ 是一个不等式组，从中可以解得 $b$ 的变化范围，若 $B^{-1}b$ 中有小于 0 的分量，则需用对偶单纯形法迭代，以求出新的最优方案。

(1) 若 $b_j$ 的改变，仍然使 $B^{-1}b \geqslant 0$，则最优基不变。在例 2.18 中，如果 $b_1$ 改变，使

$$B^{-1}b = \begin{bmatrix} 2 & -1 \\ -1 & 1 \end{bmatrix} \begin{bmatrix} b_1 \\ 20 \end{bmatrix} \geqslant 0$$

即

$$\begin{cases} 2b_1 - 20 \geqslant 0 \\ -b_1 + 20 \geqslant 0 \end{cases}$$

解得 $10 \leqslant b_1 \leqslant 20$。

原料甲的供应量在 $[10, 20]$ 变化时，并不影响最优基，即生产品种不发生改变，但生产方案发生改变。

当 $b_1 = 18$ 时，最优生产方案调整为 $X = (16, 2, 0)^\mathrm{T}$，目标函数最优值为 96。

(2) 若 $b_j$ 的改变，使 $B^{-1}b$ 中某个分量小于 0，则需要利用对偶单纯形法进行迭代，以

求出新的最优生产方案。在例 2.18 中，若 $b_1$ 改变为 30，则

$$B^{-1}b = \begin{bmatrix} 2 & -1 \\ -1 & 1 \end{bmatrix} \begin{bmatrix} 30 \\ 20 \end{bmatrix} = \begin{bmatrix} 40 \\ -10 \end{bmatrix}$$

由于第 2 个分量小于 0，这时需要利用对偶单纯形法进行迭代，以求出新的最优生产方案。这时单纯形表变为表 2.38。

表 2.38　单纯形表 3

|  |  |  | 5 | 8 | 6 | 0 | 0 |
|---|---|---|---|---|---|---|---|
|  | $X_B$ | $b$ | $x_1$ | $x_2$ | $x_3$ | $x_4$ | $x_5$ |
| 5 | $x_1$ | 40 | 1 | 0 | 0 | 2 | -1 |
| 8 | $x_2$ | -10 | 0 | 1 | 1 | [-1] | 1 |
|  | $-Z$ | -120 | 0 | 0 | -2 | -2 | -3 |

利用对偶单纯形法可解得表 2.39。

表 2.39　单纯形表 4

|  |  |  | 5 | 8 | 6 | 0 | 0 |
|---|---|---|---|---|---|---|---|
|  | $X_B$ | $b$ | $x_1$ | $x_2$ | $x_3$ | $x_4$ | $x_5$ |
| 5 | $x_1$ | 20 | 1 | 2 | 2 | 0 | 1 |
| 0 | $x_4$ | 10 | 0 | -1 | -1 | 1 | -1 |
|  | $-Z$ | -100 | 0 | -2 | -4 | 0 | -5 |

若原料甲的供应为 30，则最优生产方案调整为 $X = (20,0,0)^T$，目标函数最优值为 100。

### 2.6.3　添加新变量的灵敏度分析

在例 2.18 中，若开发出新产品 D，生产该单位产品需要消耗原材料甲 3 个单位，消耗原材料乙 2 个单位，可以得利润 10。

问：投产产品 D 是否有利？

假设生产产品 D 的产量为 $x_6$，因此增加新的决策变量就相当于在原单纯形表中增加一列，即原单纯形表中的系数矩阵就是增加一列

$$\tilde{P}_6 = B^{-1}P_6 = \begin{bmatrix} 2 & -1 \\ -1 & 1 \end{bmatrix} \begin{bmatrix} 3 \\ 2 \end{bmatrix} = \begin{bmatrix} 4 \\ -1 \end{bmatrix}$$

同时该列的检验数为

$$\sigma_6 = c_6 - C_B B^{-1}P_6 = 10 - (5,8) \begin{bmatrix} 2 & -1 \\ -1 & 1 \end{bmatrix} \begin{bmatrix} 3 \\ 2 \end{bmatrix} = 10 - 12 = -2 \leqslant 0$$

由于检验数小于等于 0，因此最优生产方案不变，不生产产品 D。即投产产品 D 无利。

(1) 单位产品 D 的利润为多少时, 投产产品 D 有利?

要投产产品 D, 就意味着 $x_6$ 要在单纯形表中是基变量, 因此只有变量 $x_6$ 对应的检验数 $\sigma_6 > 0$ 时, $x_6$ 才能进入基。即当 $\sigma_6 = c_6 - C_B B^{-1} P_6 = c_6 - 12 > 0$ 时, 产品 D 才能生产, 这时解得 $c_6 > 12$。即当 $c_6 > 12$ 时, 投产产品 D 才有利。

(2) 当 $c_6 = 15$ 时, $\sigma_6 = c_6 - 12 = 3$, $\tilde{P}_6 = \begin{bmatrix} 4 \\ -1 \end{bmatrix}$。得新的单纯形表 2.40。

表 2.40　$C_6 = 15$ 的单纯形表 1

| | | | 5 | 8 | 6 | 0 | 0 | 15 |
|---|---|---|---|---|---|---|---|---|
| | $X_B$ | $b$ | $x_1$ | $x_2$ | $x_3$ | $x_4$ | $x_5$ | $x_6$ |
| 5 | $x_1$ | 4 | 1 | 0 | 0 | 2 | $-1$ | [4] |
| 8 | $x_2$ | 8 | 0 | 1 | 1 | $-1$ | 1 | $-1$ |
| $-Z$ | | $-84$ | 0 | 0 | $-2$ | $-2$ | $-3$ | 3 |

利用单纯形法可解得表 2.41。

表 2.41　$C_6 = 15$ 的单纯形表 2

| | | | 5 | 8 | 6 | 0 | 0 | 15 |
|---|---|---|---|---|---|---|---|---|
| | $X_B$ | $b$ | $x_1$ | $x_2$ | $x_3$ | $x_4$ | $x_5$ | $x_6$ |
| 15 | $x_6$ | 1 | 1/4 | 0 | 0 | $-1/2$ | $-1/4$ | 1 |
| 8 | $x_2$ | 9 | 1/4 | 1 | 1 | $-1/2$ | 3/4 | 0 |
| $-Z$ | | $-87$ | $-3/4$ | 0 | $-2$ | $-7/2$ | $-9/4$ | 0 |

当单位产品 D 的利润为 15 时, 最优生产方案为: 生产产品 B 为 9 件, 生产产品 D 为 1 件。目标函数最优值为 87。

### 2.6.4　添加新约束的灵敏度分析

如果系统出现新的约束条件, 线性规划模型就需要增加新的约束方程。可以分以下两种情况讨论。

(1) 原问题的最优解满足新的约束方程, 则最优解不改变。

(2) 如果原问题的最优解不满足新的约束方程, 则需要重新寻找新问题的最优解。也就是要把该约束方程引入单纯形表中, 并引入必要的松弛变量及人工变量, 并做适当的变换, 求出新的最优解。

**例 2.19**　在例 2.18 中, 假设电力供应紧张, 若电力供应最多为 13 单位, 而生产产品 A、B、C 每单位需电力分别为 2、1、3 单位, 问该公司生产方案是否需要改变?

**解**　由于该约束条件为 $2x_1 + x_2 + 3x_3 \leqslant 13$。因此将原问题的最优解 $x_1 = 4$, $x_2 = 8$, $x_3 = 0$ 代入电力约束条件 $2x_1 + x_2 + 3x_3 \leqslant 13$。因为 $4 \times 2 + 8 = 16 > 13$, 故原问题最优解已经不是新约束条件下的最优解。即生产方案发生了改变。

在电力约束条件中加入松弛变量 $x_6$ 得

$$2x_1 + x_2 + 3x_3 + x_6 = 13$$

以 $x_6$ 为基变量，将上式反映到最终单纯形表中得到表 2.42。

**表 2.42 增加新约束后的计算表**

|  | $X_B$ | $b$ | 5 $x_1$ | 8 $x_2$ | 6 $x_3$ | 0 $x_4$ | 0 $x_5$ | 0 $x_6$ |
|---|---|---|---|---|---|---|---|---|
| 5 | $x_1$ | 4 | 1 | 0 | 0 | 2 | −1 | 0 |
| 8 | $x_2$ | 8 | 0 | 1 | 1 | −1 | 1 | 0 |
| 0 | $x_6$ | 13 | 2 | 1 | 3 | 0 | 0 | 1 |
| $-Z$ |  | −84 | 0 | 0 | −2 | −2 | −3 | 0 |

在表 2.42 中，$x_1$、$x_2$、$x_6$ 为基变量，因此所对应的列向量应变为单位向量，因此经计算得表 2.43。

**表 2.43 增加新约束后的单纯形表**

|  | $X_B$ | $b$ | 5 $x_1$ | 8 $x_2$ | 6 $x_3$ | 0 $x_4$ | 0 $x_5$ | 0 $x_6$ |
|---|---|---|---|---|---|---|---|---|
| 5 | $x_1$ | 4 | 1 | 0 | 0 | 2 | −1 | 0 |
| 8 | $x_2$ | 8 | 0 | 1 | 1 | −1 | 1 | 0 |
| 0 | $x_6$ | −3 | 0 | 0 | 2 | [−3] | 1 | 1 |
| $-Z$ |  | −84 | 0 | 0 | −2 | −2 | −3 | 0 |

利用对偶单纯形算法计算得表 2.44。

**表 2.44 增加新约束后的最优单纯形表**

|  | $X_B$ | $b$ | 5 $x_1$ | 8 $x_2$ | 6 $x_3$ | 0 $x_4$ | 0 $x_5$ | 0 $x_6$ |
|---|---|---|---|---|---|---|---|---|
| 5 | $x_1$ | 2 | 1 | 0 | 4/3 | 0 | −1/3 | 2/3 |
| 8 | $x_2$ | 9 | 0 | 1 | 1/3 | 0 | 2/3 | −1/3 |
| 0 | $x_4$ | 1 | 0 | 0 | −2/3 | 1 | −1/3 | −1/3 |
| $-Z$ |  | −82 | 0 | 0 | −10/3 | 0 | −11/3 | −2/3 |

故增加电力约束后，最优生产方案为：生产产品 A 为 2 件，生产产品 B 为 9 件。目标函数最优值为 82。

### 2.6.5 技术系数 $a_{ij}$ 的改变 (计划生产的产品工艺结构发生改变)

在线性规划模型中，系数矩阵共有 $m \times n$ 个元素，为了方便，只讨论某一个列向量发生改变，其余不发生改变。

(1) 非基变量 $x_j$ 的工艺发生改变

当非基变量 $x_j$ 的系数 $P_j$ 改变为 $P_j'$ 时，$P_j$ 的变化不会改变 $B^{-1}$，因此这时只影响单纯形最终表第 $j$ 列数据和第 $j$ 个检验数 $\sigma_j$。最终表第 $j$ 列数据变为 $B^{-1}P_j'$，而新的检验数为 $\sigma_j' = c_j - C_B B^{-1}P_j'$。若检验数小于等于 0，最优方案不变；若检验数大于 0，则在原最终表的基础上，换上改变后的第 $j$ 列数据 $B^{-1}P_j'$ 和 $\sigma_j'$，对单纯形继续迭代即可。

(2) 基变量 $x_j$ 的工艺发生改变

当基变量 $x_j$ 的系数 $P_j$ 改变为 $P'_j$ 时, $P_j$ 的变化会使 $B^{-1}$ 也发生改变, 所以最终单纯形表中最优解的可行性及检验数都可能发生变化。当 $B^{-1}$ 变化使检验数 $\sigma'_j$ 或 $B^{-1}b$ 中只有一个不满足最优性判别时, 可以利用单纯形法或对偶单纯形法进行求解。

如在例 2.18 中, 若生产产品 A 的工艺发生改变, 生产产品 A 对甲、乙原材料的需求分别为 2、2 单位, 产品的利润不变。问最优生产方案如何变化?

由于产品 A 对应的决策变量 $x_1$ 为基变量, 因此应先计算

$$\overline{P}'_1 = B^{-1}P'_1 = \begin{bmatrix} 2 & -1 \\ -1 & 1 \end{bmatrix} \begin{bmatrix} 2 \\ 2 \end{bmatrix} = \begin{bmatrix} 2 \\ 0 \end{bmatrix}, \quad \overline{\sigma}'_1 = c_1 - C_B B^{-1}P'_1 = -5$$

最终单纯形表变为表 2.45, 其中 $x_1$ 列变为 $x'_1$ 列, 由于 $x'_1$ 为基变量, 因此再将 $x'_1$ 列的系数列向量变为单位列向量, 得表 2.46。

表 2.45  $P_1 = \begin{bmatrix} 2 \\ 2 \end{bmatrix}$ 的计算表

|  |  |  | 5 | 5 | 8 | 6 | 0 | 0 |
|---|---|---|---|---|---|---|---|---|
|  | $X_B$ | $b$ | $x_1$ | $x'_1$ | $x_2$ | $x_3$ | $x_4$ | $x_5$ |
| 5 | $x'_1$ | 4 | 1 | 2 | 0 | 0 | 2 | −1 |
| 8 | $x_2$ | 8 | 0 | 0 | 1 | 1 | −1 | 1 |
| −Z |  | −84 | 0 | −5 | 0 | −2 | −2 | −3 |

表 2.46  $P_1 = \begin{bmatrix} 2 \\ 2 \end{bmatrix}$ 的单纯形表

|  |  |  | 5 | 8 | 6 | 0 | 0 |
|---|---|---|---|---|---|---|---|
|  | $X_B$ | $b$ | $x'_1$ | $x_2$ | $x_3$ | $x_4$ | $x_5$ |
| 5 | $x'_1$ | 2 | 1 | 0 | 0 | [1] | −1/2 |
| 8 | $x_2$ | 8 | 0 | 1 | 1 | −1 | 1 |
| −Z |  | −74 | 0 | 0 | −2 | 3 | −11/2 |

利用单纯形法计算得表 2.47。

表 2.47  $P_1 = \begin{bmatrix} 2 \\ 2 \end{bmatrix}$ 的最优单纯形表

|  |  |  | 5 | 8 | 6 | 0 | 0 |
|---|---|---|---|---|---|---|---|
|  | $X_B$ | $b$ | $x'_1$ | $x_2$ | $x_3$ | $x_4$ | $x_5$ |
| 0 | $x_4$ | 2 | 1 | 0 | 0 | 1 | −1/2 |
| 8 | $x_2$ | 10 | 1 | 1 | 1 | 0 | 1/2 |
| −Z |  | −80 | −5 | 0 | −2 | 0 | −4 |

这时最优生产方案发生改变, 只需生产产品 B 为 10 件。目标函数最优值为 80。

当基变量 $x_j$ 的系数 $P_j$ 改变为 $P'_j$, 而 $B^{-1}$ 变化使检验数 $\sigma'_j$ 或 $B^{-1}b$ 中都不满足最优性判别时, 需要增加人工变量的方法进行求解。

如在例 2.18 中, 若生产产品 A 的工艺发生改变, 生产产品 A 对甲、乙原材料的需求分别为 1、3 单位, 产品的利润为 5。问最优方案如何变化?

先计算

$$\overline{P}'_1 = B^{-1}P' = \begin{bmatrix} 2 & -1 \\ -1 & 1 \end{bmatrix} \begin{bmatrix} 1 \\ 3 \end{bmatrix} = \begin{bmatrix} -1 \\ 2 \end{bmatrix}, \quad \overline{\sigma}'_1 = c_1 - C_B B^{-1}P'_1 = -6$$

最终单纯形表变为表 2.48。

表 2.48　$P_1 = \begin{bmatrix} 1 \\ 3 \end{bmatrix}$ 的计算表

|   | $X_B$ | $b$ | 5<br>$x_1$ | 8<br>$x_2$ | 6<br>$x_3$ | 0<br>$x_4$ | 0<br>$x_5$ |
|---|---|---|---|---|---|---|---|
| 5 | $x_1$ | 4 | $-1$ | 0 | 0 | 2 | $-1$ |
| 8 | $x_2$ | 8 | 2 | 1 | 1 | $-1$ | 1 |
| $-Z$ |  | $-84$ | $-6$ | 0 | $-2$ | $-2$ | $-3$ |

由于 $x_1$ 是基变量，因此 $x_1$ 列的系数列向量必须变为单位向量，如表 2.49 所示。

表 2.49　$P_1 = \begin{bmatrix} 1 \\ 3 \end{bmatrix}$ 的单纯形表

|   | $X_B$ | $b$ | 5<br>$x_1$ | 8<br>$x_2$ | 6<br>$x_3$ | 0<br>$x_4$ | 0<br>$x_5$ |
|---|---|---|---|---|---|---|---|
| 5 | $x_1$ | $-4$ | 1 | 0 | 0 | $-2$ | 1 |
| 8 | $x_2$ | 16 | 0 | 1 | 1 | 3 | $-1$ |
| $-Z$ |  | $-108$ | 0 | 0 | $-2$ | $-14$ | 3 |

由于在表 2.49 中，$B^{-1}b$ 出现负数并且检验数行有大于零的分量，因此把表 2.49 中 $x_1$ 对应的方程 $x_1 - 2x_4 + x_5 = -4$ 两边同乘以 $(-1)$，再在该方程的左边加入人工变量 $x_6$ 得

$$-x_1 + 2x_4 - x_5 + x_6 = 4$$

这时基变量由 $x_1$ 变为 $x_6$，计算得表 2.50 和表 2.51。

表 2.50　$P_1 = \begin{bmatrix} 1 \\ 3 \end{bmatrix}$ 的单纯形计算表

|   | $X_B$ | $b$ | 5<br>$x_1$ | 8<br>$x_2$ | 6<br>$x_3$ | 0<br>$x_4$ | 0<br>$x_5$ | $-M$<br>$x_6$ |
|---|---|---|---|---|---|---|---|---|
| $-M$ | $x_6$ | 4 | $-1$ | 0 | 0 | [2] | $-1$ | 1 |
| 8 | $x_2$ | 16 | 0 | 1 | 1 | 3 | $-1$ | 0 |
| $-Z$ |  | $4M-128$ | $5-M$ | 0 | $-2$ | $2M-24$ | $-M+8$ | 0 |

表 2.51　$P_1 = \begin{bmatrix} 1 \\ 3 \end{bmatrix}$ 的最优表

|   | $X_B$ | $b$ | 5<br>$x_1$ | 8<br>$x_2$ | 6<br>$x_3$ | 0<br>$x_4$ | 0<br>$x_5$ | $-M$<br>$x_6$ |
|---|---|---|---|---|---|---|---|---|
| 0 | $x_4$ | 2 | $-1/2$ | 0 | 0 | 1 | $-1/2$ | $1/2$ |
| 8 | $x_2$ | 10 | $3/2$ | 1 | 1 | 0 | $1/2$ | $-3/2$ |
| $-Z$ |  | $-80$ | $-7$ | 0 | $-2$ | 0 | $-4$ | $12-M$ |

这时最优生产方案发生改变，只需生产产品 B 为 10 件。目标函数最优值为 80。

有关线性规划问题的灵敏度可以利用 Excel 软件进行求解、分析。

# 2.7 应用举例

线性规划的应用非常广泛,特别是在经济管理领域有大量的实际问题可以归纳为线性规划问题来研究,有些问题,它的背景不同,表现各异,但它们的数学模型有着完全相同的形式。尽可能多地掌握一些典型模型不仅有助于深刻理解线性规划本身的理论,还有利于灵活地处理千差万别的问题,提高解决实际问题的能力。下面举例说明线性规划在经济管理方面的应用与分析。

**例 2.20** (航线安排问题) 总部设在南京的某航空公司拥有波音 737 飞机 6 架,空客 320 飞机 9 架,ERJ-190 飞机 5 架飞往 A、B、C、D 四个城市,通过收集相关资料数据,得到不同型号的飞机由南京飞往各个城市的往返费用,往返时间等数据如表 2.52 所示。

表 2.52 各种飞机往返各地的费用与时间

| 飞机类型 | 飞往城市 | 飞行费用/万元 | 飞行时间/小时 |
|---|---|---|---|
| 波音 737 | A | 6 | 4 |
| | B | 6.5 | 5 |
| | C | 7.5 | 6 |
| | D | 10 | 9 |
| 空客 320 | A | 4.5 | 3 |
| | B | 7 | 4 |
| | C | 8 | 4 |
| | D | 9 | 10 |
| ERJ-190 | A | 4 | 4 |
| | B | 5 | 4 |
| | C | 9 | 7 |
| | D | 9.5 | 9 |

假定每架飞机每天的最大飞行时间为 16 小时,城市 A 为每天 10 班,城市 B 为每天 12 班,城市 C 为每天 15 班,城市 D 为每天 12 班。航空公司希望合理安排飞机飞行使得总费用最低。假设用 $i = 1, 2, 3$ 表示波音 737、空客 320、ERJ-190 3 种飞机的机型,$j = 1, 2, 3, 4$ 表示 A、B、C、D 四个城市,引入决策变量 $x_{ij}$ 表示第 $i$ 种飞机飞往第 $j$ 个城市的航班次数。约束如下。

(1) 城市飞行次数约束:

$$A \text{ 城市:} x_{11} + x_{21} + x_{31} = 10$$

$$B \text{ 城市:} x_{12} + x_{22} + x_{32} = 12$$

$$C \text{ 城市:} x_{13} + x_{23} + x_{33} = 15$$

$$D \text{ 城市:} x_{14} + x_{24} + x_{34} = 12$$

(2) 每种飞机飞行的约束时间:

$$波音 737: 4x_{11} + 5x_{12} + 6x_{13} + 9x_{14} = 6 \times 16$$

$$空客 320：3x_{21} + 4x_{22} + 4x_{23} + 10x_{24} = 9 \times 16$$

$$ERJ\text{-}190：4x_{31} + 4x_{32} + 7x_{33} + 9x_{34} = 5 \times 16$$

(3) 非负约束：

$$x_{ij} \geqslant 0, \quad i = 1, 2, 3; j = 1, 2, 3, 4$$

目标函数为总的飞行费用最小：

$$\min Z = 6x_{11} + 6.5x_{12} + 7.5x_{13} + 10x_{14} + 4.5x_{21} + 7x_{22}$$

$$+ 8x_{23} + 9x_{24} + 4x_{31} + 5x_{32} + 9x_{33} + 9.5x_{34}$$

因此该问题的线性规划模型为

$$\min Z = 6x_{11} + 6.5x_{12} + 7.5x_{13} + 10x_{14} + 4.5x_{21} + 7x_{22}$$

$$+ 8x_{23} + 9x_{24} + 4x_{31} + 5x_{32} + 9x_{33} + 9.5x_{34}$$

$$\text{s.t.} \begin{cases} x_{11} + x_{21} + x_{31} = 10 \\ x_{12} + x_{22} + x_{32} = 12 \\ x_{13} + x_{23} + x_{33} = 15 \\ x_{14} + x_{24} + x_{34} = 12 \\ 4x_{11} + 5x_{12} + 6x_{13} + 9x_{14} = 96 \\ 3x_{21} + 4x_{22} + 4x_{23} + 10x_{24} = 144 \\ 4x_{31} + 4x_{32} + 7x_{33} + 9x_{34} = 80 \\ x_{ij} \geqslant 0, i = 1, 2, 3; j = 1, 2, 3, 4 \end{cases}$$

利用 Excel 线性规划问题求解软件进行求解，计算结果为波音 737 飞机安排 C 城市 15 个航班；空客 320 飞机安排 A 城市 2 个航班，安排 D 城市 12 个航班；ERJ-190 飞机安排 A 城市 8 个航班，安排 B 城市 12 个航班。飞行总费用为 321.5 万元。

**例 2.21** (连续投资问题) 某部门在今后 5 年内考虑给下列项目投资。

项目 A：从第 1 年到第 4 年每年年初需要投资，并于次年末回收本利 115%。

项目 B：第 3 年年初需要投资，到第 5 年年末能回收本利 125%，但规定最大投资额不超过 4 万元。

项目 C：第 2 年年初需要投资，到第 5 年年末能回收本利 140%，但规定最大投资额不超过 3 万元。

项目 D：5 年内每年年初可购买公债，于当年年末归还，并加利息 6%。

已知该部门现有资金 10 万元，问它应如何确定给这些项目每年的投资额，使到第 5 年年末拥有资金的本利总额为最大？

**解** (1) 确定变量：这是一个连续投资问题，与时间有关。但这里设法用线性规划方法静态地处理。设：

$x_{iA}$ 表示第 $i$ 年年初给项目 A 的投资额 $i = 1, 2, \cdots, 5$。

$x_{iB}$ 表示第 $i$ 年年初给项目 B 的投资额 $i = 1, 2, \cdots, 5$。

$x_{iC}$ 表示第 $i$ 年年初给项目 C 的投资额 $i = 1, 2, \cdots, 5$。

$x_{iD}$ 表示第 $i$ 年年初给项目 D 的投资额 $i = 1, 2, \cdots, 5$。

它们都是待定的未知变量。

(2) 投资额应等于手中拥有的资金额。由于项目 D 每年都可以投资，并且当年末即可收回本息，所以该部门每年应把资金全部投出，手中不应当有剩余的呆滞资金。

因此有

$$
\begin{cases}
x_{1A} + x_{1D} = 100000 \\
x_{2A} + x_{2C} + x_{2D} = 1.06x_{1D} \\
x_{3A} + x_{3B} + x_{3D} = 1.15x_{1A} + 1.06x_{2D} \\
x_{4A} + x_{4D} = 1.15x_{2A} + 1.06x_{3D} \\
x_{5D} = 1.15x_{3A} + 1.06x_{4D}
\end{cases}
$$

(3) 目标函数：目标要求是在第 5 年年末该部门手中拥有的资金额达到最大。这个目标函数可表示为

$$
\max Z = 1.15x_{4A} + 1.25x_{3B} + 1.40x_{2C} + 1.06x_{5D}
$$

(4) 数学模型：

$$
\max Z = 1.15x_{4A} + 1.25x_{3B} + 1.40x_{2C} + 1.06x_{5D}
$$

$$
\text{s.t.} \begin{cases}
x_{1A} + x_{1D} = 100000 \\
-1.06x_{1D} + x_{2A} + x_{2C} + x_{2D} = 0 \\
-1.15x_{1A} - 1.06x_{2D} + x_{3A} + x_{3B} + x_{3D} = 0 \\
-1.15x_{2A} - 1.06x_{3D} + x_{4A} + x_{4D} = 0 \\
-1.15x_{3A} - 1.06x_{4D} + x_{5D} = 0 \\
x_{2C} \leqslant 30000 \\
x_{3B} \leqslant 40000 \\
x_{iA}, x_{iB}, x_{iC}, x_{iD} \geqslant 0, \quad i = 1, 2, \cdots, 5
\end{cases}
$$

(5) 利用 Excel 线性规划问题求解软件进行求解，可得计算出结果为：$x_{1A} = 34783$ 元，$x_{1D} = 65217$ 元，$x_{2A} = 39130$ 元，$x_{2C} = 30000$ 元，$x_{2D} = 0$，$x_{3A} = 0$，$x_{3B} = 40000$ 元，$x_{3D} = 0$，$x_{4A} = 45000$ 元，$x_{4D} = 0$，$x_{5D} = 0$，到第 5 年年末该部门拥有资金总额为 143750 元，即盈利 $43.75\%$，$Z = 1120.57$。

**例 2.22** (人力资源分配问题) 某昼夜服务的公交公司的公交线路每天各时段内所需司机和乘务人员如表 2.53 所示。

设司机和乘务人员分别在各时间段开始时上班，并连续工作 8 小时。问该公司公交线路应如何安排司机和乘务人员，既能满足工作需要，又使配备司机和乘务人员的人数最少？

**表 2.53　各时段内所需司机和乘务人员**

| 班次 | 时间 | 所需人数 |
|---|---|---|
| 1 | 6:00—10:00 | 60 |
| 2 | 10:00—14:00 | 70 |
| 3 | 14:00—18:00 | 60 |
| 4 | 18:00—22:00 | 50 |
| 5 | 22:00—2:00 | 20 |
| 6 | 2:00—6:00 | 30 |

**解**　设 $x_i$ 表示第 $i$ 班次开始上班的司机和乘务人员人数，这样可以知道在第 $i$ 班次工作的人数应包括第 $i-1$ 班次开始上班的人数和第 $i$ 班次开始上班的人数，如 $x_1 + x_2 \geqslant 70$，又要求这六个班次开始上班的人数最少，即可以建立如下的数学模型：

$$\min Z = x_1 + x_2 + x_3 + x_4 + x_5 + x_6$$

$$\text{s.t.} \begin{cases} x_1 + x_2 \geqslant 70 \\ x_2 + x_3 \geqslant 60 \\ x_3 + x_4 \geqslant 50 \\ x_4 + x_5 \geqslant 20 \\ x_5 + x_6 \geqslant 30 \\ x_1 + x_6 \geqslant 60 \\ x_1, x_2, x_3, x_4, x_5, x_6 \geqslant 0 \end{cases}$$

利用 Excel 线性规划问题求解软件进行求解，可得计算结果为

$$x_1 = 50, x_2 = 20, x_3 = 50, x_4 = 0, x_5 = 20, x_6 = 10$$

或

$$x_1 = 50, x_2 = 20, x_3 = 40, x_4 = 10, x_5 = 10, x_6 = 20$$

一共需要司机和乘务人员 150 人。

## 习　题　2

1. 某工厂准备生产三种型号的产品，每种型号产品所消耗的材料、所需人力及销售利润如表 2.54 所示。

**表 2.54　资源消耗及销售利润表**

| 项目内容 | 工时/(小时/件) | 材料/(kg/件) | 利润/(元/件) |
|---|---|---|---|
| A | 7 | 40 | 40 |
| B | 3 | 40 | 20 |
| C | 6 | 50 | 30 |

工厂每天只能保证供应 2000kg 原材料，能利用的劳动力最多为 150 人 (按每天每人工作 8 小时计)，为使该工厂利润最大化，每天应生产 A、B、C 三种型号的产品各多少件？试建立这个问题的数学模型。

2. 某工厂准备将 30 万元进行债券投资，经咨询，现有 5 种债券是较好的投资对象，分别称为债券 1、债券 2、债券 3、债券 4、债券 5。它们的投资回报率如表 2.55 所示。为了减少投资风险，要求对债券 1、债券 2 的投资不得超过 18 万元，对债券 3、债券 4 的投资不得超过 12 万元，其中对债券 2 的投资不得

超过对债券 1、债券 2 投资的 65%，对债券 5 的投资不得低于对债券 1、债券 2 投资的 20%。问该公司应如何投资，在满足以上要求的前提下使得总投资回报率最高？试建立这个问题的数学模型。

表 2.55　5 种债券投资回报率

| 债券名称 | 债券 1 | 债券 2 | 债券 3 | 债券 4 | 债券 5 |
|---|---|---|---|---|---|
| 投资回报率 | 0.065 | 0.09 | 0.045 | 0.055 | 0.05 |

3. 某公司是一家生产乳制品的公司，生产的产品有三个，即儿童奶粉、鲜牛奶和成人奶粉。由于近几年产品市场占有率不断下降，公司管理层希望通过一系列的促销措施来提高产品的市场占有率。具体要求如下：

(1) 希望儿童奶粉市场占有率提高 8%；

(2) 希望鲜牛奶市场占有率提高 13%；

(3) 希望成人奶粉市场占有率提高 6%。

公司的促销措施有三种，即广播广告、电视广告和印刷媒体广告。通过调研或估算每种促销措施 (每单位) 增加各种产品的市场占有率和单位成本如表 2.56 所示，最后一行表示各种促销措施的单位成本。

管理层的目的是以最小的总促销成本来达到各种产品的市场占有率的提高量。试建立其数学模型。

表 2.56　每单位各种促销措施增加产品市场占有率

| 产品 | 广播广告 | 电视广告 | 印刷媒体广告 | 市场占有率提高 |
|---|---|---|---|---|
| 儿童奶粉 | 1 | 3 | 2 | 8 |
| 鲜牛奶 | 2 | 1 | 3 | 13 |
| 成人奶粉 | 2 | 0 | 2 | 6 |
| 单位成本 | 100 | 210 | 180 | |

4. 将下述线性规划化为标准形式。

(1) $\max Z = x_1 + 2x_2 + 4x_3$

$$\text{s.t.} \begin{cases} 2x_1 + x_2 - x_3 \leqslant 9 \\ -3x_1 + x_2 + 4x_3 \geqslant 25 \\ 4x_1 + x_2 - 4x_3 = -30 \\ x_1 \leqslant 0, x_2 \geqslant 0, x_3 \text{ 取值无约束} \end{cases}$$

(2) $\min Z = x_1 + 2x_2 + 4x_3$

$$\text{s.t.} \begin{cases} -3x_1 + 2x_2 + 2x_3 \leqslant 19 \\ -4x_1 + 3x_2 + 4x_3 \geqslant 14 \\ 5x_1 - 2x_2 - 4x_3 = -26 \\ x_1 \leqslant 0, x_2 \geqslant 0, x_3 \text{ 取值无约束} \end{cases}$$

(3) $\max Z = x_1 + x_2$

$$\text{s.t.} \begin{cases} 2x_1 + 3x_2 \leqslant 6 \\ x_1 + 7x_2 \geqslant 4 \\ 2x_1 - x_2 = 3 \\ x_1 \geqslant 0, x_2 \text{ 取值无约束} \end{cases}$$

5. 用图解法求解下列线性规划问题

(1) $\max Z = 8x_1 + 5x_2$

$$\text{s.t.} \begin{cases} 8x_1 + 4x_2 \geqslant 20 \\ 3x_1 + 6x_2 \geqslant 18 \\ x_1 + 5x_2 \leqslant 16 \\ x_1, x_2 \geqslant 0 \end{cases}$$

(2) $\max Z = 42x_1 + 3x_2$

$$\text{s.t.} \begin{cases} 2x_2 \leqslant 8 \\ x_1 \leqslant 6 \\ 2x_1 + 3x_2 \leqslant 18 \\ x_1, x_2 \geqslant 0 \end{cases}$$

6. 用单纯形法求解下列线性规划问题。

(1) $\min Z = 5x_1 - 2x_2 + 3x_3 + 2x_4$

$$\text{s.t.} \begin{cases} x_1 + 2x_2 + 3x_3 + 4x_4 \leqslant 7 \\ 2x_1 + 2x_2 + x_3 + 2x_4 \leqslant 3 \\ x_1, x_2, x_3, x_4 \geqslant 0 \end{cases}$$

(2) $\max Z = 2x_1 - x_2 + x_3$

$$\text{s.t.} \begin{cases} 3x_1 + x_2 + x_3 \leqslant 60 \\ x_1 - x_2 + 2x_3 \leqslant 10 \\ x_1 + x_2 - 2x_3 \leqslant 20 \\ x_1, x_2, x_3 \geqslant 0 \end{cases}$$

7. 分别用大 M 法和两阶段法求解下列线性规划问题。

(1) $\max Z = 2x_1 + 3x_2 - 5x_3$

$$\text{s.t.} \begin{cases} x_1 + x_2 + x_3 = 7 \\ 2x_1 - 5x_2 + x_3 \geqslant 10 \\ x_1, x_2, x_3 \geqslant 0 \end{cases}$$

(2) $\min Z = 4x_1 + x_2$

$$\text{s.t.} \begin{cases} 3x_1 + x_2 = 3 \\ 4x_1 + 3x_2 - x_3 = 6 \\ x_1 + 2x_2 + x_4 = 4 \\ x_1, x_2, x_3, x_4 \geqslant 0 \end{cases}$$

(3) $\max Z = 10x_1 + 15x_2 + 12x_3$

$$\text{s.t.} \begin{cases} 5x_1 + 3x_2 + x_3 \leqslant 9 \\ -5x_1 + 6x_2 + 15x_3 \leqslant 15 \\ 2x_1 + x_2 + x_3 \geqslant 5 \\ x_1, x_2, x_3 \geqslant 0 \end{cases}$$

8. 写出下列线性规划的对偶问题。

(1) $\min Z = 7x_1 + 4x_2 - 3x_3$

$$\text{s.t.} \begin{cases} -4x_1 + 2x_2 - 6x_3 \leqslant 20 \\ -3x_1 - 3x_2 - 5x_3 \geqslant 13 \\ 5x_2 + 3x_3 = 30 \\ x_1 \leqslant 0, x_2 \text{ 无限制}, x_3 \geqslant 0 \end{cases}$$

(2) $\max Z = x_1 + 2x_2$

$$\text{s.t.} \begin{cases} 2x_1 - 3x_2 \leqslant 6 \\ x_1 + 2x_2 \leqslant 13 \\ x_1 \geqslant 0, x_2 \geqslant 0 \end{cases}$$

9. 已知线性规划问题

$$\max Z = 6x_1 + 14x_2 + 13x_3$$

$$\text{s.t.} \begin{cases} 1/2x_1 + 2x_2 + x_3 \leqslant 24 \\ x_1 + 2x_2 + 4x_3 \leqslant 60 \\ x_1, x_2, x_3 \geqslant 0 \end{cases}$$

(1) 用单纯形法求解该线性规划问题。

(2) 试根据弱对偶性质求出对偶问题的最优解。

10. 用对偶单纯形法求解线性规划问题。

(1) $\min Z = 4x_1 + 12x_2 + 18x_3$

$$\text{s.t.} \begin{cases} x_1 + 3x_3 \geqslant 3 \\ 2x_2 + 2x_3 \geqslant 5 \\ x_1, x_2, x_3 \geqslant 0 \end{cases}$$

(2) $\max Z = 60x_1 + 50x_2$

$$\text{s.t.} \begin{cases} x_1 + 2x_2 \leqslant 40 \\ -2x_1 + x_2 \leqslant 6 \\ x_1 + x_2 \leqslant 25 \\ x_1 \geqslant 0, x_2 \geqslant 0 \end{cases}$$

11. 已知线性规划问题

$$\max Z = 4x_1 + x_2 + 2x_3$$

$$\text{s.t.} \begin{cases} 8x_1 + 3x_2 + x_3 \leqslant 2 \\ 6x_1 + x_2 + x_3 \leqslant 8 \\ x_1, x_2, x_3 \geqslant 0 \end{cases}$$

(1) 求原问题和对偶问题的最优解；

(2) 在不改变最优基的条件下，确定 $x_1, x_3$ 的目标函数系数的变化范围；

(3) 在不改变最优基的条件下，确定第一个不等式约束右边常数项的可变范围。

12. 已知线性规划问题

$$\max Z = -5x_1 + 5x_2 + 13x_3$$

$$\text{s.t.} \begin{cases} -x_1 + x_2 + 3x_3 \leqslant 20 \\ 12x_1 + 4x_2 + 10x_3 \leqslant 90 \\ x_1, x_2, x_3 \geqslant 0 \end{cases}$$

用单纯形法求其最优解，最后分析在下列条件下最优解的变化。

(1) 第一个约束条件的右端的常数项由 20 变为 30；

(2) 第二个约束条件的右端的常数项由 90 变为 70；

(3) 目标函数中 $x_3$ 的系数由 13 变为 8；

(4) $x_1$ 的系数列向量由 $(-1, 12)^{\mathrm{T}}$ 变为 $(0, 5)^{\mathrm{T}}$；

(5) 增加一个约束条件 $2x_1 + 3x_2 + 5x_3 \leqslant 50$。

# 第 3 章 整 数 规 划

在线性规划问题的求解过程中，最优解可能是整数，也可能不是整数。在一些情况下，某些实际问题要求最优解必须是整数，例如，若所求得的解是安排上班的人数，需要采购的机器台数等。

在所建模型中，决策变量全为整数的问题称为纯整数规划；部分决策变量为整数、部分决策变量为非整数的问题称为混合整数规划；变量取值为 0 或 1 的问题称为 0-1 整数规划。

对于求整数解的线性规划问题，能否采用四舍五入或者去尾的方法将求得的非整数解加以解决呢？如果不能，有无有效的解决方案呢？

## 3.1 整数规划的数学建模

### 3.1.1 装箱问题

**例 3.1** 某厂拟用集装箱托运甲、乙两种货物，每箱的体积、重量、可获利润以及托运限制如表 3.1 所示。问两种货物各托运多少箱，可使获得利润为最大？

表 3.1 例 3.1 数据

| 货物 | 体积/(m³/箱) | 重量/(t/箱) | 利润/(元/箱) |
|---|---|---|---|
| 甲 | 5 | 2 | 2000 |
| 乙 | 4 | 5 | 1000 |
| 托运限制 | 24 m³ | 13t | |

**解** 设 $x_1$、$x_2$ 分别为甲、乙两种货物的托运箱数，则数学模型可以表示为

$$\max z = 2000x_1 + 1000x_2$$

$$\text{s.t.} \begin{cases} 5x_1 + 4x_2 \leqslant 24 \\ 2x_1 + 5x_2 \leqslant 13 \\ x_1, x_2 \geqslant 0, x_1, x_2 \text{为整数} \end{cases}$$

其中，目标函数表示追寻最大的利润，约束条件分别表示装箱的体积和重量限制，决策变量要求装箱数必须为整数。

### 3.1.2 工厂选址问题

**例 3.2** 某公司拟在市东、西、南三区建立门市部，有 7 个位置 $A_i(i = 1, 2, \cdots, 7)$ 可供选择，考虑到各地区居民消费水平及居民居住密集度，公司制定了如下规定：

在东区，由 $A_1$, $A_2$, $A_3$ 三个点中至多选两个；

在西区，由 $A_4$, $A_5$ 两个点中至少选一个；

在南区，由 $A_6$, $A_7$ 两个点中至少选一个。

如选用 $A_i$ 点，设备投资预计为 $b_i$ 元，每年可获利润预计为 $c_i$ 元，由于公司的投资能力及投资策略限制，要求投资总额不能超过 $B$ 元。问应如何选择可使年利润最大？

**解**　设 $x_i(i=1,2,\cdots,7)$ 表示是否在位置 $i$ 建立门市部，有

$$x_i = \begin{cases} 1, & A_i\text{点被选用} \\ 0, & A_i\text{点没被选用} \end{cases}, i=1,2,\cdots,7$$

则可以建立如下的数学模型：

$$\max\ z = \sum_{i=1}^{7} c_i x_i$$

$$\text{s.t.} \begin{cases} \displaystyle\sum_{i=1}^{7} b_i x_i \leqslant B \\ x_1 + x_2 + x_3 \leqslant 2 \\ x_4 + x_5 \geqslant 1 \\ x_6 + x_7 \geqslant 1 \\ x_i = 0 \text{ 或 } 1 \end{cases}$$

其中，目标函数表示寻求获利最大的设点方案，第一个约束条件表示投资总额限制，之后的三个约束条件分别表示在东、西和南区的设点数限制，决策变量取值 0 或 1。

### 3.1.3　背包问题

**例 3.3**　某科学实验卫星拟从下列仪器装置中选若干件装上。已知仪器装置 $A_i(i=1,2,\cdots,7)$ 的体积为 $v_i$，重量为 $w_i$，该装置在实验中的价值为 $c_i$。要求：

(1) 装入卫星的仪器装置总体积不超过 $V$，总重量不超过 $W$；

(2) $A_1$ 与 $A_3$ 中最多安装一件；

(3) $A_2$ 与 $A_4$ 中至少安装一件；

(4) $A_5$ 与 $A_6$ 或者都安装，或者都不安装。总的目的是装上去的仪器装置使该科学实验卫星发挥最大的实验价值。试建立这个问题的数学模型。

**解**　设 $x_i(i=1,2,\cdots,7)$ 表示是否装载该仪器装置，有 $x_i = \begin{cases} 1, & \text{装}A_i \\ 0, & \text{不装}A_i \end{cases}$。则可以建立如下的数学模型：

$$\max\ Z = \sum_{i=1}^{7} c_i x_i$$

$$\text{s.t.} \begin{cases} \sum_{i=1}^{7} x_i v_i \leqslant V \\ \sum_{i=1}^{7} x_i w_i \leqslant W \\ x_1 + x_3 \leqslant 1 \\ x_2 + x_4 \geqslant 1 \\ x_5 = x_6 \\ x_i = 0 \text{ 或 } 1, i = 1, 2, \cdots, 7 \end{cases}$$

其中, 目标函数表示追求最大的卫星实验价值; 第 1,2 个约束条件表示体积和重量的限制; 第 3~5 个约束条件表示特定的卫星装载要求, 该问题的决策变量是 0-1 整数变量。

## 3.2　整数规划的求解算法

能否采用四舍五入或者去尾的方法以求得整数解? 以例 3.1 的求解为例, 该例中, 先不考虑 $x_1, x_2$ 为整数的条件, 采用单纯形法求解该问题, 得到: $x_1 = 4.8, x_2 = 0, z = 96$。若对 $x_1, x_2$ 采用四舍五入法求解, 则有 $x_1 = 5, x_2 = 0$, 显然, 此解不是可行解; 去尾法得到 $x_1 = 4, x_2 = 0$, 此时, 目标函数 $z = 80$, 该解是否是最优解呢? 实际上, 当 $x_1 = 4, x_2 = 1$ 时, $z = 90$, 由此表明, 去尾法得到的解并非最优解。

因此, 四舍五入或者去尾的方法得到的解并不一定是整数规划的最优解。本节介绍几种整数规划的求解方法。

### 3.2.1　分支定界算法

下面通过例子说明分支定界算法的思想和步骤。

**例 3.4**　对以下问题做整数规划

$$\max z = 40x_1 + 90x_2$$

$$\text{s.t.} \begin{cases} 9x_1 + 7x_2 \leqslant 56 \\ 7x_1 + 20x_2 \leqslant 70 \\ x_1, x_2 \geqslant 0 \\ x_1, x_2 \text{为整数} \end{cases}$$

**解**　先不考虑整数条件, 解相应的线性规划, 得最优解: $x_1 = 4.81, x_2 = 1.82, z = 356$。该解不符合整数条件。

对其中一个非整数变量解, 如 $x_1 = 4.81$, 显然, 若要满足整数条件, $x_1$ 必定有

$$x_1 \geqslant 5 \text{ 或 } x_1 \leqslant 4$$

于是, 对原问题增加两个新约束条件, 将原问题分为两个子问题, 即有

$$\max z = 40x_1 + 90x_2$$
$$\text{s.t.} \begin{cases} 9x_1 + 7x_2 \leqslant 56 \\ 7x_1 + 20x_2 \leqslant 70 \\ x_1 \leqslant 4 \\ x_1, x_2 \geqslant 0 \end{cases} \text{(LP1)} \quad \text{和}$$

$$\max z = 40x_1 + 90x_2$$
$$\text{s.t.} \begin{cases} 9x_1 + 7x_2 \leqslant 56 \\ 7x_1 + 20x_2 \leqslant 70 \\ x_1 \geqslant 5 \\ x_1, x_2 \geqslant 0 \end{cases} \text{(LP2)}$$

问题 (LP1) 和 (LP2) 的可行域中包含了原整数规划问题的所有整数可行解，而在 $4 < x_1 < 5$ 中不可能存在整数可行解的区域已被切除。分别求解这两个线性规划问题，得到的解是：$x_1 = 4, x_2 = 2.1, z = 349$ 和 $x_1 = 5, x_2 = 1.57, z = 341$。

变量 $x_2$ 仍然不满足整数的条件，对问题 (LP1)，必有 $x_2 \geqslant 3$ 或 $x_2 \leqslant 2$，将 (LP1) 增加约束条件，得到

$$\max z = 40x_1 + 90x_2$$
$$\text{s.t.} \begin{cases} 9x_1 + 7x_2 \leqslant 56 \\ 7x_1 + 20x_2 \leqslant 70 \\ x_1 \leqslant 4 \\ x_2 \leqslant 2 \\ x_1, x_2 \geqslant 0 \end{cases} \text{(LP11)},$$

$$\max z = 40x_1 + 90x_2$$
$$\text{s.t.} \begin{cases} 9x_1 + 7x_2 \leqslant 56 \\ 7x_1 + 20x_2 \leqslant 70 \\ x_1 \leqslant 4 \\ x_2 \geqslant 3 \\ x_1, x_2 \geqslant 0 \end{cases} \text{(LP12)}$$

求解 (LP11)，得到 $x_1 = 4, x_2 = 2, z = 340$；求解 (LP12)，得到 $x_1 = 1.42, x_2 = 3, z = 327$。由于 (LP12) 的最优值小于 (LP11) 的最优值，故原问题的最优值必不小于 340，尽管 (LP12) 的解仍然不满足整数条件，(LP12) 已无必要继续分解。

对 (LP2)，$x_2$ 不满足整数条件，必有 $x_2 \leqslant 1$ 或 $x_2 \geqslant 2$，将这两个约束条件分别加到 (LP2) 中，得到 (LP21) 和 (LP22)，求解得到：(LP21) 的最优解为 $x_1 = 5.44, x_2 = 1, z = 308$，(LP22) 无可行解。

至此，原问题的最优解为 $x_1 = 4, x_2 = 2, z = 340$。

上述求解过程称为分支定界算法，用图 3.1 表示。

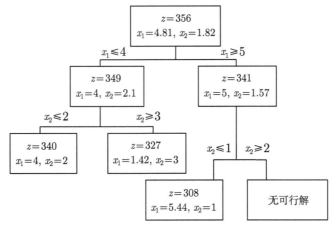

图 3.1　分支定界算法求解过程

将要求解的整数规划问题称为问题 A，将与之相应的线性规划问题称为问题 B(与问题

A 相比较, 仅不含有变量为整数的约束条件), 问题 B 称为原问题 A 的松弛问题。解问题 B, 可能得到以下情况之一:

问题 B 没有可行解, 这时问题 A 也没有可行解, 则停止。

问题 B 有最优解, 并符合问题 A 的整数条件, 问题 B 的最优解即为问题 A 的最优解, 则停止。

问题 B 有最优解, 并不符合问题 A 的整数条件, 记它的目标函数值为 $\bar{z}_0$。

用观察法找问题 A 的一个整数可行解, 一般可取 $x_j = 0, j = 1, 2, \cdots, n$, 试求得其目标函数值, 并记 $\underline{z}$。以 $z^*$ 表示问题 A 的最优目标函数值; 这时有 $\underline{z} \leqslant z^* \leqslant \bar{z}_0$, 然后按下述步骤进行迭代。

步骤 1: 分支定界过程。

分支过程。在 B 的最优解中任选一个不符合整数条件的变量 $x_j$, 若其值为 $b_j$, 以 $[b_j]$ 表示小于 $b_j$ 的最大整数, 构造两个约束条件: $x_j \leqslant [b_j]$ 和 $x_j \geqslant [b_j] + 1$。将这两个约束条件分别加入问题 B, 得到后续规划问题 $B_1$ 和 $B_2$。不考虑整数条件求解这两个后续问题。

定界过程。以每个后续问题为一分支标明求解的结果, 在其他问题解的结果中, 找出最优目标函数值最大者作为新的上界 $\bar{z}$。从已符合整数条件的各分支中, 找出目标函数值最大者作为新的下界 $\underline{z}$, 若无可行解, 则 $\underline{z} = 0$。

步骤 2: 比较与剪支。各分支的最优目标函数中若有小于 $\underline{z}$ 者, 则剪掉这支, 以后不再考虑这个分支。若大于 $\underline{z}$, 且不符合整数条件, 则重复步骤 1, 直到最后得到 $z^* = \underline{z}$, 得到最优整数解 $x_j^*, j = 1, 2, \cdots, n$。

### 3.2.2　割平面法

割平面法的思想是, 求解不含整数条件的线性规划, 然后不断增加适当的线性约束条件, 割掉原可行域中不含整数可行解的一部分, 最终得到一个具有整数坐标的极点的可行域, 而该极点恰好是原整数规划问题的最优解。

**例 3.5**　对如下问题做整数规划

$$\max z = x_1 + x_2$$
$$\text{s.t.} \begin{cases} -x_1 + x_2 \leqslant 1 \\ 3x_1 + x_2 \leqslant 4 \\ x_1, x_2 \geqslant 0, x_1, x_2 \text{为整数} \end{cases}$$

下面通过求解过程说明割平面法的应用步骤。

步骤 1: 不考虑整数条件, 引入松弛变量 $x_3, x_4$, 化为标准形式, 用单纯形法求解得到最优单纯形表, 如表 3.2 所示。

**表 3.2　最优单纯形表**

| $x_B$ | $b$ | $x_1$ | $x_2$ | $x_3$ | $x_4$ |
|-------|-----|-------|-------|-------|-------|
| $x_1$ | 3/4 | 1 | 0 | $-1/4$ | 1/4 |
| $x_2$ | 7/4 | 0 | 1 | 3/4 | 1/4 |
|  |  | 0 | 0 | $-1/2$ | $-1/2$ |

最优解为: $x_1 = 3/4, x_2 = 7/4$。

步骤 2：根据最优单纯形表，可得到：$x_1 - 1/4x_3 + 1/4x_4 = 3/4$，将上式中的系数写成整数和非负真分数之和的形式，有 $x_1 - x_3 + 3/4x_3 + 1/4x_4 = 3/4$，变换成如下形式：

$$x_1 - x_3 = 3/4 - 3/4x_3 - 1/4x_4$$

式中，由于 $x_1, x_3$ 为正整数，$3/4 - 3/4x_3 - 1/4x_4$ 必为整数，由于 $3/4x_3 + 1/4x_4 \geqslant 0$，必有 $3/4 - 3/4x_3 - 1/4x_4 \leqslant 0$，化简得 $-3x_3 - x_4 \leqslant -3$。对 $-3x_3 - x_4 \leqslant -3$，切割掉了非整数最优解，但是并没有切割掉整数解，因为相应的线性规划任意整数可行解都满足该条件，故称为割平面。

引入松弛变量，得到 $-3x_3 - x_4 + x_5 = -3$，将此约束方程加到表 3.2 中，得到表 3.3。

**表 3.3　例 3.5 松弛问题的最优单纯形表**

| $x_B$ | $b$ | $x_1$ | $x_2$ | $x_3$ | $x_4$ | $x_5$ |
|---|---|---|---|---|---|---|
| $x_1$ | 3/4 | 1 | 0 | $-1/4$ | 1/4 | 0 |
| $x_2$ | 7/4 | 0 | 1 | 3/4 | 1/4 | 0 |
| $x_5$ | $-3$ | 0 | 0 | $-3$ | $-1$ | 1 |
|  |  | 0 | 0 | $-1/2$ | $-1/2$ | 0 |

由表 3.3，可采用对偶单纯形法进行求解，得到表 3.4。

**表 3.4　例 3.5 的最优表**

| $x_B$ | $b$ | $x_1$ | $x_2$ | $x_3$ | $x_4$ | $x_5$ |
|---|---|---|---|---|---|---|
| $x_1$ | 1 | 1 | 0 | 0 | 1/3 | 1/12 |
| $x_2$ | 1 | 0 | 1 | 0 | 0 | 1/4 |
| $x_3$ | 1 | 0 | 0 | 1 | 1/3 | $-1/3$ |
|  |  | 0 | 0 | 0 | $-1/3$ | $-1/6$ |

由表 3.4 得 $x_1 = 1, x_2 = 1, x_3 = 1$，满足整数条件。

将上述步骤归纳如下。

步骤 1：不考虑整数规划中的整数条件，依据单纯形法求解线性规划。

步骤 2：寻求切割方程。若最优解存在但不满足整数条件，根据最优单纯形表中最优解为分数值的一个基变量，写成

$$x_i + \sum_k a_{ik} x_k = b_i$$

其中，$x_i$ 为基变量，$x_k$ 为非基变量。将 $a_{ik}, b_i$ 写成整数部分 $N$ 与非负真分数 $f_i(0 \leqslant f_i < 1)$ 之和的形式，即 $b_i = N_i + f_i, a_{ik} = N_{ik} + f_{ik}$。将该式代入得到：

$$x_i + \sum_k N_{ik} x_k - N_i = f_i - \sum_k f_{ik} x_k$$

则有切割方程 $f_i - \sum_k f_{ik} x_k \leqslant 0$。

步骤 3：将切割方程增加松弛变量，加入最优单纯形表进行迭代计算。若所得到的解为非整数，则转到步骤 2 继续迭代，直到找到最优的整数解。

注意：割平面法收敛速度一般情况下比较慢。因此在实际使用时往往和分支定界算法配合使用。

### 3.2.3　0-1 规划及隐枚举法

在实际建模过程中，经常遇到要求模型解决"是、否"或者"有、无"等问题，这类问题一般可以借助引入数值为 0 或者 1 的决策变量解决，例 3.2 就是此类问题，这类问题称为 0-1 整数规划。被引入的 0-1 决策变量一般定义为

$$x_i = \begin{cases} 1, & \text{执行决策} i, \text{"是"}, \text{"有"} \\ 0, & \text{不执行决策} i, \text{"否"}, \text{"无"} \end{cases}$$

下面举例说明求解 0-1 整数规划的隐枚举法。

**例 3.6**　有 0-1 整数规划问题：

$$\max z = 3x_1 - 2x_2 + 5x_3$$

$$\begin{cases} x_1 + 2x_2 - x_3 \leqslant 2 & (3.1) \\ x_1 + 4x_2 + x_3 \leqslant 4 & (3.2) \\ x_1 + x_2 \leqslant 3 & (3.3) \\ 4x_1 + x_3 \leqslant 6 & (3.4) \\ x_1, x_2, x_3 = 0 \text{ 或 } 1 \end{cases}$$

**解**　采用试探的方法找到一个可行解，容易看出 $(x_1, x_2, x_3) = (1, 0, 0)$ 符合约束条件，目标函数值 $z = 3$。

对于极大化问题，应有 $z \geqslant 3$，于是增加一个约束条件：

$$3x_1 - 2x_2 + 5x_3 \geqslant 3 \tag{3.5}$$

新增加的约束条件称为过滤条件。原问题的线性约束条件就变成 5 个，3 个变量共有 $2^3 = 8$ 个解，原来 4 个约束条件共需 32 次运算，增加了过滤条件后，将 5 个约束条件按式 (3.1)∼ 式 (3.5) 的顺序排好 (表 3.5)，对每个解，依次代入约束条件左侧，求出数值，看是否满足不等式条件，如某一条件不满足，同行以下条件就不必再检查，因而可以减少运算次数。于是求得最优解 $(x_1, x_2, x_3) = (0, 1, 0)$，$\max z = 8$。

表 3.5　例 3.6 的计算过程表

| 点 | 条件 | | | | | 满足条件? | $z$ 值 |
| --- | --- | --- | --- | --- | --- | --- | --- |
| | (3.5) | (3.1) | (3.2) | (3.3) | (3.4) | 是 ($\sqrt{}$) 否 ($\times$) | |
| (0, 0, 0) | 0 | | | | | $\times$ | |
| (0, 0, 1) | 5 | $\sqrt{}$ | $\sqrt{}$ | $\sqrt{}$ | $\sqrt{}$ | $\sqrt{}$ | 5 |
| (0, 1, 0) | $-2$ | | | | | $\times$ | |
| (0, 1, 1) | 3 | $\sqrt{}$ | | | | $\times$ | |
| (1, 0, 0) | 3 | $\sqrt{}$ | $\sqrt{}$ | $\sqrt{}$ | $\sqrt{}$ | $\sqrt{}$ | 3 |
| (1, 0, 1) | 8 | $\sqrt{}$ | $\sqrt{}$ | $\sqrt{}$ | $\sqrt{}$ | $\sqrt{}$ | 8 |
| (1, 1, 0) | 1 | | | | | $\times$ | |
| (1, 1, 1) | 6 | $\sqrt{}$ | | | | $\times$ | |

在计算过程中，若遇到 $z$ 值已超过条件 (3.5) 右边的值，应改变条件 (3.5)，使右边为迄今为止的最大 $z$，继续检查。例如，当检查点 $(0, 0, 1)$ 时因 $z=5>3$，所以应将条件 (3.5) 换成

$$3x_1 - 2x_2 + 5x_3 \geqslant 5 \tag{3.6}$$

这种对过滤条件的改进，可以减少计算量。

有关整数规划问题及 0-1 规划问题可以利用 Excel 软件进行求解，具体求解过程参见 10.5 节的内容。

### 3.2.4 指派问题及匈牙利法

在生活中经常会遇到这样的问题：某单位需完成 $n$ 项任务，恰好有 $n$ 个人可承担这些任务。由于每人的专长不同，各人完成任务所需的时间也不同。问题是，应指派哪个人去完成哪项任务，使完成 $n$ 项任务的所需总时间最少？这类问题称为指派问题或分配问题 (assignment problem)。

**例 3.7** 有一份中文说明书，需译成英、日、德、俄四种文字，分别记作 E、J、G、R。现有甲、乙、丙、丁四人。他们将中文说明书翻译成不同语种说明书所需时间如表 3.6 所示。若要求每一项翻译任务只分配给一个人去完成，每一个人只接受一项任务，应指派何人去完成何任务，使所需时间最少？

表 3.6　例 3.7 数据　(单位：小时)

| 人员 | E | J | G | R |
|---|---|---|---|---|
| 甲 | 2 | 15 | 13 | 4 |
| 乙 | 10 | 4 | 14 | 15 |
| 丙 | 9 | 14 | 16 | 13 |
| 丁 | 7 | 8 | 11 | 9 |

一般地，称表 3.6 为效率矩阵或者系数矩阵，其元素 $c_{ij} > 0(i, j = 1, 2, \cdots, n)$ 表示指派第 $i$ 个人去完成第 $j$ 项任务所需的时间，或者称为完成任务的工作效率 (或时间、成本等)。

**解**　引入 0-1 变量 $x_{ij}$，$x_{ij} = \begin{cases} 1, & \text{指派第 } i \text{ 人去完成第 } j \text{ 项任务} \\ 0, & \text{不指派第 } i \text{ 人去完成第 } j \text{ 项任务} \end{cases}$

由此可得到指派问题的数学模型：

$$\min z = \sum_i \sum_j c_{ij} x_{ij}$$

$$\text{s.t.} \begin{cases} \sum_i x_{ij} = 1, & j = 1, 2, \cdots, n \\ \sum_j x_{ij} = 1, & i = 1, 2, \cdots, n \\ x_{ij} = 1 \text{ 或 } 0 \end{cases}$$

目标函数表示 $n$ 个人完成任务所需的时间最少 (或效率最高)；第一个约束条件说明第 $j$ 项任务只能由 1 人去完成；第二个约束条件说明第 $i$ 人只能完成 1 项任务。

易得，上述问题可行解 $x_{ij}$ 可写成表格或矩阵形式，如例 3.6 的一个可行解矩阵是

$$(x_{ij}) = \begin{bmatrix} 0 & 1 & 0 & 0 \\ 0 & 0 & 1 & 0 \\ 1 & 0 & 0 & 0 \\ 0 & 0 & 0 & 1 \end{bmatrix}$$

可以看出，解矩阵 $(x_{ij})$ 中各行 (各列) 只能有一个元素是 1。

回顾运输问题的数学模型，运输问题中若产量和销量分别等于 1，实际上所得到的数学模型与指派问题相同，即指派问题是运输问题的特例，因而可以用运输问题的表上作业法求解。本节利用指派问题的特点介绍一种更为简便的算法。

指派问题的最优解有这样的性质，若从系数矩阵 $(c_{ij})$ 的某一行 (列) 各元素中分别减去该行 (列) 的最小元素，得到新矩阵 $(b_{ij})$，那么以 $(b_{ij})$ 为系数矩阵求得的最优解和用原系数矩阵求得的最优解相同。

以例 3.7 来理解上述性质，对甲来说，只能完成一项任务，若其无论完成哪项任务都减少相同的时间，这种时间变动并不改变甲在四项任务中的最佳选择；若完成某项任务的四个人都减少相同的时间，同样，这种时间的节省并不改变任务对完成人的最佳选择。

利用这个性质，可使原系数矩阵变换为含有很多 0 元素的新系数矩阵，而最优解保持不变。在系数矩阵 $(b_{ij})$ 中，一般称位于不同行不同列的 0 元素为独立的 0 元素。若能在系数矩阵 $(b_{ij})$ 中找出 $n$ 个独立的 0 元素，令解矩阵 $(x_{ij})$ 中对应这 $n$ 个独立的 0 元素的元素取值为 1，其他元素取值为 0，则将其代入目标函数中得到的 $z_b = 0$ 一定是最小的，这就是以 $(b_{ij})$ 为系数矩阵的指派问题的最优解，也就得到了原问题的最优解。

1955 年库恩 (W.W.Kuhn) 利用匈牙利数学家康尼格 (D.Konig) 一个关于矩阵中 0 元素的定理，提出了指派问题的解法，称为匈牙利法。该定理证明了以下结论：系数矩阵中独立 0 元素的最多个数等于能覆盖所有 0 元素的最小直线数。

下面用例 3.7 来说明该方法的应用步骤。

步骤 1：使指派问题的系数矩阵经变换，在各行各列中都出现 0 元素。

(1) 从系数矩阵的每行元素中减去该行的最小元素；

(2) 从所得系数矩阵的每列元素中减去该列的最小元素。

例 3.7 的计算结果为

$$(c_{ij}) = \begin{bmatrix} 2 & 15 & 13 & 4 \\ 10 & 4 & 14 & 15 \\ 9 & 14 & 16 & 13 \\ 7 & 8 & 11 & 9 \end{bmatrix} \begin{matrix} \min \\ 2 \\ 4 \\ 9 \\ 7 \end{matrix} \rightarrow \begin{bmatrix} 0 & 13 & 11 & 2 \\ 6 & 0 & 10 & 11 \\ 0 & 5 & 7 & 4 \\ 0 & 1 & 4 & 2 \end{bmatrix} \rightarrow \begin{bmatrix} 0 & 13 & 7 & 0 \\ 6 & 0 & 6 & 9 \\ 0 & 5 & 3 & 2 \\ 0 & 1 & 0 & 0 \end{bmatrix} = (b_{ij})$$
$$\qquad\qquad\qquad\qquad\qquad\qquad\qquad\qquad\qquad\qquad 4 \quad\quad 2\min$$

步骤 2：进行试指派，以寻求最优解。

经步骤 1 变换后，系数矩阵中每行每列都已有了 0 元素；但需找出 $n$ 个独立的 0 元素。若能找出，就以这些独立 0 元素对应解矩阵 $(x_{ij})$ 中的元素为 1，其余为 0，这就得到

最优解。当 $n$ 较小时，可用观察法、试探法去找出 $n$ 个独立 0 元素。当 $n$ 较大时，就必须按一定的步骤去找，常用的步骤如下。

(1) 从只有一个 0 元素的行 (列) 开始，给这个 0 元素加圈，记作 ⊚。这表示对这行所代表的人，只有一项任务可指派。然后划去 ⊚ 所在列 (行) 的其他 0 元素，记作 $\Psi$。这表示这列所代表的任务已指派完，不必再考虑别人。

(2) 反复进行步骤 (1)，直到所有 0 元素都被圈出或划掉。

(3) 若仍有没有画圈的 0 元素，且同行 (列) 的 0 元素至少有两个 (表示对这个可以从两项任务中指派其一)。则从剩有 0 元素最少的行 (列) 开始，比较这行各 0 元素所在列中 0 元素的数目，选择 0 元素少的那列的这个 0 元素加圈 (表示选择性多的要 "礼让" 选择性少的)。然后划掉同行同列的其他 0 元素。可反复进行，直到所有 0 元素都已圈出或划掉。

(4) 若 ⊚ 元素的数目 $m$ 等于矩阵的阶数 $n$，那么指派问题的最优解已得到。若 $m < n$，则转入步骤 (3)。

对于例 3.7，按步骤 (1)，先给 $b_{22}$ 加圈，然后给 $b_{31}$ 加圈，划掉 $b_{11}, b_{41}$；按步骤 (2)，给 $b_{43}$ 加圈，划掉 $b_{44}$，最后给 $b_{14}$ 加圈，得到

$$\begin{bmatrix} \varnothing & 13 & 7 & \circledcirc \\ 6 & \circledcirc & 6 & 9 \\ \circledcirc & 5 & 3 & 2 \\ \varnothing & 1 & \circledcirc & \varnothing \end{bmatrix}$$

由于 $m = n = 4$，所以得最优解为

$$(x_{ij}) = \begin{bmatrix} 0 & 0 & 0 & 1 \\ 0 & 1 & 0 & 0 \\ 1 & 0 & 0 & 0 \\ 0 & 0 & 1 & 0 \end{bmatrix}$$

这表示：指定甲译出俄文，乙译出日文，丙译出英文，丁译出德文，所需总时间最少 $\min z_b = \sum_i \sum_j b_{ij} x_{ij} = 0$。而 $\min z = \sum_i \sum_j c_{ij} x_{ij} = c_{31} + c_{22} + c_{43} + c_{14} = 28$(小时)。

**例 3.8** 求表 3.7 所示效率矩阵的指派问题的最小解。

表 3.7 例 3.8 数据

| 人员 | A | B | C | D | E |
|------|-----|-----|-----|-----|-----|
| 甲 | 12 | 7 | 9 | 7 | 9 |
| 乙 | 8 | 9 | 6 | 6 | 6 |
| 丙 | 7 | 17 | 12 | 14 | 9 |
| 丁 | 15 | 14 | 6 | 6 | 10 |
| 戊 | 4 | 10 | 7 | 10 | 9 |

**解** 按上述步骤 1，将这个系数矩阵进行变换。

$$
\begin{bmatrix}
12 & 7 & 9 & 7 & 9 \\
8 & 9 & 6 & 6 & 6 \\
7 & 17 & 12 & 14 & 9 \\
15 & 14 & 6 & 6 & 10 \\
4 & 10 & 7 & 10 & 9
\end{bmatrix}
\begin{matrix}
7 \\ 6 \\ 7 \\ 6 \\ 4
\end{matrix}
\rightarrow
\begin{bmatrix}
5 & 0 & 2 & 0 & 2 \\
2 & 3 & 0 & 0 & 0 \\
0 & 10 & 5 & 7 & 2 \\
9 & 8 & 0 & 0 & 4 \\
0 & 6 & 3 & 6 & 5
\end{bmatrix}
$$

按步骤 2，得到：

$$
\begin{bmatrix}
5 & \odot & 2 & \varnothing & 2 \\
2 & 3 & \varnothing & \odot & \varnothing \\
\odot & 10 & 5 & 7 & 2 \\
9 & 8 & \odot & \varnothing & 4 \\
\varnothing & 6 & 3 & 6 & 5
\end{bmatrix}
$$

其中，$\odot$ 的个数 $m = 4$，而 $n = 5$；解题没有完成，应按以下步骤继续进行。

步骤 3：作最少的直线覆盖所有 0 元素，以确定该系数矩阵中能找到最多的独立元素数。为此按以下步骤进行。

(1) 对没有 $\odot$ 的行打 $\sqrt{}$ 号。

(2) 对已打 $\sqrt{}$ 号的行中所有含 $\odot$ 元素的列打 $\sqrt{}$ 号。

(3) 对打有 $\sqrt{}$ 号的列中含 $\odot$ 元素的行打 $\sqrt{}$ 号。

(4) 重复步骤 (2)，(3) 直到得不出新的打 $\sqrt{}$ 号的行、列。

(5) 对没有打 $\sqrt{}$ 号的行画一横线，已打 $\sqrt{}$ 号的列画一纵线，这就得到覆盖所有 0 元素的最少直线数。

令这个直线数为 $l$。若 $l < n$，说明必须再变换当前的系数矩阵，才能找到 $n$ 个独立的 0 元素，为此转步骤 4；若 $l = n$，而 $m < n$，应回到步骤 3(4)，另行试探。

在例 3.8 中，对矩阵按以下次序进行：先在第五行旁打 $\sqrt{}$ 号，接着在第一列打 $\sqrt{}$ 号，最后在第三列旁打 $\sqrt{}$ 号。经检查不能再打 $\sqrt{}$ 号了。对没有打 $\sqrt{}$ 的行，画一直线以覆盖 0 元素，已打 $\sqrt{}$ 的列画一直线以覆盖 0 元素。得

$$
\begin{bmatrix}
5 & \odot & 2 & \varnothing & 2 \\
2 & 3 & \varnothing & \odot & \varnothing \\
\odot & 10 & 5 & 7 & 2 \\
9 & 8 & \odot & \varnothing & 4 \\
\varnothing & 6 & 3 & 6 & 5
\end{bmatrix}
\begin{matrix}
\\ \\ \sqrt{} \\ \\ \sqrt{}
\end{matrix}
$$

由此可见 $l = 4 < n$。所以应继续对矩阵进行变换，转步骤 4。

步骤 4：该步进行矩阵变换的目的是增加 0 元素。在没有被直线覆盖的部分找出最小元素。然后在打 $\sqrt{}$ 行各元素中都减去这个最小元素，而在打 $\sqrt{}$ 列的各元素中都加上这个最小元素，以保证原来 0 元素不变。这样得到新系数矩阵 (它的最优解和原问题相同)。若得到 $n$ 个独立的 0 元素，则已得最优解，否则回到步骤 3 重复进行。

在没有被覆盖部分 (第 3、5 行) 中找出最小元素为 2，然后在第 3、5 行各元素分别减 2，给第一列各元素加 2，得到新矩阵。按步骤 2，找出所有独立的 0 元素，得到：

$$\begin{bmatrix} 7 & 0 & 2 & 0 & 2 \\ 4 & 3 & 0 & 0 & 0 \\ 0 & 8 & 3 & 5 & 0 \\ 11 & 8 & 0 & 0 & 4 \\ 0 & 4 & 1 & 4 & 3 \end{bmatrix}$$

$$\begin{bmatrix} 7 & ⊙ & 2 & ∅ & 2 \\ 4 & 3 & ∅ & ⊙ & ∅ \\ ∅ & 8 & 3 & 5 & ⊙ \\ 11 & 8 & ⊙ & ∅ & 4 \\ ⊙ & 4 & 1 & 4 & 3 \end{bmatrix}$$

它具有 5 个独立的 0 元素。这就得到了最优解，相应的解矩阵为

$$\begin{bmatrix} 0 & 1 & 0 & 0 & 0 \\ 0 & 0 & 0 & 1 & 0 \\ 0 & 0 & 0 & 0 & 1 \\ 0 & 0 & 1 & 0 & 0 \\ 1 & 0 & 0 & 0 & 0 \end{bmatrix}$$

由解矩阵得最优指派方案：甲—B，乙—D，丙—E，丁—C，戊—A。本例还可以得到另一最优指派方案：甲—B，乙—C，丙—E，丁—D，戊—A。所需总时间为 $\min z = 32$。

当指派问题的系数矩阵，经过变换得到了同行和同列中都有两个或两个以上 0 元素时，可以任选一行 (列) 中某一个 0 元素，再划去同行 (列) 的其他 0 元素。这时会出现多重解。

下面讨论几种特殊的情况，经过适当变换后，即可以采用匈牙利法求解。

(1) 目标函数求极大化的问题。对例 3.7，若系数矩阵中各元素 $c_{ij}$ 为翻译人员从事某种语言翻译工作后所得到的收益，要求一种指派，使翻译人员的收益最大，即求 $\max z = \sum_i \sum_j c_{ij} x_{ij}$，可令 $b_{ij} = M - c_{ij}$，其中 $M$ 是足够大的常数 (如选 $c_{ij}$ 中最大元素为 $M$)，这时系数矩阵可变换为 $B = (b_{ij})$，$b_{ij} \geqslant 0$，符合匈牙利法的条件。

目标函数经变换后，即解 $\min z' = \sum_i \sum_j b_{ij} x_{ij}$，所得最小解就是原问题最大解，因为：

$$\sum_i \sum_j b_{ij} x_{ij} = \sum_i \sum_j (M - c_{ij}) x_{ij} = \sum_i \sum_j M x_{ij} - \sum_i \sum_j c_{ij} x_{ij} = nM - \sum_i \sum_j c_{ij} x_{ij}.$$

因为 $nM$ 为常数，所以当 $\sum_i \sum_j b_{ij} x_{ij}$ 取最小时，$\sum_i \sum_j c_{ij} x_{ij}$ 即为最大。

(2) 任务数 $m$ 与工作人员数 $n$ 不等。当 $m > n$ 时，可设 "虚拟工作人员"，虚拟工作人员从事各项任务的效率为 0，分配给虚拟工作人员的工作实际上无法安排；当 $m < n$

时，可设"虚拟工作"，各工作人员从事虚拟工作的效率为 0，被指派做虚拟工作的人的状态，实际是休息状态。此时，问题即可得到转化。

若例 3.7 中，只有甲乙丙三个工作人员，则转化的矩阵为表 3.8；若原四个工作人员只需要完成 EJG 三项工作，则转化的矩阵为表 3.9。

<table>
<tr><td colspan="5" align="center">表 3.8　转化矩阵表（一）</td></tr>
<tr><td>人员</td><td>E</td><td>J</td><td>G</td><td>R</td></tr>
<tr><td>甲</td><td>2</td><td>15</td><td>13</td><td>4</td></tr>
<tr><td>乙</td><td>10</td><td>4</td><td>14</td><td>15</td></tr>
<tr><td>丙</td><td>9</td><td>14</td><td>16</td><td>13</td></tr>
<tr><td>虚拟工作人员</td><td>0</td><td>0</td><td>0</td><td>0</td></tr>
</table>

<table>
<tr><td colspan="5" align="center">表 3.9　转化矩阵表（二）</td></tr>
<tr><td>人员</td><td>E</td><td>J</td><td>G</td><td>虚拟工作</td></tr>
<tr><td>甲</td><td>2</td><td>15</td><td>13</td><td>0</td></tr>
<tr><td>乙</td><td>10</td><td>4</td><td>14</td><td>0</td></tr>
<tr><td>丙</td><td>9</td><td>14</td><td>16</td><td>0</td></tr>
<tr><td>丁</td><td>7</td><td>8</td><td>11</td><td>0</td></tr>
</table>

(3) 不平衡指派问题的扩展。三个工人从事四项工作，某一工人从事二项工作，求花费时间最少的指派。先不考虑"某一工人从事二项工作"，则增加虚拟工作人员，得到最优指派后，剩余工作必定由三人中完成该项任务花费时间最少的来从事。因此，基于此，可设"虚拟工作人员"，与 (2) 不同的是，该虚拟工作人员完成任务的时间花费等于各项任务中三人的最少花费时间，由该问题即得到表 3.10。用匈牙利法求解该问题，若虚拟工作人员从事 G 工作，则表明第四项工作由甲完成；若虚拟工作人员从事 J 工作，则表明第四项工作由乙完成。

表 3.10　不平衡指派问题扩展表

| 人员 | E | J | G | R |
|---|---|---|---|---|
| 甲 | 2 | 15 | 13 | 4 |
| 乙 | 10 | 4 | 14 | 15 |
| 丙 | 9 | 14 | 16 | 13 |
| 虚拟工作人员 | 2 | 4 | 13 | 4 |

在不平衡指派问题中，在工人数大于工作数的情况下，则增加虚拟工作，某人必须被指派工作。该人从事虚拟工作的时间花费为 $M$，表示工作花费时间无穷大，其余人从事该虚拟工作的时间花费为 0。工人不能得到指派时存在一定赔偿损失费，将各人得到的赔偿损失费作为从事该虚拟工作的时间花费。

当工作数大于工人数时，增加虚拟工作人员：若某项工作必须完成，则该虚拟工作人员从事必须完成工作的时间花费为 $M$，表示该项工作不得由虚拟工作人员从事，虚拟工作人员从事其他工作的时间花费为 0；若工作不能完成时存在惩罚损失费，则直接将惩罚损失费作为虚拟工作人员从事各项工作的时间；若某人不能完成某项工作，则在系数矩阵中，相应位置处填入 $M$。

## 3.3　案例分析

### 3.3.1　分销中心选址问题

A 公司在 $D_1$ 处经营一家年生产量为 30 万件产品的工厂，产品被运输到位于 $M_1$、$M_2$、$M_3$ 的地区分销中心。由于预期将有需求增长，该公司计划在 $D_2$，$D_3$，$D_4$，$D_5$ 中的一个或多个城市建新工厂以增加生产能力，根据调查，被提议四个城市中建立工厂的固定成本和年生产能力如表 3.11 所示。

表 3.11　四个城市中建立工厂的固定成本和年生产能力

| 目标工厂 | 固定成本/万元 | 年生产能力/万件 |
|---|---|---|
| $D_2$ | 17.5 | 10 |
| $D_3$ | 30.0 | 20 |
| $D_4$ | 37.50 | 30 |
| $D_5$ | 50.0 | 40 |

该公司对 3 个地区分销中心的年需求量预测见表 3.12。

表 3.12　年需求量预测

| 分销中心 | 年需求量/万件 |
|---|---|
| $M_1$ | 30 |
| $M_2$ | 20 |
| $M_3$ | 20 |

根据估计，每件产品从每个工厂到各分销中心的运费见表 3.13。

表 3.13　每件产品从每个工厂到各分销中心的运费　　　　(单位：万元)

| | $M_1$ | $M_2$ | $M_3$ |
|---|---|---|---|
| $D_1$ | 5 | 2 | 3 |
| $D_2$ | 4 | 3 | 4 |
| $D_3$ | 9 | 7 | 5 |
| $D_4$ | 10 | 4 | 2 |
| $D_5$ | 8 | 4 | 3 |

请问：公司是否需要在四个地区中建厂，若建厂后，各工厂到各分销中心如何配送调运？

**解**　引入 0-1 变量表示在 $D_i$ 处是否建立工厂，$y_i = \begin{cases} 1, & D_i \text{处建立工厂}, \\ 0, & D_i \text{处不建立工厂}, \end{cases}$ $i = 2, 3, 4,$
5. 设 $x_{ij}, i = 1, 2, 3, 4, 5, j = 1, 2, 3$ 表示从每个工厂到分销中心的运输量 (单位：万件)。年运输成本和经营新厂的固定成本之和为：$17.5y_2 + 30y_3 + 37.5y_4 + 50y_5 + \sum\limits_{j=1}^{3}\sum\limits_{i=1}^{5} c_{ij}x_{ij}$，$c_{ij}$ 表示从工厂 $i$ 到分销中心 $j$ 的单位运费；考虑被提议工厂的生产能力约束条件，以 $D_2$ 为例，有
$\sum\limits_{j=1}^{3} x_{2j} \leqslant 10y_2$，其余类似；考虑分销中心的需求量约束条件，以 $M_1$ 为例，有 $\sum\limits_{i=1}^{5} x_{i1} = 30$，
其余类似。因此，有整数规划模型：

$$\min Z = 17.5y_2 + 30y_3 + 37.5y_4 + 50y_5 + \sum_{j=1}^{3}\sum_{i=1}^{5} c_{ij}x_{ij}$$

$$\text{s.t.} \begin{cases} \sum_{j=1}^{3} x_{2j} \leqslant 10y_2, \sum_{j=1}^{3} x_{3j} \leqslant 20y_3, \sum_{j=1}^{3} x_{4j} \leqslant 30y_4 \\ \sum_{j=1}^{3} x_{5j} \leqslant 40y_5, \sum_{i=1}^{5} x_{i1} = 30 \\ \sum_{i=1}^{5} x_{i2} = 20, \sum_{i=1}^{5} x_{i3} = 20 \\ y_i = 0 \text{ 或 } 1, i = 2,3,4,5 \\ x_{ij} \geqslant 0, i = 1,2,3,4,5; j = 1,2,3 \end{cases}$$

利用 Excel 求解得到：$y_2 = 1, y_4 = 1; x_{11} = 20, x_{12} = 10, x_{21} = 10, x_{42} = 10, x_{43} = 20$，总费用为 295 万元。结果表明，在 $D_2$ 和 $D_4$ 处建立分厂，从 $D_1$ 处运输给 $M_1$ 为 20 万件，从 $D_1$ 处运给 $M_2$ 为 10 万件；从 $D_2$ 处运输给 $M_1$ 为 10 万件；从 $D_4$ 处运输给 $M_2$ 为 10 万件；从 $D_4$ 处运输给 $M_3$ 为 20 万件。实际上，这一模型可以应用于含有工厂和仓库间，工厂与零售店之间的直接运输和产品分配系统。利用 0-1 变量的性质，还可以多种厂址的配置约束，例如，由于 $D_1$ 和 $D_4$ 两地距离较近，公司不愿意同时在这两地建厂等。

### 3.3.2　航线的优化安排问题

总部设在 H 市的 A 航空公司拥有 J1 型飞机 3 架、J2 型飞机 8 架和 J3 型飞机 2 架，飞往 A、B、C、D 四个城市，如图 3.2 所示。

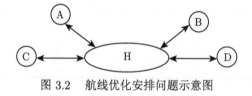

图 3.2　航线优化安排问题示意图

通过收集相关数据，得到不同类型飞机由 H 市飞往各个城市的往返费用、往返飞行时间等数据如表 3.14 所示。

假定每架飞机每天的最大飞行时间为 18 小时，城市 A 为每天 8 班，城市 B 为每天 11 班，城市 C 为每天 10 班，城市 D 为每天 6 班。管理层希望合理安排飞行使得总费用最低。

**解**　用 $i = 1,2,3$ 分别表示 3 种类型飞机，$j = 1,2,3,4$ 分别代表 A、B、C、D 四个城市，引入决策变量 $x_{ij}$ 表示安排第 $i$ 种飞机飞往城市 $j$ 的次数 $(i = 1,2,3; j = 1,2,3,4)$，有如下约束。

(1) 城市飞行班次约束

城市 A　　　　　　　　$x_{11} + x_{21} + x_{31} = 8$

城市 B　　　　　　　　$x_{12} + x_{22} + x_{32} = 11$

城市 C $\qquad$ $x_{13} + x_{23} + x_{33} = 10$

城市 D $\qquad$ $x_{14} + x_{34} = 6$

注意:由于 J2 型飞机飞往城市 D 需要 20 小时,超过 18 小时的最低要求,所以 $x_{24} = 0$。

表 3.14 不同类型飞机数据

| 飞机类型 | 飞往城市 | 飞行总费用/万元 | 飞行时间/小时 |
|---|---|---|---|
| J1 | A | 6 | 2 |
| | B | 7 | 4 |
| | C | 8 | 5 |
| | D | 10 | 10 |
| J2 | A | 1 | 1 |
| | B | 2 | 4 |
| | C | 4 | 8 |
| | D | — | 20 |
| J3 | A | 2 | 2 |
| | B | 3.5 | 2 |
| | C | 6 | 6 |
| | D | 10 | 12 |

(2) 每种飞机飞行时间约束

J1 型 $\qquad$ $2x_{11} + 4x_{12} + 5x_{13} + 10x_{14} \leqslant 3 \times 18$

J2 型 $\qquad$ $x_{21} + 4x_{22} + 8x_{23} \leqslant 8 \times 18$

J3 型 $\qquad$ $2x_{31} + 2x_{32} + 6x_{33} + 12x_{34} \leqslant 2 \times 18$

(3) 变量非负约束

$$x_{ij} \geqslant 0, i = 1, 2, 3; j = 1, 2, 3, 4$$

目标函数为飞行总费用最小化:

$$Z = 6x_{11} + 7x_{12} + 8x_{13} + 10x_{14} + x_{21} + 2x_{22} + 4x_{23} + 2x_{31} + 3.5x_{32} + 6x_{33} + 10x_{34}$$

因此,该线性规划模型为

$$\min Z = 6x_{11} + 7x_{12} + 8x_{13} + 10x_{14} + x_{21} + 2x_{22} + 4x_{23} + 2x_{31} + 3.5x_{32} + 6x_{33} + 10x_{34}$$

$$\text{s.t.} \begin{cases} x_{11} + x_{21} + x_{31} = 8 \\ x_{12} + x_{22} + x_{32} = 11 \\ x_{13} + x_{23} + x_{33} = 10 \\ x_{14} + x_{34} = 6 \\ 2x_{11} + 4x_{12} + 5x_{13} + 10x_{14} \leqslant 54 \\ x_{21} + 4x_{22} + 8x_{23} \leqslant 144 \\ 2x_{31} + 2x_{32} + 6x_{33} + 12x_{34} \leqslant 36 \\ x_{ij} \geqslant 0, i = 1, 2, 3; j = 1, 2, 3, 4; x_{ij} \text{为整数} \end{cases}$$

利用 Excel 求解得到：$x_{14} = 5; x_{21} = 8; x_{22} = 11; x_{23} = 10; x_{34} = 1$，最低的飞行费用为 130 万元。

### 3.3.3 投资项目选择问题

某投资公司目前正在制定一个从 2015 年到 2019 年的 5 年投资计划，根据公司资金的条件，在未来 5 年中，每年初可以使用的投资额度分别是 150 万元、180 万元、200 万元、230 万元和 240 万元，合计 1000 万元。经过对不同项目的考察，公司确定了 10 个 5 年期的投资项目以供选择。这些项目需要投资公司在未来 5 年中每年年初按照合同规定进行投资，并且每个项目的投资回报是按照合同协商的回报率，根据投资总额度在最后一年年末一次性支付。公司备选项目及投资、收益详情见表 3.15，该投资公司应如何选择项目以获取最大收益。

表 3.15    备选项目投资详表

| 年度 | 项目年度所需投资额/万元 | | | | | | | | | | 年度公司投资 |
| | 1 | 2 | 3 | 4 | 5 | 6 | 7 | 8 | 9 | 10 | 限额/万元 |
|---|---|---|---|---|---|---|---|---|---|---|---|
| 2015 | 34 | 18 | 26 | 11 | 52 | 43 | 26 | 38 | 71 | 38 | 150 |
| 2016 | 36 | 26 | 34 | 32 | 52 | 35 | 48 | 9 | 71 | 43 | 180 |
| 2017 | 39 | 42 | 46 | 45 | 52 | 32 | 26 | 24 | 71 | 52 | 200 |
| 2018 | 41 | 53 | 54 | 56 | 52 | 26 | 48 | 19 | 71 | 64 | 230 |
| 2019 | 45 | 68 | 58 | 87 | 52 | 14 | 26 | 35 | 71 | 72 | 240 |
| 各项目总投资 | 195 | 207 | 218 | 231 | 260 | 150 | 174 | 125 | 355 | 269 | |
| 回报率 | 0.1 | 0.16 | 0.08 | 0.12 | 0.25 | 0.11 | 0.14 | 0.15 | 0.2 | 0.18 | |

**解**    由于 10 个项目均是盈利项目，但由于公司资金额度的限制，不能投资全部项目，所以公司希望能够充分利用已有的 1000 万元资金，正确选择投资项目，使得投资能够获得最大收益，即在第 5 年末取得所确定注资项目的投资回报总和的最大值。因此该问题应主要解决如何选择所投资项目，而对于项目的投资决策只能有两种可能——是或否，因此该问题的决策变量可以假设为 10 个 0-1 变量，此时投资公司的 5 年投资规划可以看作一个背包问题，投资公司的背包容量即为投资限额 1000 万元。在投资过程中，每年的投资总额应该不能超过注资总额，所以又把上面的背包问题化为 5 个小背包问题，在满足了每一年的小背包限制后，投资总额的大背包问题也一定不会超过总容量，根据上述分析，引入 0-1 变量 $x_i$ 表示在投资第 $i$ 个项目，

$$x_i = \begin{cases} 1, & 投资第 \ i \ 个项目, \\ 0, & 不投资第 \ i \ 个项目, \end{cases} \quad i = 1, 2, \cdots, 10$$

该投资问题可有整数规划模型：

$$\max Z = 19.5x_1 + 33.12x_2 + 17.44x_3 + 27.72x_4 + 65x_5 + 16.5x_6 + 24.36x_7$$
$$+ 18.75x_8 + 71x_9 + 48.42x_{10}$$

$$\text{s.t.} \begin{cases} 34x_1 + 18x_2 + 26x_3 + 11x_4 + 52x_5 + 43x_6 + 26x_7 + 38x_8 + 71x_9 + 38x_{10} \leqslant 150 \\ 36x_1 + 26x_2 + 34x_3 + 32x_4 + 52x_5 + 35x_6 + 48x_7 + 9x_8 + 71x_9 + 43x_{10} \leqslant 180 \\ 39x_1 + 42x_2 + 46x_3 + 45x_4 + 52x_5 + 32x_6 + 26x_7 + 24x_8 + 71x_9 + 52x_{10} \leqslant 200 \\ 41x_1 + 53x_2 + 54x_3 + 56x_4 + 52x_5 + 26x_6 + 48x_7 + 19x_8 + 71x_9 + 64x_{10} \leqslant 230 \\ 45x_1 + 68x_2 + 58x_3 + 87x_4 + 52x_5 + 14x_6 + 26x_7 + 35x_8 + 71x_9 + 72x_{10} \leqslant 240 \\ x_i = 0 \text{ 或 } 1, \quad i = 1, 2, \cdots, 10 \end{cases}$$

利用 Excel 求解可以得到 $x_i = 1, i = 2, 5, 7, 10, x_j = 0, j = 1, 3, 4, 6, 8, 9$，即该公司应当投资第 2、5、7、10 个项目，实际总投资为 910 万元，五年后回报总额为 170.9 万元。

### 3.3.4 值班人员安排问题

某部门计划购买一台设备，设备运行期间需要人员监测，目前部门有 4 名工人和 2 名工程师可以胜任该工作，但由于这些工人和工程师现在已承担其他工作，所以只能根据他们的时间安排加班，该设备计划周一到周五上午 8 点至晚上 10 点运行，并且运行期间需要并只需一人值班。要求每名工人每周值班不少于 8 小时，工程师不少于 7 小时，每次值班不少于 2 小时，每天安排值班的人不超过 3 人，并且必须有一名工程师，由于工作强度的原因，每人每周值班不能超过 3 次。每人每天可以安排的值班时间和加班工资如表 3.16 所示。

表 3.16　每人每天可以安排的值班时间和加班工资表

| 人员 | 加班工资/ (元/小时) | 每人每天可以安排时间/小时 | | | | |
|---|---|---|---|---|---|---|
| | | 星期一 | 星期二 | 星期三 | 星期四 | 星期五 |
| 工人甲 | 18 | 6 | 0 | 6 | 0 | 7 |
| 工人乙 | 18 | 0 | 6 | 0 | 6 | 0 |
| 工人丙 | 16 | 4 | 8 | 3 | 0 | 5 |
| 工人丁 | 17 | 5 | 5 | 6 | 0 | 4 |
| 工程师甲 | 26 | 3 | 0 | 4 | 8 | 0 |
| 工程师乙 | 28 | 0 | 6 | 0 | 6 | 3 |

根据表 3.16 的数据，为该部门安排一张人员值班表，使得总支付的工资最少。

**解**　用 $i = 1, 2, 3, 4$ 分别表示工人甲、乙、丙、丁，$i = 5, 6$ 分别表示工程师甲、乙，$j = 1, 2, 3, 4, 5$ 表示周一至周五，令 $x_{ij}$ 表示值班人员在星期 $j$ 的值班时间，同时引入 0-1 变量

$$y_{ij} = \begin{cases} 1, & \text{安排 } i \text{ 在周 } j \text{ 值班} \\ 0, & \text{不安排 } i \text{ 在周 } j \text{ 值班} \end{cases}$$

根据要求有如下约束：

(1) 每次值班时间不少于 2 小时，并不能超过当天值班人员的可安排时间

$$2y_{ij} \leqslant x_{ij} \leqslant a_{ij} y_{ij}, \quad i = 1, 2, \cdots, 6; j = 1, 2, \cdots, 5, a_{ij} \text{表示各人每天可安排时间}$$

(2) 工人每周值班不少于 8 小时

$$\sum_{j=1}^{5} x_{ij} \geqslant 8, \quad i = 1, 2, 3, 4$$

(3) 工程师每周值班不少 7 小时

$$\sum_{j=1}^{5} x_{ij} \geqslant 7, \quad i = 5, 6$$

(4) 设备每天运行时间从上午 8 点至晚上 10 点，共 14 小时

$$\sum_{i=1}^{6} x_{ij} = 14, \quad j = 1, 2, \cdots, 5$$

(5) 每人每周值班不超过 3 次

$$\sum_{j=1}^{5} y_{ij} \leqslant 3, \quad i = 1, 2, \cdots, 6$$

(6) 每天值班不超过 3 人

$$\sum_{i=1}^{6} y_{ij} \leqslant 3, \quad j = 1, 2, \cdots, 5$$

(7) 每天至少有一名工程师值班

$$y_{5j} + y_{6j} \geqslant 1, \quad j = 1, 2, \cdots, 5$$

变量非负约束

$$x_{ij} \geqslant 0, \ y_{ij} = 0 \text{ 或 } 1, i = 1, 2, \cdots, 6; j = 1, 2, \cdots, 5$$

目标函数为总支付工资最少：

$$\min z = \sum_{i=1}^{6} \sum_{j=1}^{5} c_{ij} x_{ij}$$

因此，该问题的线性规划问题为

$$\min \ z = \sum_{i=1}^{6}\sum_{j=1}^{5} c_{ij}x_{ij}$$

$$\text{s.t.}\begin{cases} 2y_{ij} \leqslant x_{ij} \leqslant a_{ij}y_{ij}, \quad i=1,2,\cdots,6; j=1,2,\cdots,5, a_{ij}\text{表示各人每天可安排时间} \\[2mm] \displaystyle\sum_{j=1}^{5} x_{ij} \geqslant 8, \quad i=1,2,3,4 \\[2mm] \displaystyle\sum_{j=1}^{5} x_{ij} \geqslant 7, \quad i=5,6 \\[2mm] \displaystyle\sum_{i=1}^{6} x_{ij} = 14, \quad j=1,2,\cdots,5 \\[2mm] \displaystyle\sum_{j=1}^{5} y_{ij} \leqslant 3, \quad i=1,2,\cdots,6 \\[2mm] \displaystyle\sum_{i=1}^{6} y_{ij} \leqslant 3, \quad j=1,2,\cdots,5 \\[2mm] y_{5j} + y_{6j} \geqslant 1, \quad j=1,2,\cdots,5 \\[2mm] x_{ij} \geqslant 0, \ y_{ij}=0\text{或}1, \quad i=1,2,\cdots,6; j=1,2,\cdots,5 \end{cases}$$

利用 Excel 求解可以得到值班安排表 3.17。

表 3.17　值班安排表

| 人员 | 加班工资 /(元/小时) | 每人每天可以安排时间/小时 | | | | | 各人周工资/元 |
| --- | --- | --- | --- | --- | --- | --- | --- |
| | | 星期一 | 星期二 | 星期三 | 星期四 | 星期五 | |
| 工人甲 | 18 | 6 | 0 | 6 | 0 | 7 | 342 |
| 工人乙 | 18 | 0 | 4 | 0 | 6 | 0 | 180 |
| 工人丙 | 16 | 0 | 8 | 0 | 0 | 5 | 208 |
| 工人丁 | 17 | 5 | 0 | 6 | 0 | 0 | 187 |
| 工程师甲 | 26 | 3 | 0 | 2 | 5 | 0 | 260 |
| 工程师乙 | 28 | 0 | 2 | 0 | 3 | 2 | 196 |
| 值班日工资/元 | | 271 | 256 | 262 | 322 | 262 | Σ = 1373 |

最低运行该设备所需的工资为 1373 元。

# 习　题　3

1. 某公司考虑在北京、上海、广州和武汉四个城市设立库房，这些库房负责向华北、华中和华南三个地区供货，每个库房每月可处理货物 1000 件。在北京设立库房的每月成本为 4.5 万元，上海为 5 万元，广州为 7 万元，武汉为 4 万元。每个地区的月平均需求量为：华北月需求 500 件，华中为 800 件，华南为 700 件。发运货物的费用如表 3.18 所示，公司希望在满足地区需求条件下使月平均成本最小，且满足以下条件：若在上海设立库房，则必须在武汉设立库房；最多设立两个库房；武汉和广州不能同时设立库房。试建立一个满足上述要求的整数规划模型，并求出最优解。

表 3.18　　发运货物的费用　　　　　　　　　　（单位：元/件）

|  | 华北 | 华中 | 华南 |
|---|---|---|---|
| 北京 | 200 | 400 | 500 |
| 上海 | 300 | 250 | 400 |
| 广州 | 600 | 350 | 300 |
| 武汉 | 350 | 150 | 350 |

2. 某地准备投资 $D$ 元建民用住宅，可以建宅的地点有 $A_i, i = 1, 2, \cdots, n$ 处，在 $A_i$ 处的造价为 $d_i$，最多可建 $a_i$ 幢。问应当在哪几处建宅，分别建几幢，才能使建造的住宅总数最多。试建立问题的数学规划模型。

3. 一个旅行者要在其背包中装一些最有用的旅行物品，背包的体积为 $a$，可携带的物品重量为 $b$，现有 10 件物品，第 $i(i = 1, 2, \cdots, 10)$ 件物品的体积为 $a_i$，重量为 $b_i$，价值为 $c_i$。每件物品只能整件装入，不考虑物品放入背包中相互间隙，问旅行者应携带哪几种物品，才能使携带的物品总价值最大。

4. 某公司制造大、中、小三种尺寸的金属容器，所需资源为金属板、劳动力及机器设备，制造一个容器所需的各种资源如表 3.19 所示。每种容器售出的利润分别为 4 万元、5 万元和 6 万元，可使用的金属板有 500 吨，劳动力有 300 人/月，设备 100 台/月。不管每种容器制造的数量是多少，需要支付一笔固定的费用，小号为 100 万元，中号为 150 万元，大号为 200 万元。现要制订一个生产计划，使获得的利润最大。

表 3.19　　制造容器所需的各种资源

|  | 金属板/吨 | 劳动力/(人/月) | 机器设备/(台/月) | 利润/万元 |
|---|---|---|---|---|
| 小号容器 | 2 | 2 | 1 | 4 |
| 中号容器 | 4 | 3 | 2 | 5 |
| 大号容器 | 8 | 4 | 3 | 6 |
| 资源量 | 500 | 300 | 100 |  |

5. 旅行商问题。某商人从某一城市出发，到其他 $n$ 个城市去推销商品，规定每个城市均需达到且只能到达一次，然后回到原出发城市，已知城市 $i, j$ 之间的距离为 $d_{ij}$，问商人应该选择一条什么样的路线旅行，使总的行走路程最短，请建立数学模型。

6. 用分支定界算法求解下列问题：

(1) $\max z = x_1 + x_2$

s.t. $\begin{cases} 2x_1 + x_2 \leqslant 6 \\ 4x_1 + 5x_2 \leqslant 20 \\ x_1, x_2 \geqslant 0, \text{且为整数} \end{cases}$

(2) $\max z = 2x_1 + x_2$

s.t. $\begin{cases} x_1 + x_2 \leqslant 5 \\ -x_1 + x_2 \leqslant 0 \\ 6x_1 + 2x_2 \leqslant 21 \\ x_1, x_2 \geqslant 0, \text{且为整数} \end{cases}$

7. 用割平面法求解下列整数规划问题：

(1) $\max z = 3x_1 + 2x_2$

s.t. $\begin{cases} 2x_1 + 3x_2 \leqslant 14 \\ 2x_1 + x_2 \leqslant 9 \\ x_1, x_2 \geqslant 0, \text{且为整数} \end{cases}$

(2) $\max z = 7x_1 + 9x_2$

s.t. $\begin{cases} -x_1 + 3x_2 \leqslant 6 \\ 7x_1 + x_2 \leqslant 35 \\ x_1, x_2 \geqslant 0, \text{且为整数} \end{cases}$

8. 用隐枚举法求解下列 0-1 整数规划：

(1) $\max z = 3x_1 + x_2 - x_3$

s.t. $\begin{cases} x_1 + 3x_2 + x_3 \leqslant 2 \\ 4x_2 + x_3 \leqslant 5 \\ x_1 + 2x_2 - x_3 \leqslant 2 \\ x_1, x_2, x_3 = 0\text{或}1 \end{cases}$

(2) $\min z = 6x_1 + 2x_2 + x_3 + 2x_4$

s.t. $\begin{cases} -4x_1 + x_2 + x_3 + x_4 \geqslant 0 \\ -2x_1 + 4x_2 + 2x_3 + 4x_4 \geqslant 4 \\ x_1 + x_2 - x_3 + x_4 \geqslant 1 \\ x_1, x_2, x_3, x_4 = 0\text{或}1 \end{cases}$

9. 用匈牙利法求解系数矩阵如下的指派问题:

$$(1) \begin{bmatrix} 15 & 18 & 21 & 24 \\ 19 & 23 & 22 & 18 \\ 26 & 17 & 16 & 19 \\ 19 & 21 & 23 & 17 \end{bmatrix} \qquad (2) \begin{bmatrix} 3 & 8 & 2 & 10 & 3 \\ 8 & 7 & 2 & 9 & 7 \\ 6 & 4 & 2 & 7 & 5 \\ 8 & 4 & 2 & 3 & 5 \\ 9 & 10 & 6 & 9 & 10 \end{bmatrix}$$

10. 学生 A、B、C、D 的各门成绩如表 3.20 所示, 现将此 4 名学生派去参加各门课的单项竞赛, 竞赛同时进行, 每人只能参加一项。如以他们的成绩作为选拔的标准, 应如何分配最为有利?

表 3.20　各学生的各门成绩

| 学生 | 数学 | 物理 | 化学 | 外语 |
| --- | --- | --- | --- | --- |
| A | 89 | 92 | 68 | 81 |
| B | 87 | 88 | 65 | 78 |
| C | 95 | 90 | 85 | 72 |
| D | 76 | 78 | 89 | 96 |

# 第 4 章　动 态 规 划

动态规划 (dynamic programming) 是求解多阶段决策问题的一种最优化方法。20 世纪 50 年代初，美国数学家贝尔曼 (Bellman) 等在研究多阶段决策过程 (multiple step decision process) 的优化问题时，提出了著名的最优性原理 (principle of optimality)，即把多阶段决策过程转化为一系列单阶段问题，逐个求解，创立了解决这类多阶段优化问题的新方法，即动态规划。1957 年贝尔曼出版了他的专著《动态规划》，这是该领域的第一本著作。

动态规划问世以来，在经济管理、生产调度、工程技术、博弈论和最优控制等方面得到了广泛的应用。例如，最短路线、库存管理、资源分配、设备更新、排序、装载等问题，用动态规划方法比用其他方法求解更为方便。

虽然动态规划主要用于求解以时间划分阶段的动态过程的优化问题，但是一些与时间无关的静态规划 (如线性规划、非线性规划)，其本质是一个多阶段决策问题，可以人为地引进时间因素，把它视为多阶段决策过程，也可以用动态规划方法方便地求解。

应指出，动态规划是求解某类问题的一种方法，是考察问题的一种途径，而不是一种特殊算法 (如线性规划是一种算法)。因而，它不像线性规划那样有一个标准的数学表达式和明确定义的一组规则，而必须对具体问题进行具体分析处理，面向特定问题，建立动态规划模型。因此，在学习时，除了要正确理解基本概念和方法，还应以丰富的想象力去建立模型，用创造性的技巧去求解问题，通过案例揣摩解题精髓。

动态规划模型可分为：离散确定型；连续确定型；离散随机型；连续随机型。其中，离散确定型是最基本的，本章主要针对这种类型的问题，介绍动态规划的基本思想、原理和方法。最后通过几个典型的动态规划模型来介绍它的应用。

## 4.1　多阶段决策过程与实例

动态规划是目前解决多阶段决策过程问题的基本方法之一。多阶段决策过程是指这样一类决策问题：它可以由问题的特性将整个决策过程按时间、空间等标志划分为若干个互相联系又互相区别的阶段。在每一个阶段都需要作出决策，从而使整个过程达到最好的效果。因此，各个阶段决策不是任意确定的，它依赖于当前面临的状态，又影响以后的发展，当各个阶段决策确定后，就组成了一个决策序列，因而也就决定了整个决策过程的一条活动路线，这样一个前后关联具有链状结构的多阶段决策过程就称为多阶段决策过程，也称为序贯决策过程或多阶段决策问题，如图 4.1 所示。

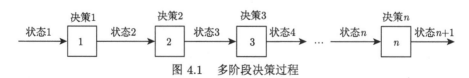

图 4.1　多阶段决策过程

在多阶段决策问题中，各个阶段采取的决策，一般来说是与时间有关的，决策依赖于当前的状态，又随即引起状态的转移，一个决策序列就是在变化的状态中产生出来的，故有 "动态" 的含义，因此处理这种问题的方法称为动态规划方法。

多阶段决策问题的例子很多，现举例如下。

**例 4.1** 最短路径问题。如图 4.2 所示，给定一个线路网络，两点之间连线上的数字表示两点间的距离 (或费用)。试求一条由 $A$ 到 $E$ 的线路，使总长度最小 (或总费用最小)。

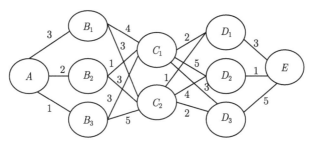

图 4.2 最短路径问题示意图

这是一个以空间位置为特征的多阶段决策问题。

**例 4.2** 生产与存储问题。工厂生产某种产品，每单位 (万件) 的成本为 1(万元)，每次开工的固定成本为 3(万元)，工厂每季度的最大生产能力为 6(万件)。经调查，市场对该产品的需求量第一、二、三、四季度分别为 2，3，2，4(万件)。如果工厂在第一、二季度将全年的需求都生产出来，自然可以降低成本 (少付固定成本费)，但是对于第三、四季度才能上市的产品需付存储费，每季每万件的存储费为 0.5(万元)。还规定年初和年末这种产品均无库存。试制订一个生产计划，即安排每个季度的产量，使一年的总费用 (生产成本和存储费) 最少。

显然，这是一个以时间为特征的多阶段决策问题。

例 4.1 是一个简单而又十分典型的多阶段决策问题。以它为例来说明动态规划求解的基本思想，并阐述它的特点、方法与基本概念。

从图 4.2 可以看出，从 $A$ 到 $E$ 一共有 $3 \times 2 \times 3 \times 1 = 18$ 条不同的线路，即 18 种不同的方案。显然其中必存在一条从全过程看效果最好的线路，称为最佳线路。从 $A$ 点到 $E$ 点可以分为 4 个阶段。从 $A$ 到 $B$ 为第一阶段，从 $B$ 到 $C$ 为第二阶段，从 $C$ 到 $D$ 为第三阶段，从 $D$ 到 $E$ 为第四阶段。设最佳线路第二、三、四阶段决策的结果是选择 $B_i(1 \leqslant i \leqslant 3)$，$C_j(1 \leqslant j \leqslant 2)$，$D_t(1 \leqslant t \leqslant 3)$(图 4.3)，则其中从第二阶段初始状态 $B_i$ 到 $E$ 点的路径也是从 $B_i$ 到 $E$ 点一切可能路径中的最佳路径，这个性质很容易用反证法证明。

设从 $B_i$ 到 $E$ 另有一条更短的路线 $B_i - C'_j - D'_t - E$。则用 $A - B_i$ 再加上这条路径就比 $A - B_i - C_j - D_t - E$ 更短。这与后者是一切路径中最短路径相矛盾。因此从 $B_i - C_j - D_t - E$ 也必是从 $B_i - E$ 一切路径中最短路径。显然这个性质不仅对 $B_i - E$ 是成立的，而且对最短路径中的任一个中间点都是成立的。因此，最佳路径中任一个状态 (中间点) 到最终状态 (最终点) 的路径也是该状态到最终状态一切可能路径中的最短路径。

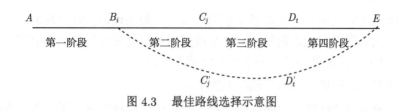

图 4.3 最佳路线选择示意图

利用这个性质，可以从最后一段开始，由终点向起点逐阶递推，寻求各点到终点的最短路径，当递推到起始点 $A$ 时，便是全过程的最短路径。这种由后向前逆向递推的方法正是动态规划中常用的逆序法 (逆向归纳法)。

## 4.2　动态规划的基本概念和递归方程

下面以例 4.1 为例，说明动态规划的基本概念。

### 1. 阶段

阶段 (step) 是对整个决策过程的自然划分。也就是将所给问题的过程，恰当地分成若干个相互联系的阶段。通常根据时间顺序或空间顺序的特征来划分阶段，以便按阶段的次序解多阶段最优化问题。描述阶段的变量称为阶段变量，常用 $k$ 表示。如例 4.1 可以分为 4 个阶段。

### 2. 状态

状态 (state) 表示每个阶段开始时决策过程所处的自然状况或客观条件。它应能描述过程的特征并且无后效性，即当某阶段的状态变量给定时，这个阶段以后过程的演变与该阶段以前各阶段的状态无关。通常要求状态是直接或间接可以观测的。在例 4.1 中，状态就是某阶段的出发位置，既是该阶段某路线的起点，又是前一阶段某条路线的终点。通常一个阶段有若干个状态，第一阶段有一个状态就是点 $A$，第二阶段有三个状态，即点集 $\{B_1, B_2, B_3\}$，一般第 $k$ 个阶段的状态就是第 $k$ 个阶段所有始点的集合。

描述状态的变量称为状态变量 (state variable)。状态变量允许取值的范围称为允许状态集合 (set of admissible states)。用 $x_k$ 表示第 $k$ 阶段的状态变量，它可以是一个数或一个向量。用 $X_k$ 表示第 $k$ 阶段的允许状态集合，有 $x_k \in X_k$。$n$ 个阶段的决策过程有 $n+1$ 个状态变量集，$x_{n+1}$ 表示 $x_n$ 演变的结果。根据过程演变的具体情况，状态变量可以是离散的或连续的。为了计算方便，有时将连续变量离散化；为了分析的方便有时又将离散变量视为连续的。状态变量简称为状态。

### 3. 决策

当一个阶段的状态确定时，可以作出各种选择从而演变到下一阶段的某个状态，这种选择过程称为决策 (decision)，在最优控制问题中也称为控制 (control)。描述决策的变量称为决策变量 (decision variable)，它可以是一个数或一个向量。决策变量允许取值的范围称为允许决策集合 (set of admissible decisions)。用 $u_k(x_k)$ 表示第 $k$ 阶段处于状态 $x_k$ 时的决策变量，它是 $x_k$ 的函数，用 $U_k(x_k)$ 表示 $x_k$ 的允许决策集合，决策过程就是选择 $u_k(x_k) \in U_k(x_k)$ 的过程。决策变量简称决策。

在例 4.1 第三阶段中，若从状态 $C_1$ 出发，就可以做出三种不同的选择，其允许决策集合 $\{D_1, D_2, D_3\}$，若选择 $D_2$，则 $D_2$ 是状态 $C_1$ 在决策 $u_3(C_1)$ 作用下的一个新的状态，记作 $u_3(C_1) = D_2$。

### 4. 策略

由所有各阶段的决策组成的决策函数序列称为全过程策略，简称为策略。由初始状态 $x_1$ 开始的全过程的策略记作 $p_{1n}(x_1)$，即

$$p_{1n}(x_1) = \{u_1(x_1), u_2(x_2), \cdots, u_n(x_n)\}$$

由第 $k$ 阶段的状态 $x_k$ 开始到终止状态的后部子过程的策略记作 $p_{kn}(x_k)$，即

$$p_{kn}(x_k) = \{u_k(x_k), \cdots, u_n(x_n)\}, \quad k = 1, 2, \cdots, n-1$$

类似地，由第 $k$ 到第 $j$ 阶段的子过程的策略记作：

$$p_{kj}(x_k) = \{u_k(x_k), \cdots, u_j(x_j)\}$$

可供选择的策略有一定的范围，称为允许策略集合，用 $P_{1n}(x_1), P_{kn}(x_k), P_{kj}(x_k)$ 表示。

### 5. 状态转移方程

状态转移方程是确定过程由一个状态到另一个状态的演变过程。在确定性决策过程中，一旦某阶段的状态和决策为已知，下一阶段的状态便完全确定，这个过程称为状态转移。若给定第 $k$ 阶段状态变量 $x_k$ 的值，如果该阶段的决策变量 $u_k(x_k)$ 确定，那么第 $k+1$ 阶段的状态变量 $x_{k+1}$ 也就完全确定了。即 $x_{k+1}$ 的值随 $x_k$ 和 $u_k$ 的值变化而变化。这种关系可以用状态转移方程表示：

$$x_{k+1} = T_k(x_k, u_k), \quad k = 1, 2, \cdots, n \tag{4.1}$$

在例 4.1 中，状态转移方程为

$$x_{k+1} = u_k(x_k)$$

### 6. 指标函数和最优值函数

指标函数 (objective function) 是衡量决策过程和决策结果优劣的数量指标，是定义在全过程和所有后部子过程上的数量函数，用 $V_{kn}(x_k, u_k, x_{k+1}, \cdots, x_{n+1})$ 表示，$k = 1, 2, \cdots, n$。指标函数应具有可分离性，即 $V_{kn}$ 可表示为 $x_k, u_k, V_{k+1\,n}$ 的函数，记为

$$V_{kn}(x_k, u_k, x_{k+1}, \cdots, x_{n+1}) = \varphi_k(x_k, u_k, V_{k+1\,n}(x_{k+1}, u_{k+1}, x_{k+2} \cdots, x_{n+1}))$$

决策过程在第 $j$ 阶段的指标取决于状态 $x_j$ 和决策 $u_j$，用 $v_j(x_j, u_j)$ 表示，即为对整体目标函数的贡献。整体指标函数由 $v_j(j = 1, 2, \cdots, n)$ 组成，常见的形式如下。

阶段指标之和，即

$$V_{kn}(x_k, u_k, x_{k+1}, \cdots, x_{n+1}) = \sum_{j=k}^{n} v_j(x_j, u_j)$$

阶段指标之积，即

$$V_{kn}(x_k, u_k, x_{k+1}, \cdots, x_{n+1}) = \prod_{j=k}^{n} v_j(x_j, u_j)$$

阶段指标之极大 (或极小)，即

$$V_{kn}(x_k, u_k, x_{k+1}, \cdots, x_{n+1}) = \max_{k \leqslant j \leqslant n}(\min)v_j(x_j, u_j)$$

这些形式下第 $k$ 到第 $j$ 阶段子过程的指标函数为 $V_{kj}(x_k, u_k, x_{k+1}, \cdots, x_{j+1})$。

根据状态转移方程，指标函数 $V_{kn}$ 还可以表示为状态 $x_k$ 和策略 $p_{kn}$ 的函数，即 $V_{kn}(x_k, p_{kn})$。在 $x_k$ 给定时，指标函数 $V_{kn}$ 对 $p_{kn}$ 的最优值称为最优值函数，记为 $f_k(x_k)$，即

$$f_k(x_k) = \underset{p_{kn} \in P_{kn}(x_k)}{\mathrm{opt}} V_{kn}(x_k, p_{kn})$$

实际上，$f_k(x_k)$ 是从状态 $x_k$ 开始的后继最优决策的目标函数值。

在不同的问题中，指标函数的含义是不同的，它可能是距离、利润、成本、产品的产量或资源的消耗等。在例 4.1 中，指标函数 $V_{kn}$ 表示在第 $k$ 阶段由点 $s_k$ 到终点 $E$ 的距离。而 $f_k(x_k)$ 表示在第 $k$ 阶段由点 $s_k$ 到终点 $E$ 的最短距离。如在第二阶段，状态为 $B_1$ 时 $d(B_1, C_2)$ 表示由 $B_1$ 出发，采用决策到下一阶段 $C_2$ 点的两点间的距离 $d(B_1, C_2) = 3$，$V_{2,4}(B_1)$ 表示从 $B_1$ 到 $E$ 的距离，$f_2(B_1)$ 表示从第二阶段状态点 $B_1$ 到 $E$ 的最短距离。

### 7. 最优策略和最优轨线

使指标函数 $V_{kn}$ 达到最优值的策略就是从第 $k$ 阶段开始的后部子过程的最优子策略，记作 $p_{kn}^* = \{u_k^*, \cdots, u_n^*\}$。$p_{1n}^*$ 是全过程的最优策略，简称最优策略。从初始状态 $x_1(= x_1^*)$ 出发，决策过程按照 $p_{1n}^*$ 和状态转移方程演变所经历的状态序列 $\{x_1^*, x_2^*, \cdots, x_{n+1}^*\}$ 称为最优轨线。

### 8. 递归方程

如下方程称为递归方程

$$\begin{cases} f_{n+1}(x_{n+1}) = 0 \text{ 或} 1 \\ f_k(x_k) = \underset{u_k \in U_k(x_k)}{\mathrm{opt}} \{v_k(x_k, u_k) \otimes f_{k+1}(x_{k+1})\}, \quad k = n, n-1, \cdots, 1 \end{cases} \tag{4.2}$$

$f_{n+1}(x_{n+1})$ 称为边界条件。在递归方程中，当 $\otimes$ 为加法时，$f_{n+1}(x_{k+1}) = 0$；当 $\otimes$ 为乘法时，$f_{n+1}(x_{k+1}) = 1$。动态规划递归方程是动态规划的最优性原理的基础，即最优策略

的子策略，构成最优子策略。用状态转移方程 (4.1) 和递归方程 (4.2) 求解动态规划的过程，是由 $k = n + 1$ 逆推至 $k = 1$，故这种解法称为逆序解法。当然，对某些动态规划问题，也可采用顺序解法。

以例 4.1 为例，说明动态规划的求解过程。

由图 4.2，将决策全过程分为四个阶段。从最后一个阶段开始计算。

(1) $k = 4$，第 4 阶段。在第 4 阶段有三个初始状态：$D_1, D_2$ 与 $D_3$，全过程的最短路径究竟是经过 $D_1$，$D_2$，$D_3$ 中的哪一点，目前无法肯定，因此只能将各种可能都考虑，若全过程的最短路径经过 $D_1$，则从 $D_1$ 到终点的最短路径距离为：$f_4(D_1) = 3$；类似可得：$f_4(D_2) = 1, f_4(D_3) = 5$。

(2) $k = 3$，第 3 阶段。在第 3 阶段有两个初始状态：$C_1$ 与 $C_2$。同样无法确定全过程的最短路径是经过 $C_1$ 还是 $C_2$。因此两种状态都要计算。

若全过程最短路径经过 $C_1$，则由 $C_1$ 到 $E$ 有三条支路：$C_1 - D_1 - E$、$C_1 - D_2 - E$ 及 $C_1 - D_3 - E$，而对支路 $C_1 - D_1 - E$，其最短路径应为：从 $C_1 - D_1$ 的距离 $d_3(C_1, D_1)$，再加上 $D_1 - E$ 的最短路径 $f_4(D_1)$，故有

$$C_1 - D_1 - E : d_3(C_1, D_1) + f_4(D_1) = 2 + 3 = 5$$

$$C_1 - D_2 - E : d_3(C_1, D_2) + f_4(D_2) = 5 + 1 = 6$$

$$C_1 - D_3 - E : d_3(C_1, D_3) + f_4(D_3) = 3 + 5 = 8$$

由前述性质可知，若全过程最短路径经过 $C_1$，则 $C_1$ 到终点 $E$ 应是一切可能路径中最短路径，因此有

$$f_3(C_1) = \min \left\{ \begin{array}{l} d_3(C_1, D_1) + f_4(D_1) \\ d_3(C_1, D_2) + f_4(D_2) \\ d_3(C_1, D_3) + f_4(D_3) \end{array} \right\} = d_3(C_1, D_1) + f_4(D_1) = 5$$

即由 $C_1 - E$ 的最短路径为 $C_1 - D_1 - E$，最短距离为 5。

同理，有

$$f_3(C_2) = \min \left\{ \begin{array}{l} d_3(C_2, D_1) + f_4(D_1) \\ d_3(C_2, D_2) + f_4(D_2) \\ d_3(C_2, D_3) + f_4(D_3) \end{array} \right\} = \min \left\{ \begin{array}{l} 1 + 3 \\ 4 + 1 \\ 2 + 5 \end{array} \right\} = d_3(C_2, D_1) + f_4(D_1) = 4$$

即由 $C_2 - E$ 的最短路径为 $C_2 - D_1 - E$，最短距离为 4。

(3) $k = 2$，第 2 阶段。第 2 阶段有三种初始状态：$B_1, B_2, B_3$。同理可得到：

$$f_2(B_1) = \min \left\{ \begin{array}{l} d_2(B_1, C_1) + f_3(C_1) \\ d_2(B_1, C_2) + f_3(C_2) \end{array} \right\} = \min \left\{ \begin{array}{l} 4 + 5 \\ 3 + 4 \end{array} \right\} = d_2(B_1, C_2) + f_3(C_2) = 7$$

$$f_2(B_2) = \min \left\{ \begin{array}{l} d_2(B_2, C_1) + f_3(C_1) \\ d_2(B_2, C_2) + f_3(C_2) \end{array} \right\} = \min \left\{ \begin{array}{l} 1 + 5 \\ 3 + 4 \end{array} \right\} = d_2(B_2, C_1) + f_3(C_1) = 6$$

$$f_2(B_3) = \min \left\{ \begin{array}{l} d_2(B_3, C_1) + f_3(C_1) \\ d_2(B_3, C_2) + f_3(C_2) \end{array} \right\} = \min \left\{ \begin{array}{l} 3 + 5 \\ 5 + 4 \end{array} \right\} = d_2(B_3, C_1) + f_3(C_1) = 8$$

因此从 $B_1 - E$ 的最短路径为 $B_1 - C_2 - D_1 - E$，最短距离为 7；

从 $B_2 - E$ 的最短路径为 $B_2 - C_1 - D_1 - E$，最短距离为 6；

从 $B_3 - E$ 的最短路径为 $B_3 - C_1 - D_1 - E$，最短距离为 8。

(4) $k = 1$，第 1 阶段。第 1 阶段只有一个初始状态 $A$，可计算：

$$f_1(A) = \min \left\{ \begin{array}{l} d_1(A, B_1) + f_2(B_1) \\ d_1(A, B_2) + f_2(B_2) \\ d_1(A, B_3) + f_2(B_3) \end{array} \right\} = \min \left\{ \begin{array}{l} 3 + 7 \\ 2 + 6 \\ 1 + 8 \end{array} \right\} = d_1(A, B_2) + f_2(B_2) = 8$$

即从 $A - E$ 的最短路径为 $A - B_2 - C_1 - D_1 - E$，最短距离为 8。

从以上的计算过程可以看出，动态规划方法的基本思想是，把一个比较复杂的问题分解成一系列同一类型的更容易求解的子问题，对每个子问题，计算过程单一化，便于应用计算机。同时由于对每个子问题都考虑到最优效果，于是就系统地删去了大量的中间非最优化的方案组合，使得计算工作量比穷举法大大减少，但是其本质还是穷举法。

由上述分析，可将动态规划方法求解多阶段决策问题的特点归纳如下。

(1) 每个阶段的最优决策过程只与本阶段的初始状态有关，而与以前各阶段的决策 (即为了到达本阶段的初始状态而采取的决策组合) 无关。换言之，本阶段之前的状态与决策，只是通过系统在本阶段所处的初始状态来影响系统的未来。具有这种性质的状态称为无后效性 (即马尔可夫性) 状态，动态规划方法适用于求解具有无后效性的多阶段决策问题。

(2) 对最佳路径 (最优决策过程) 所经过的各个阶段，其中每个阶段始点到全过程终点的路径，也是子决策中的最佳路径，整体最优必然有局部最优。这就是著名的最优化原理。

(3) 在逐段递推过程中，每阶段选择最优决策时，不应只从本阶段的直接效果出发，而应从本阶段开始往后的全过程的效果出发，即应该考虑两种效果：一是本阶段初到本阶段终 (即下阶段初) 所选决策的直接效果；二是由所选决策确定的下阶段初往后直到终点的所有决策过程的总效果，也称为间接效果。这两种效果的结合必须是最优的。

(4) 经过递推计算得到各阶段的有关数据后，反方向即可求出相应的最优决策过程。

## 4.3　最优性原理与建模方程

动态规划的最优性原理是："作为整个过程的最优策略具有这样的性质，即无论过去的状态和决策如何，对前面的决策所形成的状态而言，余下的诸决策必须构成最优决策。"简言之，一个最优策略的子策略总是最优的。

但是，随着人们深入地研究动态规划，逐渐认识到：对于不同类型问题所建立的严格定义的动态规划模型，必须对相应的最优性原理给以必要的验证。即最优性原理不是对任何决策过程都普遍成立的。而且，"最优性原理" 动态规划基本方程并不是无条件等价的，两者之间也不存在确定的蕴含关系。动态规划的递归方程在动态规划的理论和方法中起着更为重要的作用，反映动态规划递归方程的是最优性原理，递归方程是最优性策略的充要条件，最优性原理仅仅是最优性策略的必要条件。因此，把动态规划的递归方程作为动态规划的理论基础可能更为合理。

动态规划的递归方程如下。

设阶段数为 $n$ 的多阶段决策过程，其阶段编号为 $k = 1, 2, \cdots, n$。

允许策略 $p_{1,n}^* = (u_1^*, u_2^*, \cdots, u_n^*)$ 是最优性策略的充要条件是对任意一个 $k$，$1 < k < n$ 和 $x_1 \in X_1$ 有

$$V_{1,n}(x_1, p_{1,n}^*) = \mathop{\mathrm{opt}}_{p_{1,n} \in p_{1,k}(x_1)} \left\{ V_{1,k}(x_1, p_{1,k}) \otimes \mathop{\mathrm{opt}}_{p_{k,n} \in p_{k,n}(x_k)} V_{k,n}(x_k, p_{k,n}) \right\}$$

其中，$p_{1,n} = (p_{1,k}, p_{k,n})$，$x_k = T_{k-1}(x_{k-1}, u_{k-1})$。它是由给定的初始状态 $x_1$ 和子策略 $p_{1,k}$ 所确定的 $k$ 段状态。当 $V$ 是效益函数时，opt 取 max；当 $V$ 是损失函数时，opt 取 min。

**推论 4.1**　若允许策略 $p_{1,n}^*$ 是最优策略，则对任意的 $k$，$0 < k < n-1$，它的子策略 $p_{k,n-1}^*$ 对于 $s_k^* = T_{k-1}(s_{k-1}^*, u_{k-1}^*)$ 为起点的 $k$ 到 $n$ 子过程来说，必是最优策略。

此推论就是前面提到的动态规划的最优性原理，它仅仅是最优性策略的必要性，所以，动态规划的递归方程是动态规划的理论基础。

综上所述，如果一个问题能用动态规划方法求解，那么，可以按下列步骤首先建立动态规划的数学模型：

(1) 将决策过程划分成恰当的阶段。

(2) 正确选择状态变量 $x_k$，使它既能描述过程的状态，又满足无后效性，同时确定允许状态集合 $X_k$。

(3) 选择决策变量 $u_k$，确定允许决策集合 $U_k(x_k)$。

(4) 写出状态转移方程。

(5) 确定阶段指标 $v_k(x_k, u_k)$ 及指标函数 $V_{kn}$ 的形式 (阶段指标之和、阶段指标之积、阶段指标之极大或极小等)。

(6) 写出基本方程，即最优值函数满足的递归方程，以及边界条件。

建立动态规划模型，基本上是按照上述顺序逐步确定相关内容。

建模是解决实际问题的第一步，也是比较困难的一步，动态规划不像线性规划那样有统一的模型和统一的处理方法，必须针对具体问题做具体分析，综合考虑多方面的因素。例如，如何划分阶段，如何选择正确的状态变量和决策变量，如何构造递归方程等，确实需要一定的技巧，需要多练习，不断总结和积累经验。

## 4.4　动态规划的应用案例

### 4.4.1　背包问题

背包问题是一个典型多阶段决策问题。背包问题的一般提法是：一位旅行者能承受的背包最大载重量是 $b$，现有 $n$ 种物品供他选择装入背包，第 $i$ 种物品单件重量为 $a_i$，其价值 (或其他重要参数) 为 $c_i$，$1 \leqslant i \leqslant n$。设第 $i$ 种物品装载数量是 $x_i$，则第 $i$ 种物品的总

价值是携带数量 $x_i$ 的函数, 即 $c_i x_i$。问旅行者应如何选择所携带物品的件数, 以使总装载价值最大?

背包问题实际上就是运输问题中车船的最优配载问题, 还可以广泛地用于解决其他的问题, 或者作为其他复杂问题的子问题。其一般的整数规划模型可表述为

$$\max Z = \sum_{i=1}^{n} c_i x_i$$

$$\text{s.t.} \begin{cases} \sum_{i=1}^{n} a_i x_i \leqslant b \\ x_i \geqslant 0 \text{ 且为整数}, \ i = 1, 2, \cdots, n \end{cases}$$

下面用动态规划方法来求解。

(1) 阶段 $k$: 即需要装入物品的种类, 每段装入一种物品, 共 $n$ 段。

(2) 状态变量 $s_k$: 即在第 $k$ 段开始时允许装入物品的总重量, 即可以动用的资源。显然有 $s_1 = b$。

(3) 决策变量 $x_k$: 即装入第 $k$ 种物品的件数。

(4) 状态转移方程: $s_{k+1} = s_k - a_k x_k$。允许的决策集合是 $D_k(s_k) = \{x_k | 0 \leqslant x_k \leqslant s_k / a_k,$ 整数$\}$。

(5) 递归 (基本) 方程是

$$\begin{cases} f_k(s_k) = \max \{c_k x_k + f_{k+1}(s_{k+1})\}, k = 1, 2, \cdots, n \\ f_{n+1}(s_{n+1}) = 0 \end{cases}$$

**例 4.3**　一分销商拟用一 10 吨载重的大卡车装载三种货物, 资料见表 4.1, 问应如何组织装载, 可使总价值最大?

表 4.1　数据资料

| 货物编号 | 单位质量/吨 | 单位价值 |
|---|---|---|
| 1 | 3 | 4 |
| 2 | 4 | 5 |
| 3 | 5 | 6 |

**解**　设装载第 $i$ 种货物的件数为 $x_i$, 则有整数线性规划:

$$\max Z = 4x_1 + 5x_2 + 6x_3$$

$$\text{s.t.} \begin{cases} 3x_1 + 4x_2 + 5x_3 \leqslant 10 \\ x_i \geqslant 0 \text{ 且为整数}, i = 1, 2, 3 \end{cases}$$

用动态规划方法的逆序解法求解。按照背包问题的阶段划分, 状态变量与决策变量的选取方法进行计算。

当 $k = 3$ 时, $f_3(s_3) = \max\limits_{0 \leqslant x_3 \leqslant [s_3/5]} \{6x_3\}$。计算结果列入表 4.2。

表 4.2　例 4.3 计算结果 1

| $s_3$ | 0 | 1 | 2 | 3 | 4 | 5 | 6 | 7 | 8 | 9 | 10 |
|---|---|---|---|---|---|---|---|---|---|---|---|
| $x_3$ | 0 | 0 | 0 | 0 | 0 | 1 | 1 | 1 | 1 | 1 | 2 |
| $f_3(s_3)$ | 0 | 0 | 0 | 0 | 0 | 6 | 6 | 6 | 6 | 6 | 12 |

当 $k = 2$ 时，$f_2(s_2) = \max\limits_{0 \leqslant x_2 \leqslant [s_2/4]} \{5x_2 + f_3(s_3)\}$。计算结果列入表 4.3。

表 4.3　例 4.3 计算结果 2

| $s_2$ | 0 | 1 | 2 | 3 | 4 | | 5 | | 6 | | 7 | | 8 | | | 9 | | | 10 | | |
|---|---|---|---|---|---|---|---|---|---|---|---|---|---|---|---|---|---|---|---|---|---|
| $x_2$ | 0 | 0 | 0 | 0 | 0 | 1 | 0 | 1 | 0 | 1 | 0 | 1 | 0 | 1 | 2 | 0 | 1 | 2 | 0 | 1 | 2 |
| $V_2$ | 0 | 0 | 0 | 0 | 0 | 5 | 0 | 5 | 0 | 5 | 0 | 5 | 0 | 5 | 10 | 0 | 5 | 10 | 0 | 5 | 10 |
| $V_2 + f_3$ | 0 | 0 | 0 | 0 | 0 | 5 | 6 | 5 | 6 | 5 | 6 | 5 | 6 | 5 | 10 | 6 | 11 | 10 | 12 | 11 | 10 |
| $f_2(s_2)$ | 0 | 0 | 0 | 0 | 5 | | 6 | | 6 | | 6 | | 10 | | | 11 | | | 12 | | |
| $x_2^*$ | 0 | 0 | 0 | 0 | 1 | | 0 | | 0 | | 0 | | 2 | | | 1 | | | 0 | | |

当 $k = 1$ 时，$3x_1 \leqslant 10, x_1 \leqslant 3$。

$$f_1(10) = \max_{0 \leqslant x_1 \leqslant 3} \{4x_1 + f_2(s_2)\} = \max_{x_1 = 0,1,2} \{4x_1 + f_2(10 - 3x_1)\}$$

$$= \max \{0 + 12, 4 + 6, 8 + 5, 12 + 0\} = 13$$

即 $x_1^* = 2$，依状态转移方程反推，此时有 $s_2 = 4$，依第 2 段计算结果，$x_2^* = 1$。有 $s_3 = 0$，由第 3 段计算结果知，$x_3^* = 0$。即最优方案为 $x_1^* = 2, x_2^* = 1, x_3^* = 0$，最大价值为 13。

当背包问题的约束条件不止一个时，它是多维背包问题，其解法与上面介绍的一维背包问题类似，只是状态变量是多维的。

### 4.4.2　投资问题

**例 4.4**　现有资金 500 万元，可对三个项目进行投资，投资额均为整数 (单位：万元)，其中 2# 项目的投资不得超过 300 万元，1# 和 3# 项目的投资均不得超过 400 万元，3# 项目至少要投资 100 万元，每个项目投资 5 年后，投资额与预计收益见表 4.4。问如何投资可获得最大收益？

表 4.4　投资收益

| 投资项目 | 0 | 1 | 2 | 3 | 4 |
|---|---|---|---|---|---|
| 1# | 0 | 300 | 600 | 1000 | 1200 |
| 2# | 0 | 500 | 1000 | 1200 | — |
| 3# | — | 400 | 800 | 1100 | 1500 |

**解**　这个投资问题可以以投资项目数来划分阶段，因此该问题分成三个阶段，在第 $k$ 阶段确定 $k#$ 项目的投资；令状态变量 $s_k$ 为对 1#，2#，$\cdots$，$(k-1)#$ 项目投资后剩余的资金额；令决策变量 $x_k$ 为对 $k#$ 项目的投资额；$r_k(x_k)$ 为对 $k#$ 项目投资 $x_k$ 的收益，$f_k(s_k)$ 为应用剩余的资金 $s_k$ 对 $k#$，$(k+1)#$，$\cdots$，$N#$ 项目进行最优化投资可获得的最大收益。状态转移方程为 $s_{k+1} = s_k - x_k, 1 \leqslant k \leqslant 2$。

为了获得最大收益，必须将 500 万元全部用于投资，故假想有第 4 阶段存在时，必有 $s_4 = 0$，于是得递归方程：

$$
\begin{cases}
f_k(s_k) = \max\limits_{x_k \leqslant s_k} \{r_k(x_k) + f_{k+1}(s_{k+1})\}, k = 1, 2, 3 \\
f_4(s_4) = 0
\end{cases}
$$

当 $k = 3$ 时，(3# 项目至多投资 400 万元，至少投资 100 万元)，即

$$f_3(1) = 4, f_3(2) = 8, f_3(3) = 11, f_3(4) = 15$$

当 $k = 2$ 时，(2# 项目投资不超过 300 万元)，即

$$f_2(1) = r_2(0) + f_3(1) = 0 + 4 = 4,$$

$$f_2(2) = \max \left\{ \begin{array}{c} r_2(1) + f_3(1) \\ r_2(0) + f_3(2) \end{array} \right\} = \max \left\{ \begin{array}{c} 5 + 4 \\ 0 + 8 \end{array} \right\} = 9$$

$$f_2(3) = \max \left\{ \begin{array}{c} r_2(2) + f_3(1) \\ r_2(1) + f_3(2) \\ r_2(0) + f_3(3) \end{array} \right\} = \max \left\{ \begin{array}{c} 10 + 4 \\ 5 + 8 \\ 0 + 11 \end{array} \right\} = 14,$$

$$f_2(4) = \max \left\{ \begin{array}{c} r_2(3) + f_3(1) \\ r_2(2) + f_3(2) \\ r_2(1) + f_3(3) \\ r_2(0) + f_3(4) \end{array} \right\} = \max \left\{ \begin{array}{c} 12 + 4 \\ 10 + 8 \\ 5 + 11 \\ 0 + 15 \end{array} \right\} = 18,$$

$$f_2(5) = \max \left\{ \begin{array}{c} r_2(3) + f_3(2) \\ r_2(2) + f_3(3) \\ r_2(1) + f_3(4) \end{array} \right\} = \max \left\{ \begin{array}{c} 12 + 8 \\ 10 + 11 \\ 5 + 15 \end{array} \right\} = 21$$

注意：3# 项目至多投资 400 万元。

当 $k = 1$ 时，$s_1 = 5$(最初有 500 万元，3# 项目至少投资 100 万元)，即

$$f_2(5) = \max \left\{ \begin{array}{c} r_1(0) + f_2(5) \\ r_1(1) + f_2(4) \\ r_1(2) + f_2(3) \\ r_1(3) + f_2(2) \\ r_1(4) + f_2(1) \end{array} \right\} = \max \left\{ \begin{array}{c} 0 + 21 \\ 3 + 18 \\ 6 + 14 \\ 10 + 9 \\ 12 + 4 \end{array} \right\} = 21$$

应用顺序反推可知最优投资方案。

方案 1：$x_1^* = 0, x_2^* = 2, x_3^* = 3$；方案 2：$x_1^* = 1, x_2^* = 2, x_3^* = 2$。最大收益均为 2100 万元。

### 4.4.3 排序问题

设有 $n$ 个工件需要在机床 A、B 上加工，每个工件都必须经过先 A 后 B 的两道加工工序。以 $a_i, b_i$ 分别表示工件 $i(1 \leqslant i \leqslant n)$ 在 A、B 上的加工时间。问应如何在两机床上安排加工的顺序，使从在机床 A 上加工第一个工件开始到在机床 B 上加工完最后一个工件为止，所用的加工总时间最少？

加工工件在机床 A 上有加工顺序问题，在机床 B 上也有加工顺序问题。它们在 A、B 两台机床上加工工件的顺序是可以不同的。当机床 B 上的加工顺序与机床 A 不同时，意味着在机床 A 上加工完毕的某些工件，不能在机床 B 上立即加工，而是要等到另一个或一些工件加工完毕后才能加工。这样，使机床 B 的等待加工时间加长，从而使总的加工时间加长了。可以证明：最优加工顺序在两台机床上可同时实现。因此，最优排序方案可以在机床 A、B 上加工顺序相同的排序中去寻找。即使如此，所有可能的方案仍有 $n!$ 个，这是一个不小的数，用穷举法是不现实的。下面用动态规划方法来研究同顺序两台机床加工 $n$ 个工件的排序问题。

当加工顺序确定之后，工件在机床 A 上加工时没有等待时间，在机床 B 上则常常等待，因此，寻求最优排序方案只有尽量减少在机床 B 上等待加工的时间，才能使总加工时间最短。设第 $i$ 个工件在机床 A 上加工完毕以后，在机床 B 上要经过若干等待时间才能加工，故对同一个工件来说，在机床 A、B 上总是出现加工完毕的时间差，可以用来描述加工状态。

现在，以在机床 A 上更换工件的时刻作为时段，以 $X$ 表示在机床 A 上等待加工的按取定顺序排列的工件集合。以 $x$ 表示不属于 $X$ 的在机床 A 上最后加工完的工件。以 $t$ 表示在机床 A 上加工完 $x$ 的时刻算起到机床 B 上加工完 $x$ 所需的时间。这样，在机床 A 上加工完一个工件之后，就有 $(X, t)$ 与之对应。

今选取 $(X, t)$ 作为描述机床 A、B 在加工过程中的状态变量。这样选取状态变量，则当 $X$ 包含有 $s$ 个工件时，过程尚有 $s$ 段，其时段数已隐含在状态变量之中，因而，指标最优值函数只依赖于状态而不明显依赖于时段数。

令 $f(X, t)$ 为由状态 $(X, t)$ 出发，对未加工的工件采取最优加工顺序后，将 $X$ 中所有工件加工完所需时间。

$f(X, t, i)$ 为由状态 $(X, t)$ 出发，在机床 A 上先加工工件 $i$，然后再对以后的加工工件采取最优顺序后，把 $X$ 中工件全部加工完所需的时间。

$f(X, t, i, j)$ 为由状态 $(X, t)$ 出发，在机床 A 上相继加工工件 $i$ 与 $j$ 后，对以后加工的工件采取最优顺序后，将把 $X$ 中的工件全部加工完所需要的时间。

因而，不难得到

$$f(X, t, i) = \begin{cases} a_i + f(X/i, t - a_i + b_i), & t \geqslant a_i \\ a_i + f(X/i, b_i), & t \leqslant a_i \end{cases}$$

其中，状态 $t$ 的转换关系参看图 4.4。

记 $$z_i(t) = \max(t - a_i, 0) + b_i$$

上式就可合并写成

$$f(X, t, i) = a_i + f(X/i, z_i(t))$$

其中，$X/i$ 表示在集合 $X$ 中去掉工件 $i$ 后剩下的工件集合。

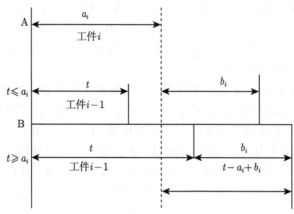

图 4.4　状态 $t$ 的转换关系

由定义可得

$$f(X, t, i, j) = a_i + a_j + f[X/\{i, j\}, z_{ij}(t)]$$

其中，$z_{ij}(t)$ 是在机床 A 上从 $X$ 开始相继加工工件 $i, j$，并从它将 $j$ 加工完的时刻算起，至在机床 B 上相继加工工件 $i, j$ 并将工件加工完所需时间。故 $(X/\{i, j\}, z_{ij}(t))$ 是在机床 A 加工 $i, j$ 后所形成的新状态。即在机床 A 上加工 $i, j$ 后由状态 $(X, t)$ 转移到状态 $(X/\{i, j\}, z_{ij}(t))$。

仿照 $z_i(t)$ 的定义，以 $X/\{i, j\}$ 代替 $X/\{i\}$，$z_i(t)$ 代替 $t$，$a_j$ 代替 $a_i$，$b_j$ 代替 $b_i$，则可得

$$z_{ij}(t) = \max[z_i(t) - a_j, 0] + b_j$$

故

$$\begin{aligned}
z_{ij}(t) &= \max[\max(t - a_i, 0) + b_i - a_j, 0] + b_j \\
&= \max[\max(t - a_i - a_j + b_i, b_i - a_j), 0] + b_j \\
&= \max(t - a_i - a_j + b_i + b_j, b_i + b_j - a_j, b_j)
\end{aligned}$$

将 $i, j$ 对调，可得

$$f(X, t, j, i) = a_i + a_j + f[X/\{i, j\}, z_{ij}(t)]$$

$$z_{ji}(t) = \max(t - a_i - a_j + b_i + b_j, b_i + b_j - a_i, b_i)$$

由于 $f(X, t)$ 为 $t$ 的单调上升函数，故当 $z_{ij}(t) \leqslant z_{ji}(t)$ 时，有

$$f(X, t, i, j) \leqslant f(X, t, j, i)$$

因此，不管 $t$ 为何值，当 $z_{ij}(t) \leqslant z_{ji}(t)$ 时，工件 $i$ 放在工件 $j$ 之前加工可以使总的加工时间更短。由 $z_{ij}(t)$ 和 $z_{ji}(t)$ 的表示式可知，这只需要下面不等式成立即可。即

$$\max(b_i + b_j - a_j, b_j) \leqslant \max(b_i + b_j - a_i, b_i)$$

将以上不等式两边减去 $b_i$ 与 $b_j$, 得

$$\max(-a_j, -b_i) \leqslant \max(-a_i, -b_j)$$

即

$$\min(a_i, b_j) \leqslant \min(a_j, b_i)$$

这个条件就是工件 $i$ 应该排在工件 $j$ 之前的条件。即对于从头到尾的最优排序而言, 它的所有前后相邻接的两个工件所组成的工件对, 都必须满足上述不等式。根据这个条件, 得到确定最优排序的规则如下。

(1) 输入工件的加工时间的工时矩阵:

$$M = \begin{pmatrix} a_1 & a_2 & ... & a_n \\ b_1 & b_2 & ... & b_n \end{pmatrix}$$

(2) 在工时矩阵 $M$ 中找出最小元素 (若最小的不止一个, 可任选其一); 若它在上行, 则将相应的工件排在最前位置; 若它在下行, 则将相应的工件排在最后位置。

(3) 将排定位置的工件所对应的列从 $M$ 中划掉, 然后对余下的工件重复按步骤 (2) 进行。如此继续, 直至把所有工件都排完。

这个同顺序同台机床加工 $n$ 个工件的最优规则, 概括起来说, 它的基本思想是: 尽量减少在机床 B 上等待加工的时间。因此, 在机床 B 上加工时间长的工件先加工, 在机床 B 上加工时间短的工件后加工。

**例 4.5**  设有 5 个工件需要在机床 A、B 上加工, 加工的顺序是先 A 后 B, 每个工件所需加工时间 (单位: 小时) 如表 4.5 所示, 问如何安排加工顺序, 使机床连续加工完所有工件的加工总时间最少? 并求出总加工时间。

表 4.5  工件加工时间

| 工件号码 | A 机床/小时 | B 机床/小时 |
| --- | --- | --- |
| 1 | 3 | 6 |
| 2 | 7 | 2 |
| 3 | 4 | 7 |
| 4 | 5 | 3 |
| 5 | 7 | 4 |

**解**  工件的加工工时矩阵为

$$M = \begin{pmatrix} 3 & 7 & 4 & 5 & 7 \\ 6 & 2 & 7 & 3 & 4 \end{pmatrix}$$

根据最优排列规则, 得最优加工顺序为

$$1 \to 3 \to 5 \to 4 \to 2$$

总加工时间为 28 小时。

### 4.4.4　旅行售货商问题

旅行售货商问题 (travelling salesman problem，TSP) 就是在网络 $N$ 上找一条从初始点出发，经过每个点 $v_1, v_2, \cdots, v_n$ 各一次最后返回初始点的最短路线和最短路程。先把它看成一个多阶段决策问题。从初始点出发，每次选择下一步要经过的点，经过 $n$ 个阶段，每个阶段的决策是选择下一个点。如果用所在的位置来表示状态，那么状态和阶段数就不能完全决定决策集合了，因为走过的点不需要再走，所以决策集合与以前选的决策有关。用 $(v_i, V)$ 表示状态，$v_i$ 为阶段所处的初始点，$V$ 为还没有经过的点集合。在状态 $(v_i, V)$ 的决策集合 $V$ 中，取决策 $v_j \in V$，获得的效益是 $v_i$ 到 $v_j$ 的距离 $d_{ij}$，转入下一个状态 $(v_j, V \setminus \{v_j\})$，现在用最优性原理来找递推公式。

用 $f_k(v_i, V)$ 表示从 $v_i$ 点出发，经过 $V$ 中的点各一次，最后回到 $v_0$ 点的最短路程，$V$ 是一个顶点集合，$|V| = k$，$d_{ij}$ 是 $v_i$ 到 $v_j$ 的弧长，则

$$
\begin{cases}
f_k(v_i, V) = \min\limits_{v_j \in V} \{d_{ij} + f_{k-1}(v_j, V \setminus \{v_j\})\}, & k = 1, 2, \cdots, n \\
f_0(v_i, \varnothing) = d_{i0}
\end{cases}
\tag{4.3}
$$

**例 4.6**　对图 4.5，求出从 $v_1$ 出发，经过 $v_2, v_3, v_4$ 各一次，又返回到 $v_1$ 的最短路线和最短路程。用矩阵 $D$ 表示 $v_i$ 到 $v_j$ 的距离，即 $v_i$ 到 $v_j$ 的距离为矩阵 $D$ 的每一个元素 $d_{ij}$。

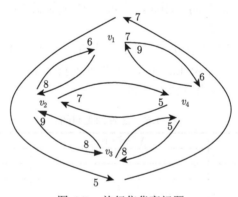

图 4.5　旅行售货商问题

**解**
$$
D = \begin{bmatrix}
0 & 8 & 5 & 6 \\
6 & 0 & 8 & 5 \\
7 & 9 & 0 & 5 \\
9 & 7 & 8 & 0
\end{bmatrix}
$$

按照 $f_k(v_i, V)$ 的定义，$f_3(v_1, \{v_2, v_3, v_4\})$ 表示从 $v_1$ 出发，经过 $v_2, v_3, v_4$ 各一次，最后回到 $v_1$ 的最短路程，则利用式 (4.3)，得到

$$
f_3(v_1, \{v_2, v_3, v_4\}) = \min \left\{
\begin{array}{l}
d_{12} + f_2(v_2, \{v_3, v_4\}) \\
d_{13} + f_2(v_3, \{v_2, v_4\}) \\
d_{14} + f_2(v_4, \{v_2, v_3\})
\end{array}
\right\}
$$

同样

$$f_2(v_2, \{v_3, v_4\}) = \min \left\{ \begin{array}{l} d_{23} + f_1(v_3, \{v_4\}) \\ d_{24} + f_1(v_4, \{v_3\}) \end{array} \right\}$$

现在先从最后一个阶段 $(k = 0)$ 解起:

$$f_0(v_2, \varnothing) = d_{21} = 6$$

$$f_0(v_3, \varnothing) = d_{31} = 7$$

$$f_0(v_4, \varnothing) = d_{41} = 9$$

以上分别是从 $v_2, v_3, v_4$ 直接到 $v_1$ 的距离。

$k = 1$ 时的求解:

$$f_1(v_2, \{v_3\}) = d_{23} + f_0(v_3, \varnothing) = 8 + 7 = 15$$

$$f_1(v_2, \{v_4\}) = d_{24} + f_0(v_4, \varnothing) = 5 + 9 = 14$$

$$f_1(v_3, \{v_2\}) = d_{32} + f_0(v_2, \varnothing) = 9 + 6 = 15$$

$$f_1(v_3, \{v_4\}) = d_{34} + f_0(v_4, \varnothing) = 5 + 9 = 14$$

$$f_1(v_4, \{v_2\}) = d_{42} + f_0(v_2, \varnothing) = 7 + 6 = 13$$

$$f_1(v_4, \{v_3\}) = d_{43} + f_0(v_3, \varnothing) = 8 + 7 = 15$$

$k = 2$ 时的求解:

$$f_2(v_2, \{v_3, v_4\}) = \min \left\{ \begin{array}{l} d_{23} + f_1(v_3, \{v_4\}) \\ d_{24} + f_1(v_4, \{v_3\}) \end{array} \right\} = \min \left\{ \begin{array}{l} 8 + 14 \\ 5 + 15 \end{array} \right\} = 20, x_2(v_2) = v_4$$

$$f_2(v_3, \{v_2, v_4\}) = \min \left\{ \begin{array}{l} d_{32} + f_1(v_2, \{v_4\}) \\ d_{34} + f_1(v_4, \{v_2\}) \end{array} \right\} = \min \left\{ \begin{array}{l} 9 + 14 \\ 5 + 13 \end{array} \right\} = 18, x_2(v_3) = v_4$$

$$f_2(v_4, \{v_2, v_3\}) = \min \left\{ \begin{array}{l} d_{42} + f_1(v_2, \{v_3\}) \\ d_{43} + f_1(v_3, \{v_2\}) \end{array} \right\} = \min \left\{ \begin{array}{l} 7 + 15 \\ 8 + 15 \end{array} \right\} = 22, x_2(v_4) = v_2$$

$k = 3$ 时的求解:

$$f_3(v_1, \{v_2, v_3, v_4\}) = \min \left\{ \begin{array}{l} d_{12} + f_2(v_2, \{v_3, v_4\}) \\ d_{13} + f_2(v_3, \{v_2, v_4\}) \\ d_{14} + f_2(v_4, \{v_2, v_3\}) \end{array} \right\} = \min \left\{ \begin{array}{l} 8 + 20 \\ 5 + 18 \\ 6 + 22 \end{array} \right\} = 23, x_3(v_1) = v_3$$

最优路线为 $v_1 \to v_3 \to v_4 \to v_2 \to v_1$, 路程长为 23。

该案例中的阶段数不是按照时间因素划分的, 也不是子决策的个数。而是在不同的状态下, 还需要经过的顶点个数。在具体的实际问题中, 需要创造性地解决。

### 4.4.5 Stackelberg 博弈

将动态规划中逆向归纳法的思想应用于企业在市场上进行竞争时的互动决策，就得到 Stackelberg 博弈。假定有两个企业在同一产品市场上进行产量决策竞争，企业 1 是领先者 (leadership)，先做决策，具有先动优势；企业 2 是跟随者 (follower)，后做决策，后行动者能观察到先行动者的产量决策结果，具有信息优势。设企业 $i$ 的产量为 $q_i$，利润为 $\pi_i = \pi_i(q_1, q_2)$，其中 $q_i \in [a_i, b_i]$，$i = 1, 2$。

按照决策顺序，划分为两个阶段。$k = 2$ 时，企业 2 做决策。企业 2 会选择产量 $q_2$，满足：

$$q_2^* = q_2^*(q_1) \in \arg\max \pi_2(q_1, q_2) \tag{4.4}$$

$k = 1$ 时，企业 1 做决策。企业 1 会选择产量 $q_1$，满足：

$$q_1^* = \arg\max \pi_1(q_1, q_2^*(q_1)) \tag{4.5}$$

即给定式 (4.4) 确定的反应函数 $q_2^*(q_1)$，企业 1 选择其最优产量 $q_1^*$，它由式 (4.5) 决定，企业 2 选择 $q_2^* = q_2(q_1^*)$。

Stackelberg 在 1934 年提出了这一动态决策概念。称这种博弈为 Stackelberg 博弈。

利用下面的例子来说明 Stackelberg 博弈的动态决策过程。

设有两个生产同质产品并在同一市场上展开竞争的企业，记为企业 1 和企业 2。将企业的选择变量定义为企业可选择的产量 $q_i$，企业追求利润最大化。选择变量的范围为 $S_1 = S_2 = [0, \infty)$，$D(q_1, q_2) = a - (q_1 + q_2)$ 为逆需求函数，也可以理解为价格，$c$ 为单位变动成本。

则企业的利润函数为

$$\pi_i(q_1, q_2) = q_i \{D(q_1 + q_2) - c\} = q_i \{a - (q_1 + q_2) - c\}, \quad i = 1, 2$$

$k = 2$ 时，企业 2 做决策。由 $\dfrac{\partial \pi_2(q_1, q_2)}{\partial q_2} = 0$，得到 $q_2^* = q_2^*(q_1) = (a - q_1 - c)/2$。

$k = 1$ 时，企业 1 做决策。由 $\dfrac{\partial \pi_1(q_1, q_2^*(q_1))}{\partial q_1} = 0$，得到 $q_1^* = (a - c)/2$。

代入 $q_2^*(q_1)$，得 $q_2^* = (a - c)/4$。

通过 $q_1^*$ 和 $q_2^*$ 可以看到：领导者的产量变大了，追随者的产量变小了。这反映出决策顺序对决策结果的影响。

### 4.4.6 动态规划在非线性规划求解中的应用

非线性规划有自己特有的求解方法。非线性规划中，一些特殊的问题 (如目标可分离) 可以用动态规划的方法求解。

**例 4.7** 求解如下的非线性规划问题：

$$\max Z = x_1 \cdot x_2^2 \cdot x_3$$
$$\text{s.t.} \begin{cases} x_1 + x_2 + x_3 = c(> 0) \\ x_j \geqslant 0, j = 1, 2, 3 \end{cases}$$

**解** 该问题可以看作将资源 $c$ 分配给 $x_1, x_2, x_3$，分配的目标是使目标 $x_1 \cdot x_2^2 \cdot x_3$ 最大化。

该问题划分为 3 个阶段，状态变量 $s_k$ 可以看作确定 $x_k$ 时拥有的资源。

$$k = 3 : \max Z = x_3$$

$$\text{s.t.} \begin{cases} x_3 = s_3 \\ f_3(s_3) = s_3; x_3^*(s_3) = s_3 \end{cases}$$

$$k = 2 : \max Z = x_2^2 \cdot x_3$$

$$\text{s.t.} \begin{cases} x_2 + x_3 = s_2 \\ f_2(s_2) = \max_{0 \leqslant x_2 \leqslant s_2} \{x_2^2 f_3(s_2 - x_2)\} = \max_{0 \leqslant x_2 \leqslant s_2} x_2^2 (s_2 - x_2) \\ x_2^*(s_2) = \dfrac{2}{3} s_2, f_2(s_2) = \dfrac{4}{27} s_2^3 \end{cases}$$

$$k = 1 : \max Z = x_1 \cdot x_2^2 \cdot x_3$$

$$\text{s.t.} \begin{cases} x_1 + x_2 + x_3 = c(> 0), x_j \geqslant 0 \\ f_1(c) = \max_{0 \leqslant x_1 \leqslant c} \{x_1 f_2(c - x_1)\} = \max_{0 \leqslant x_1 \leqslant c} x_1 \dfrac{4}{27}(c - x_1)^3 \\ x_1^* = \dfrac{1}{4} c, x_2^* = \dfrac{1}{2} c, x_3^* = \dfrac{1}{4} c, f_1(c) = \dfrac{1}{64} c^4 \end{cases}$$

### 4.4.7 动态规划在基础数学中的应用

动态规划的思想也可以应用到基础数学中。例如，几何平均值不等式是纯数学中的一个熟知结论，即有 $n$ 个非负的实数 $a_i (1 \leqslant i \leqslant n)$，满足 $\displaystyle\sum_{1 \leqslant i \leqslant n} a_i = A$, 则 $a_1 a_2 \cdots a_n \leqslant \left(\dfrac{A}{n}\right)^n$, $n$ 个数相等时其乘积最大。

下面试图用动态规划的思想证明这个结论。

定义函数 $I(X, k) = \max \{a_k a_{k+1} \cdots a_n : a_k + a_{k+1} + \cdots + a_n = X, a_i \geqslant 0, k \leqslant i \leqslant n\}$。则函数 $I(X, k)$ 有递归方程和边界条件：

$$I(X, k) = \max_{0 \leqslant a_k \leqslant X} \{a_k I(X - a_k, k+1)\}, \quad I(X, n) = X$$

下面用数学归纳法，证明 $I(X, k)$ 有如下的形状: $I(X, k) = \left(\dfrac{X}{n - k + 1}\right)^{n-k+1}$。

$k = n$ 时，结论是正确的。假设 $k = m + 1$ 时，结论是正确的，则根据递归方程，有

$$I(X, m) = \max_{0 \leqslant a_m \leqslant X} \{a_m I(X - a_m, m+1)\} = \max_{0 \leqslant a_m \leqslant X} \left\{a_m \left(\dfrac{X - a_m}{n - m}\right)^{n-m}\right\}$$

上式对 $a_m$ 求导数，发现 $a_m^* = \dfrac{X}{n - m + 1}$ 时达到最大值。因此有

$$I(X, m) \, a_m^* \left(\dfrac{X - a_m^*}{n - m}\right)^{n-m} \quad \left(\dfrac{X}{n - m + 1}\right)^{n-m+1}$$

根据 $I(X, k) = \left(\dfrac{X}{n-k+1}\right)^{n-k+1}$，则有 $a_1 a_2 \cdots a_n \leqslant I(A, 1) = \left(\dfrac{A}{n}\right)^n$。

## 4.5 案例分析

**例 4.8** 生产计划问题。某加工企业投入 1000 台机器加工生产一种产品，设备可以在高、低两种不同的生产负荷下进行生产。高负荷下生产，每台机器一年的产值为 8000 万元，设备的损耗率为 30%，即有 30% 的设备报废。低负荷下生产，每台机器一年的产值为 5000 万元，设备的损耗率为 10%。要求制订一个五年的生产计划，在每年开始时决定分配机器的工作方式，使企业五年的总产值最大。

**解** 这是一个 5 阶段的动态决策问题。阶段变量 $k$ 表示年度，状态变量 $s_k$ 表示第 $k$ 年初拥有的可以投入生产的机器数量，决策变量 $u_k$ 表示第 $k$ 年度中分配在高负荷下生产的机器数量，自然 $s_k - u_k$ 就是该年度分配在低负荷下生产的机器数量。这里 $s_k$，$u_k$ 可以取为连续变量，可以这样来理解：$s_k = 0.6$ 表示一台机器在该年度正常工作时间只占 60%；$u_k = 0.3$ 表示一台机器在该年度的 3/10 时间里在高负荷下工作。

状态转移方程为

$$s_{k+1} = 0.7u_k + 0.9(s_k - u_k), \quad k = 1, 2, \cdots, 5$$

$k$ 阶段的允许决策集合是

$$D_k(s_k) = \{u_k \mid 0 \leqslant u_k \leqslant s_k\}$$

第 $k$ 年度产品产值是

$$v_k(s_k, u_k) = 8u_k + 5(s_k - u_k)$$

指标函数是

$$V_k = \sum_{j=k}^{5} (8u_j + 5(s_j - u_j))$$

定义最优值函数 $f_k(s_k)$ 为第 $k$ 年初从 $s_k$ 出发到第 5 年度结束产生的最大产值。递推关系为

$$\begin{cases} f_k(s_k) = \max\limits_{u_k \in D_k(s_k)} \{8u_k + 5(s_k - u_k) + f_{k+1}[0.7u_k + 0.9(s_k - u_k)]\}, 1 \leqslant k \leqslant 5 \\ f_6(x_6) = 0 \end{cases}$$

计算过程如下。

$k = 5$ 时，有

$$f_5(s_5) = \max_{0 \leqslant u_5 \leqslant s_5} \{8u_5 + 5(s_5 - u_5)\} = \max_{0 \leqslant u_5 \leqslant s_5} \{3u_5 + 5s_5\}$$

因为 $f_5$ 的表示式是 $u_5$ 的单调函数，所以最优决策 $u_5^*(s_5) = s_5$，$f_5(s_5) = 8s_5$，即在第 5 年将全部机器进行高负荷生产。

$k = 4$ 时，有

$$f_4(s_4) = \max_{0 \leqslant u_4 \leqslant s_4} \{8u_4 + 5(s_4 - u_4) + f_5[0.7u_4 + 0.9(s_4 - u_4)]\}$$

$$= \max_{0 \leqslant u_4 \leqslant s_4} \{8u_4 + 5(s_4 - u_4) + 8[0.7u_4 + 0.9(s_4 - u_4)]\} = \max_{0 \leqslant u_4 \leqslant s_4} \{1.4u_4 + 12.2s_4\}$$

同理，最优决策 $u_4^* = s_4$，$f_4(s_4) = 13.6s_4$，即在第 4 年将全部机器进行高负荷生产。

依次可得

$$u_3^* = s_3, f_3(s_3) = 17.6s_3,$$

$$u_2^* = 0, f_2(s_2) = 20.8s_2,$$

$$u_1^* = 0, f_1(s_1) = 23.7s_1 = 23700$$

从上面的计算可知，最优策略是前两年将全部完好机器投入低负荷生产，后 3 年将全部机器投入高负荷生产，最高产值是 23700 万元。

**例 4.9** 生产存储问题。某公司生产并销售某产品。根据市场预测，今后四个月的市场需求量如表 4.6 所示。

表 4.6　某公司各时期市场需求

| 时期/月 | 需求量 $d_k$ |
|---|---|
| 1 | 2 |
| 2 | 3 |
| 3 | 2 |
| 4 | 4 |

已知生产一件产品的成本是 1000 元，每批产品的生产准备成本是 3000 元，每月仅能生产一批，每批 6 件。每件存储成本为 500 元，且第 1 月初无存货，第 4 月末的存货要求为零。求最优生产计划。

**解** 设第 $k$ 月的生产量 $u_k$，存储量为 $S_k$，则总成本为

$$C_k(S_k, u_k) = \begin{cases} u_k + 3 \\ 0 \end{cases} + 0.5S_k$$

建立数学模型。以月划分阶段，$k = 1, 2, 3, 4$。各阶段决策变量为该阶段生产量 $u_k$，状态变量为该阶段存储量 $S_k$。采用逆序算法，则状态转移方程为

$$S_{k+1} = S_k + u_k - d_k$$

最低成本递推公式是

$$f_k(S_k) = \min_{\substack{0 \leqslant u_k \leqslant 6 \\ S_k + u_k \geqslant d_k}} \{C_k(S_k, u_k) + f_{k+1}(S_{k+1})\}$$

$$f_5(S_5) = 0$$

第 4 阶段，当 $k=4$ 时，$d_4=4$，因第 4 阶段末无存货，因此 $S_4=(0,1,2,3,4)$，如表 4.7 所示。

表 4.7　第 4 阶段结果

| $S_4$ | $u_4$ | 本期成本 | | $C_4$ | $S_5$ | $f_5(S_5)$ | $f_4(S_4)$ |
| | | 生产 | 存储 | | | | |
| --- | --- | --- | --- | --- | --- | --- | --- |
| 0 | 4 | 7 | 0 | 7 | 0 | 0 | 7 |
| 1 | 3 | 6 | 0.5 | 6.5 | 0 | 0 | 6.5 |
| 2 | 2 | 5 | 1 | 6 | 0 | 0 | 6 |
| 3 | 1 | 4 | 1.5 | 5.5 | 0 | 0 | 5.5 |
| 4 | 0 | 0 | 2 | 2 | 0 | 0 | 2 |

因此有

$$f_4(0) = 7, u_4 = 4; f_4(1) = 6.5, u_4 = 3; f_4(2) = 6, u_4 = 2;$$

$$f_4(3) = 5.5, u_4 = 1; f_4(4) = 2, u_4 = 0$$

第 3 阶段，当 $k = 3$ 时，由于 $S_4 \leqslant 4$，且第 3 阶段需求量 $d_3=2$，$S_3=(0,1,2,3,4,5,6)$，如表 4.8 所示。

表 4.8　第 3 阶段结果

| $S_3$ | $u_3$ | 本期成本 | | $C_3$ | $S_4$ | $f_4(S_4)$ | $f_3(S_3)$ |
| | | 生产 | 存储 | | | | |
| --- | --- | --- | --- | --- | --- | --- | --- |
| 0 | 2 | 5 | 0 | 5 | 0 | 7 | 12 |
| | 3 | 6 | 0 | 6 | 1 | 6.5 | 12.5 |
| | 4 | 7 | 0 | 7 | 2 | 6 | 13 |
| | 5 | 8 | 0 | 8 | 3 | 5.5 | 13.5 |
| | 6 | 9 | 0 | 9 | 4 | 2 | 11 |
| 1 | 1 | 4 | 0.5 | 4.5 | 0 | 7 | 11.5 |
| | 2 | 5 | 0.5 | 5.5 | 1 | 6.5 | 12.0 |
| | 3 | 6 | 0.5 | 6.5 | 2 | 6 | 12.5 |
| | 4 | 7 | 0.5 | 7.5 | 3 | 5.5 | 13.0 |
| | 5 | 8 | 0.5 | 8.5 | 4 | 2 | 10.5 |
| 2 | 0 | 0 | 1 | 1 | 0 | 7 | 8 |
| | 1 | 4 | 1 | 5 | 1 | 6.5 | 11.5 |
| | 2 | 5 | 1 | 6 | 2 | 6 | 12.0 |
| | 3 | 6 | 1 | 7 | 3 | 5.5 | 12.5 |
| | 4 | 7 | 1 | 8 | 4 | 2 | 10.0 |
| 3 | 0 | 0 | 1.5 | 1.5 | 1 | 6.5 | 8 |
| | 1 | 4 | 1.5 | 5.5 | 2 | 6 | 11.5 |
| | 2 | 5 | 1.5 | 6.5 | 3 | 5.5 | 12.0 |
| | 3 | 6 | 1.5 | 7.5 | 4 | 2 | 9.5 |
| 4 | 0 | 0 | 2 | 2 | 2 | 6 | 8 |
| | 1 | 4 | 2 | 6 | 3 | 5.5 | 11.5 |
| | 2 | 5 | 2 | 7 | 4 | 2 | 9 |
| 5 | 0 | 0 | 2.5 | 2.5 | 3 | 5.5 | 8 |
| | 1 | 4 | 2.5 | 6.5 | 4 | 2 | 8.5 |
| 6 | 0 | 0 | 3 | 3 | 4 | 2 | 5 |

因此有：$f_3(0) = 11, u_3 = 6; f_3(1) = 10.5, u_3 = 5; f_3(2) = 8, u_3 = 0; f_3(3) = 8, u_3 = 0;$

$$f_3(4) = 8, u_3 = 0; f_3(5) = 8, u_3 = 0; f_3(5) = 8, u_3 = 0; f_3(6) = 5, u_3 = 0$$

第 2 阶段，当 $k=2$ 时，$d_2=3$，由于最大生产能力为 6，而 $d_1=2$，因此 $S_2=(0,1,2,3,4)$，如表 4.9 所示。

表 4.9　第 2 阶段结果

| $S_2$ | $u_2$ | 本期成本 | | $C_2$ | $S_3$ | $f_3(S_3)$ | $f_2(S_2)$ |
| | | 生产 | 存储 | | | | |
| --- | --- | --- | --- | --- | --- | --- | --- |
| 0 | 3 | 6 | 0 | 6 | 0 | 11.0 | 17 |
| | 4 | 7 | 0 | 7 | 1 | 10.5 | 17.5 |
| | 5 | 8 | 0 | 8 | 2 | 8.0 | 16 |
| | 6 | 9 | 0 | 9 | 3 | 8.0 | 17 |
| 1 | 2 | 5 | 0.5 | 5.5 | 0 | 11.0 | 16.5 |
| | 3 | 6 | 0.5 | 6.5 | 1 | 10.5 | 17 |
| | 4 | 7 | 0.5 | 7.5 | 2 | 8.0 | 15.5 |
| | 5 | 8 | 0.5 | 8.5 | 3 | 8.0 | 16.5 |
| | 6 | 9 | 0.5 | 9.5 | 4 | 8.0 | 17.5 |
| 2 | 1 | 4 | 1 | 5 | 0 | 11.0 | 16.0 |
| | 2 | 5 | 1 | 6 | 1 | 10.5 | 16.5 |
| | 3 | 6 | 1 | 7 | 2 | 8.0 | 15.0 |
| | 4 | 7 | 1 | 8 | 3 | 8.0 | 16.0 |
| | 5 | 8 | 1 | 9 | 4 | 8.0 | 17.0 |
| | 6 | 9 | 1 | 10 | 5 | 8.0 | 18.0 |
| 3 | 0 | 0 | 1.5 | 1.5 | 0 | 11.0 | 12.5 |
| | 1 | 4 | 1.5 | 5.5 | 1 | 10.5 | 16.0 |
| | 2 | 5 | 1.5 | 6.5 | 2 | 8.0 | 14.5 |
| | 3 | 6 | 1.5 | 7.5 | 3 | 8.0 | 15.5 |
| | 4 | 7 | 1.5 | 8.5 | 4 | 8.0 | 16.5 |
| | 5 | 8 | 1.5 | 9.5 | 5 | 8.0 | 17.5 |
| | 6 | 9 | 1.5 | 10.5 | 6 | 5.0 | 15.5 |
| 4 | 0 | 0 | 2 | 2 | 1 | 10.5 | 12.5 |
| | 1 | 4 | 2 | 6 | 2 | 8.0 | 14 |
| | 2 | 5 | 2 | 7 | 3 | 8.0 | 15 |
| | 3 | 6 | 2 | 8 | 4 | 8.0 | 16 |
| | 4 | 7 | 2 | 9 | 5 | 8.0 | 17 |
| | 5 | 8 | 2 | 10 | 6 | 5.0 | 15 |

因此有：$f_2(0) = 16, u_2 = 5; f_2(1) = 15.5, u_2 = 4; f_2(2) = 15, u_2 = 3;$

$$f_2(3) = 12.5, u_2 = 0; f_2(4) = 12.5, u_2 = 0$$

第 1 阶段，当 $k=1$ 时，$d_1=2$，$S_1=0$，如表 4.10 所示。

因此有：$f_1(0) = 20.5, u_1 = 5$。

因此从第 1 阶段向后反推求得最优路线：第 1 月生产 5 个单位，第 3 月生产 6 个单位，第 2、4 月不生产。这时总成本为 20500 元。

表 4.10　第 1 阶段结果

| $S_1$ | $u_1$ | 本期成本 | | $C_1$ | $S_2$ | $f_2(S_2)$ | $f_1(S_1)$ |
| | | 生产 | 存储 | | | | |
|---|---|---|---|---|---|---|---|
| 0 | 2 | 5 | 0 | 5 | 0 | 16.0 | 21 |
| | 3 | 6 | 0 | 6 | 1 | 15.5 | 21.5 |
| | 4 | 7 | 0 | 7 | 2 | 15.0 | 22 |
| | 5 | 8 | 0 | 8 | 3 | 12.5 | 20.5 |
| | 6 | 9 | 0 | 9 | 4 | 12.5 | 21.5 |

# 习　题　4

1. 某工厂生产三种产品，每种产品的重量与利润的关系见表 4.11。现将此三种产品运往市场销售，运输能力总重量不超过 10 吨，问如何安排运输才能使一车所装载的价值最大？

表 4.11　产品的重量与利润的关系

| 产品编号 | 重量/(吨/件) | 利润/(吨/件) |
|---|---|---|
| 1 | 2 | 100 |
| 2 | 3 | 140 |
| 3 | 4 | 180 |

2. 某人外出，需要将五件物品装入背包，背包的总重量不超过 13kg。物品的重量和价值见表 4.12。问如何装这些物品，才能使整个背包的价值最大。

表 4.12　物品的重量和价值

| 物品 | 重量/kg | 价值/万元 |
|---|---|---|
| A | 7 | 9 |
| B | 5 | 4 |
| C | 4 | 3 |
| D | 3 | 2 |
| E | 1 | 1 |

3. 为保证某一设备的正常运转，需备有三种不同的零件 $E_1, E_2, E_3$。若增加备用零件的数量，可提高设备正常运转的可靠性，但增加了费用，而投资额仅为 8000 元。已知备用零件数与它的可靠性和费用的关系如表 4.13 所示。

表 4.13　备用零件数与它的可靠性和费用的关系

| 备件数 | 增加的可靠性 | | | 设备的费用/万元 | | |
| | $E_1$ | $E_2$ | $E_3$ | $E_1$ | $E_2$ | $E_3$ |
|---|---|---|---|---|---|---|
| $z=1$ | 0.3 | 0.2 | 0.1 | 1 | 3 | 2 |
| $z=2$ | 0.4 | 0.5 | 0.2 | 2 | 5 | 3 |
| $z=3$ | 0.5 | 0.9 | 0.7 | 3 | 6 | 4 |

现要求在既不超出投资额的限制，又能尽量提高设备运转的可靠性的条件下，问各种零件的备件数量应是多少为好？

4. 用动态规划法求解如下问题。

现有 80 万元用于投资三个项目，三个项目的投资规模与其创造的利润见表 4.14。请决定投资计划，使其利润最大。

表 4.14 三个项目的投资规模与其创造的利润

| 项目 | 0 万元 | 20 万元 | 40 万元 | 60 万元 | 80 万元 |
|---|---|---|---|---|---|
| A1 | 0 | 1.5 | 8 | 9.5 | 10 |
| A2 | 0 | 1.5 | 6 | 7.3 | 7.5 |
| A3 | 0 | 2.6 | 4.5 | 5.1 | 5.3 |

5. 用动态规划求解非线性规划问题:

(1) $\max Z = x_1^2 x_2 x_3^3$

$$\text{s.t.} \begin{cases} x_1 + x_2 + x_3 \leqslant 6 \\ x_j \geqslant 0, j = 1, 2, 3 \end{cases}$$

(2) $\max Z = 3x_1(2 - x_1) + 2x_2(2 - x_2)$

$$\text{s.t.} \begin{cases} x_1 + x_2 \leqslant 3 \\ x_j \geqslant 0, j = 1, 2, 3; \text{整数} \end{cases}$$

6. 设某工厂有 1000 台机器,生产两种产品 A、B,若投入 $y$ 台机器生产 A 产品,则纯收入为 $5y$,若投入 $y$ 台机器生产 B 种产品,则纯收入为 $4y$,又知生产 A 种产品机器的年折损率为 20%,生产 B 种产品机器的年折损率为 10%,问在 5 年内如何安排各年度的生产计划,才能使总收入最高?

7. 有四个工人,要指派他们分别完成 4 项工作,每人做各项工作所消耗的时间见表 4.15。

表 4.15 各项工作所消耗的时间表

| 工人 | A | B | C | D |
|---|---|---|---|---|
| 甲 | 15 | 18 | 21 | 24 |
| 乙 | 19 | 23 | 22 | 18 |
| 丙 | 26 | 17 | 16 | 19 |
| 丁 | 19 | 21 | 23 | 17 |

问指派哪个人去完成哪项工作,可使总的消耗时间为最小?试对此问题用动态规划方法求解。

# 第 5 章　目　标　规　划

在经济管理工作中，人们往往要考虑多种因素和多个评价指标，此时可能产生两种问题，一种是由多个评价指标提出的多个优化目标往往不能同时满足，如要求成本最小、利润最大、质量最好和服务水平最高等，这些最优化目标有的是相互兼容的，有的则是相互矛盾的，如在收益相对固定情况下，成本最小和利润最大是一致的，但成本最小与服务水平最高则是相互矛盾的，提高服务水平需要更多的投入，成本必然增加。因此人们追求的多重目标有时可同时实现，例如，第 4 章网络流分析中的最小费用最大流问题和最短工期最小费用问题便属于这一类，但多数具有冲突性，不能做到同时实现。另一种是由多种因素和多个指标构成的约束条件往往是矛盾的，即不存在可行域，这种问题又称为目标约束问题。本章介绍处理和解决具有冲突性的多重目标优化问题以及目标约束问题的理论和方法。

## 5.1　目标规划问题

### 5.1.1　目标规划的定义

在传统的多目标优化问题 (multi-objective optimization problem，MOP) 中，目标间存在竞争关系，一个目标的改善以损害其他目标为代价。解与解之间的偏序关系决定了问题存在一组互不占优的解，构成彼此互不支配的帕累托最优解集。随着目标数目的增加，最优解集中互不占优解的数目大大增加，极大地增加了问题的求解难度。已有研究表明，对于目标数多于 15 的优化问题，求解难度再次大幅增加。

在复杂系统和体系的设计与应用优化中，多目标优化问题中的各目标间不限于竞争关系，也可以是促进、约束、互不相关，甚至是相似、冗余的关系。将所有需要同时达到多个目标的问题均可看作多目标优化问题，当问题的目标个数多于 1 时，称为多目标优化问题。通常，将目标数大于 3 的优化问题，称为高维多目标优化问题，也称为超多目标优化问题 (many-objective optimization problem，MAP)。由于目标数量影响问题求解难度，根据目标数目的不同，将多目标优化问题细分为三类，分别为经典多目标优化问题 (具有 2 个或 3 个目标)、高维多目标优化问题 (目标数多于 3) 和超多目标优化问题 (目标数多于或等于 15)。对于复杂系统和体系的设计与使用来说，面临的优化问题绝大多数属于高维多目标优化问题或超多目标优化问题。因此有必要根据目标数目对多目标优化问题进一步细分，开展具有不同特征、求解难度和不同目标维数的多目标优化问题求解方法的研究。

### 5.1.2　目标规划问题举例

例 5.1　生产计划问题。某公司生产三种产品 I、II 和 III，采用资源 A、B，材料 C、D，产品价格、每件产品所需资源量和资源总量如表 5.1 所示，如果要求在资源量允许的范围决定三种产品的产量，使产值最大，则可以列出相应的线性规划数学模型如下：

$$\max z = 40x_1 + 30x_2 + 50x_3$$

$$\text{s.t.} \begin{cases} 3x_1 + x_2 + 2x_3 \leqslant 200 \\ 2x_1 + 2x_2 + 4x_3 \leqslant 220 \\ 4x_1 + 5x_2 + x_3 \leqslant 360 \\ 2x_1 + 3x_2 + 5x_3 \leqslant 300 \\ x_1, x_2, x_3 \geqslant 0 \end{cases}$$

其中，$x_1, x_2, x_3$ 分别是产品 I、II 和 III 的产量。该线性规划问题的最优解是：$(x_1, x_2, x_3) = (45, 33, 15), z = 3540$。

表 5.1　例 5.1 的参数表

| 资源 | 设备 A/h | 设备 B/h | 材料 C/kg | 材料 D/kg | 价格/(万元/件) |
|------|---------|---------|----------|----------|---------------|
| 产品 I | 3 | 2 | 4 | 2 | 4 |
| 产品 II | 1 | 2 | 5 | 3 | 3 |
| 产品 III | 2 | 4 | 1 | 5 | 5 |
| 资源总量 | 200 | 220 | 360 | 300 | |

现在决策者由于对企业的现状和市场需求的进一步掌握，认为上述最优解不能直接用于决策，需要进一步提出一些经营目标，这些经营目标按照优先顺序列出如下：

(1) 利润不少于 340 万元；

(2) 产品 I 的产量不能超过产品 II 产量的 1.5 倍；

(3) 产品 III 的产量不低于 30 件；

(4) 设备能力不足时可以加班，但应尽可能不加班；

(5) 材料不能超过总量。

按照线性规划的思路可以列出相应的约束条件如下：

$$\begin{cases} 40x_1 + 30x_2 + 50x_3 \geqslant 3400 \\ x_1 - 1.5x_2 \leqslant 0 \\ x_3 \geqslant 30 \\ 3x_1 + x_2 + 2x_3 \leqslant 200 \\ 2x_1 + 2x_2 + 4x_3 \leqslant 220 \\ 4x_1 + 5x_2 + x_3 \leqslant 360 \\ 2x_1 + 3x_2 + 5x_3 \leqslant 300 \\ x_1, x_2, x_3 \geqslant 0 \end{cases} \tag{5.1}$$

上述约束不能同时满足，也就是说不存在上述约束的可行域。所以这些约束是矛盾的，属于目标约束问题。

**例 5.2** 运输问题。某企业有三家分公司，他们生产的产品供应给四个配送中心，各分公司的产量、各配送中心的需求和从各分公司到各配送中心的单位产品的运费如表 5.2 所示，请为该企业提出一个最优的调运方案，使总运费最小。

表 5.2　例 5.2 的参数表

|  | 配送中心 I | 配送中心 II | 配送中心 III | 配送中心 IV | 总产量 |
|---|---|---|---|---|---|
| 分公司 I | 5 | 2 | 6 | 7 | 300 |
| 分公司 II | 3 | 5 | 4 | 6 | 200 |
| 分公司 III | 4 | 5 | 2 | 3 | 400 |
| 总需求量 | 200 | 100 | 450 | 250 |  |

该问题的线性规划模型如下：

$$\min z = 5x_{11} + 2x_{12} + 6x_{13} + 7x_{14} + 3x_{21} + 5x_{22} + 4x_{23} + 6x_{24}$$

$$+ 4x_{31} + 5x_{32} + 2x_{33} + 3x_{34}$$

$$\text{s.t.} \begin{cases} x_{11} + x_{12} + x_{13} + x_{14} = 300 \\ x_{21} + x_{22} + x_{23} + x_{24} = 200 \\ x_{31} + x_{32} + x_{33} + x_{34} = 400 \end{cases}$$

$$\begin{cases} x_{11} + x_{21} + x_{31} \leqslant 200 \\ x_{12} + x_{22} + x_{32} \leqslant 100 \\ x_{13} + x_{23} + x_{33} \leqslant 450 \\ x_{14} + x_{24} + x_{34} \leqslant 250 \end{cases}$$

$$x_{ij} \geqslant 0, i = 1, 2, 3; j = 1, 2, 3, 4$$

其中，$x_{ij}$ 是从第 $i$ 分公司运往第 $j$ 配送中心的产品件数。用单纯形法或表上作业法可得最优解：$x_{11} = 200, x_{12} = 100, x_{23} = 200, x_{33} = 250, x_{34} = 150$，其他运量为零，最小总运费 $z=2950$ 元。由于该问题是不平衡运输问题，追求最小总运费的目标使配送中心 IV 只得到了 150 件产品，远未满足需求，这严重影响了企业的服务质量，一般是不允许的。因此决策者要求：

(1) 配送中心 IV 很重要，需求量必须全部满足；

(2) 供应配送中心 I 的产品中，分公司 III 的产品不少于 100 件；

(3) 要求各配送中心的满足率不少于 80%；

(4) 新方案的总运费不超过最小运费的 1.1 倍；

(5) 因交通问题，从分公司 II 到配送中心 IV 的路线应尽量避免分配运输任务；

(6) 配送中心 I 和配送中心 III 的满足率应尽量相等；

(7) 尽量减少总运费。

用线性规划的思路给出数学模型如下：

$$\min z = 5x_{11} + 2x_{12} + 6x_{13} + 7x_{14} + 3x_{21} + 5x_{22} + 4x_{23} + 6x_{24}$$
$$+ 4x_{31} + 5x_{32} + 2x_{33} + 3x_{34}$$

$$\text{s.t.} \begin{cases} x_{11} + x_{12} + x_{13} + x_{14} = 300 \\ x_{21} + x_{22} + x_{23} + x_{24} = 200 \\ x_{31} + x_{32} + x_{33} + x_{34} = 400 \end{cases} \tag{5.2}$$

$$\begin{cases} x_{11} + x_{21} + x_{31} \leqslant 200 \\ x_{12} + x_{22} + x_{32} \leqslant 100 \\ x_{13} + x_{23} + x_{33} \leqslant 450 \\ x_{14} + x_{24} + x_{34} = 250 \end{cases} \tag{5.3}$$

$$x_{31} \geqslant 100 \tag{5.4}$$

$$\begin{cases} x_{11} + x_{21} + x_{31} \geqslant 160 \\ x_{12} + x_{22} + x_{32} \geqslant 80 \\ x_{13} + x_{23} + x_{33} \geqslant 360 \\ x_{14} + x_{24} + x_{34} \geqslant 200 \end{cases} \tag{5.5}$$

$$5x_{11} + 2x_{12} + 6x_{13} + 7x_{14} + 3x_{21} + 5x_{22} + 4x_{23} + 6x_{24}$$
$$+ 4x_{31} + 5x_{32} + 2x_{33} + 3x_{34} \leqslant 1.1 \times 2950 \tag{5.6}$$

$$x_{24} = 0 \tag{5.7}$$

$$\frac{x_{11} + x_{21} + x_{31}}{200} = \frac{x_{13} + x_{23} + x_{33}}{450}$$

式 (5.2) 是第 7 个目标要求和供应量限制, 式 (5.3) 是需求量限制和第 1 个目标要求, 式 (5.4) 是第 2 个目标要求, 式 (5.5) 是第 3 个目标要求, 式 (5.6) ~ 式 (5.7) 是第 4 ~ 6 个目标要求。通过分析可以看出式 (5.3) ~ 式 (5.7) 不能全部完全满足, 因此属于目标约束问题。

**例 5.3** 航班计划问题。航空公司根据航线一天累积需求随时间的分布、票价和旅客误点成本来决定一天的航班频率和时刻, 要求利润最大、旅客损失最少和旅客计划误点成本最小, 这就是航班计划问题。这里的计划误点是指由于航班计划的出发时刻与旅客最佳出行时间不一致造成的 "误点"。一般地, 航班频率越高, 计划误点将越小, 则旅客的出行成本越小, 服务水平越高。但航班频率高了, 航空公司的运行成本将增加, 同时每航班的旅客需求将减少, 造成航班亏损。航班计划的优化应当在这两者之间寻得平衡。设某航线每天早晨 7 点开始有旅客需求, 到晚上 23 点后没有旅客需求, 图 5.1 是该航线的日累积需求分布图, 它由三段直线构成, 直线的斜率代表需求密度, 每段直线的斜率不同。该航线航班的可用座位数为 125, 每航班成本为 15200 元, 平均票价为 650 元, 旅客计划误点成本为 30 元/客小时。出于安全的考虑和根据时间的安排, 前后两航班的间隔不小于 0.4 小时, 如果计划误点超过 0.6 小时, 旅客就会流失到其他航空公司, 航班计划应力求减少旅客损失。

设每天的航班频率为 $m$，$l_i$ 为第 $i$ 航班的客座率，$t$ 为时点变量，$t_i$ 为第 $i$ 个航班的出港时刻，所以 $t_0 = 7, t_m = 23$，一天的营运时间是 $T=23-7=16$ 小时。旅客需求密度和累积需求分别为 $q(t)$ 和 $Q(t)$。根据有关研究成果，第 $i$ 航班的期望旅客数为

$$N(t_i) = 125l_i = 2Q(t_i) - 2Q((t_{i-1} + t_i)/2)$$

当 $t_i - (t_{i-1} + t_i)/2 = (t_i - t_{i-1})/2 > 0.6$ 时，$N(t_i) = 2Q(t_i) - 2Q(t_i - 0.6)$，同时损失旅客数 $L(t_i) = 2Q(t_i - 0.6) - 2Q((t_{i-1} + t_i)/2)$，旅客的计划误点为

$$w(t_i) = (Q(t_i) - Q((t_{i-1} + t_i)/2))h(t_i)/4 + (Q((t_{i+1} + t_i)/2) - Q(t_i))h(t_{i+1})/4$$

其中，$h(t_i) = t_i - t_{i-1}, h(t_{i+1}) = h(t_i)q((t_{i-1} + t_i)/2)/q(t_i)$。因此本问题的数学模型是

$$\max z_1 = 650 \sum_{i=1}^{m} N(t_i) - 15200m - 30 \sum_{i=1}^{m} w(t_i)$$

$$\min z_2 = \sum_{i=1}^{m} L(t_i)$$

$$\min z_3 = 30 \sum_{i=1}^{m} w(t_i)$$

$$\text{s.t.} \begin{cases} t_i - t_{i-1} \geqslant 0.4 \\ 1 \geqslant l_i \geqslant 0.6 \\ t_0 = 7, t_{m+1} = 23 \end{cases}$$

上述航班计划问题的三个目标一般不能同时满足，该问题称为多目标优化问题，但又是经营管理中经常遇到的问题，下面将讨论这种问题的基本处理方法。

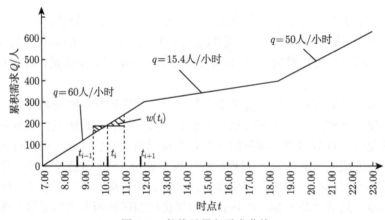

图 5.1 航线日累积需求曲线

### 5.1.3 多目标优化问题处理方法的一般讨论

多目标优化问题可以写成如下的一般形式：

$$\min(f_1(x), f_2(x), \cdots, f_p(x))$$
$$\text{s.t.} \quad g_i(x) \geqslant 0, i = 1, 2, \cdots, m$$

其中, $f_i(x)(i=1,2,\cdots,p)$ 是 $p$ 个目标函数, 如果有些目标函数是求最大的, 则取它的相反数, 将其转化为求最小的目标函数; $g_i(x)(i=1,2,\cdots,m)$ 是约束条件, 由它构成可行域 $R$。

把能使所有 $p$ 个目标函数同时达到最优的可行解定义为多目标优化问题的绝对最优解。如果绝对最优解不存在或不容易解得, 则将寻求有效解, 又称帕累托最优解, 该解是满足约束条件的可行解, 它使得各目标函数值相对于其他可行解不坏, 且至少有一个目标函数达到最优。

**定义 5.1**　帕累托占优。对于两个可行解向量 $x_A=(x_{A1},\ x_{A2},\cdots,\ x_{Am})$ 和 $x_B=(x_{B1},\ x_{B2},\cdots,\ x_{Bm})$, 当且仅当 $\forall i\in\{1,2,\cdots,m\}$, 有 $x_{Ai}\leqslant x_{Bi}$, 且 $\exists i\in\{1,2,\cdots,k\}$, $k\leqslant m$, 有 $x_{Ai}<x_{Bi}$ 成立时, 称向量 $x_A$ 占优向量 $x_B$, 或 $x_A$ 帕累托支配 $x_B$, 记为 $x_{Ai}<x_{Bi}$。

**定义 5.2**　对于向量 $\tilde{x}\in X$ 和 $x\in X$, 当且仅当不存在 $F(x)$ 优于 $F(\tilde{x})$ 时, 称 $\tilde{x}$ 为 $F$ 问题的帕累托最优解, 或非支配解。

**定义 5.3**　由帕累托最优解构成的集合 $P^*$ 称为帕累托最优解集 (Pareto set, PS)。由最优解集在目标空间中对应的多目标函数的映像集 $F(P^*)=\{F(x)|x\in P^*\}$ 构成帕累托前沿面 (Pareto front, PF)。

在帕累托最优解集中, 解的个数随目标数的增多呈指数级增长, 这是目标数多的多目标问题求解难度大的主要原因。

以上是业界普遍认可的对多目标优化问题的形式化描述及相关定义。除此之外, 多目标优化问题还有如下特征。

(1) 多个目标间通常存在冲突或竞争关系。

(2) 不只有一个最优解, 而是存在一组互不占优的解, 组成解集。

(3) 解集中的解存在于同一目标维度的空间中。

在绝对最优解不存在时, 如何求得多目标优化问题的有效解呢? 下面介绍几种常用处理方法。

1. 加权和法

以 $\lambda_i$ 为加权系数, 构成加权和的目标函数, 将其转化为一个目标函数的规划问题:

$$\min P(\lambda)=\sum_{i=1}^{p}\lambda_i f_i(x)$$
$$\text{s.t.}\quad g_i(x)\geqslant 0, i=1,2,\cdots,m$$

其中, $0\leqslant\lambda_i\leqslant 1,\ \sum_{i=1}^{p}\lambda_i=1$。

可以证明: 若 $\bar{x}$ 是问题 $P(\lambda)$ 的最优解, 并满足如下条件之一:

(1) $\lambda_i>0, i=1,2,\cdots,p$。

(2) $\bar{x}$ 是问题 $P(\lambda)$ 的唯一解。

则 $\bar{x}$ 是多目标优化问题的有效解。

对于多目标线性优化问题，即 $f_i(x)(i = 1, 2, \cdots, p)$ 和 $g_i(x)(i = 1, 2, \cdots, m)$ 是线性函数，则一定存在 $\lambda_i$ 满足 $0 \leqslant \lambda_i \leqslant 1, \sum_{i=1}^{p} \lambda_i = 1$，使得 $P(\lambda)$ 存在最优解 $\bar{x}$，它是多目标优化问题的有效解。

### 2. 主要目标法

主要目标法的思路是只保证一个最重要目标函数获得最优值，其他目标函数约束在一定范围内，因此转化为单目标优化问题。例如

$$
\min z = f_1(x)
$$
$$
\text{s.t.} \begin{cases} g_i(x) \geqslant 0, i = 1, 2, \cdots, m \\ l_i \leqslant f_i(x) \leqslant u_i, i = 2, 3, \cdots, p \end{cases}
$$

其中，$l_i$ 和 $u_i$ 的选取十分重要，一般应尽可能选取 $l_i$ 为 $f_i(x)$ 的最优值附近的值，并根据 $f_i(x)$ 的重要程度选取 $u_i$ 的值，$f_i(x)$ 越重要，$u_i$ 与 $l_i$ 的差应当越小。可以通过若干次实验，确定适当的 $l_i$ 和 $u_i$，以保证问题可行和问题的解尽可能令人满意。

### 3. 加权理想值差法

给 $p$ 个目标函数规定相应的理想值 $f_i^*$，要求目标函数分别与规定的理想值之差尽量小，因此将多目标优化问题转化为如下的单目标优化问题：

$$
\min z = \sum_{i=1}^{p} w_i \left| f_i(x) - f_i^* \right|
$$
$$
\text{s.t.} \quad g_i(x) \geqslant 0 \tag{5.8}
$$

其中，$w_i$ 为权系数，可以根据目标函数的重要程度选取，越是重要的目标函数，权系数越大。

5.2 节将在加权理想值差法的基础上发展目标规划的数学模型，目标规划是解决多目标规划和目标约束问题的一种有效方法。

## 5.2 目标规划的数学模型

从 5.1 节的介绍可以看出，在经营管理决策中，经常遇到多目标规划问题和目标约束问题。要做到科学有效的决策，需要有一套解决多目标规划和目标约束问题的简单实用方法，这就是本节将介绍的目标规划 (goal programming)。

1961 年，Charnes 和 Cooper 在考虑不可行线性规划问题 (在 5.1 节称为目标约束问题) 的近似解时，首先提出了目标规划的方法。

目标规划是一种解决多目标规划和目标约束问题的方法，它引进偏差变量、目标优先级及权重来解决目标不相容问题，使数学模型更具有柔性，因而使问题得以解决。它已经成为处理多目标规划和目标约束问题的最为广泛的一种方法。

目标规划的数学模型可以在 5.1 节介绍的加权理想值差法的基础上建立。其一般形式即如式 (5.8) 所示。

### 5.2.1　多目标优化问题的处理

以下将只限于考虑线性多目标规划问题，此时的目标规划数学模型可以写成

$$\min z = \sum_{i=1}^{p} w_i |f_i(x) - f_i^*|$$
$$\text{s.t.} \begin{cases} Ax \geqslant b \\ x \geqslant 0 \end{cases} \tag{5.9}$$

其中，$f_i^*$ 是目标函数 $f_i(x)$ 的目的值或称为理想值。令

$$d_i^+ = \frac{1}{2}\left(|f_i(x) - f_i^*| + f_i(x) - f_i^*\right), \quad d_i^- = \frac{1}{2}\left(|f_i(x) - f_i^*| - (f_i(x) - f_i^*)\right) \tag{5.10}$$

则 $d_i^+, d_i^- \geqslant 0$，且有

$$|f_i(x) - f_i^*| = d_i^+ + d_i^-, \quad f_i(x) - f_i^* = d_i^+ - d_i^-$$

因此数学模型 (5.9) 化为

$$\min z = \sum_{i=1}^{p} w_i(d_i^+ + d_i^-)$$
$$\text{s.t.} \begin{cases} Ax \geqslant b \\ f_i(x) + d_i^- - d_i^+ = f_i^*, i = 1, 2, \cdots, p \\ x \geqslant 0; d_i^+, d_i^- \geqslant 0, i = 1, 2, \cdots, p \end{cases} \tag{5.11}$$

上面引进的变量 $d_i^+$、$d_i^-$ 分别称为正、负偏差变量。稍作分析可以发现正负偏差变量还满足如下关系：

$$d_i^+ d_i^- = 0 \tag{5.12}$$

这是因为当 $f_i(x) \geqslant f_i^*$ 时，从式 (5.10) 可知

$$d_i^+ = f_i(x) - f_i^*, \; d_i^- = 0$$

当 $f_i(x) \leqslant f_i^*$ 时，有

$$d_i^- = f_i^* - f_i(x), \; d_i^+ = 0$$

可见它们总有一个等于零，并且 $d_i^+$、$d_i^-$ 分别等于目标函数值超过和小于目的值的差，这是 $d_i^+$、$d_i^-$ 分别称为正、负偏差变量的原因。

模型 (5.11) 的目标函数中正负偏差变量的权系数相等，这只能用于决策者希望目标 $f_i(x)$ 尽可能接近 (最好等于) 目的值 $f_i^*$ 的情况。但在决策实践中还会遇到其他两种情况：①要求 $f_i(x)$ 不小于 $f_i^*$；②要求 $f_i(x)$ 不大于 $f_i^*$。对于①的情况，实际希望 $d_i^-$ 最小，$d_i^+$ 可以任意大；在②的情况下实际希望 $d_i^+$ 最小，$d_i^-$ 可以任意大。为考虑这两种情况，在目标规划的数学模型中对正负偏差可以采用不同的权值，因此有

$$\min z = \sum_{i=1}^{p} w_i^+ d_i^+ + w_i^- d_i^-$$

$$\text{s.t.} \begin{cases} Ax \geqslant b \\ f_i(x) + d_i^- - d_i^+ = f_i^*, i = 1, 2, \cdots, p \\ x \geqslant 0; d_i^+, d_i^- \geqslant 0, i = 1, 2, \cdots, p \end{cases} \tag{5.13}$$

其中，当取 $w_i^+ = 0, w_i^- > 0$ 时得到上述①中的情况，取 $w_i^- = 0, w_i^+ > 0$ 时则得到上述②的情况；当取 $w_i^+ \neq w_i^- > 0$ 时，表示决策者对正负偏差重要性的不同要求。

### 5.2.2 目标约束的处理

如果把式 (5.9) 中的 $f_i(x)$ 和 $f_i^*$ 分别看作目标约束条件的左、右手项，则在 5.2.1 节得到的模型 (5.13) 仍然适合于目标约束的情况。

1. 要求目标不大于目标值的约束

这种情况若用线性规划的约束条件来表达，则可表示为

$$A_i x \leqslant b_i$$

其中，$A_i$ 为约束条件中决策变量 $x$ 的系数行矢量，$b_i$ 为其目标值。若表达成目标规划的约束，则

$$\min z = w_i^+ d_i^+$$
$$\text{s.t.} \ A_i x + d_i^- - d_i^+ = b_i$$

因为该模型追求 $\min(w_i^+ d_i^+)$，就是让 $d_i^+ = 0$，而 $d_i^- \geqslant 0$，因此它表达出了目标约束的原意，又有了柔性。

2. 要求目标不小于目标值的约束

这种情况若用线性规划的约束条件来表达，则可表示为

$$A_i x \geqslant b_i$$

若表达成目标规划的约束，则

$$\min z = w_i^- d_i^-$$
$$\text{s.t.} \ A_i x + d_i^- - d_i^+ = b_i$$

该模型追求 $\min(w_i^- d_i^-)$，即 $d_i^- = 0$，而 $d_i^+ \geqslant 0$，因此它符合目标约束的要求。

3. 要求目标尽可能等于目标值的约束

这种情况若用线性规划的约束条件来表达，则可表示为

$$A_i x = b_i$$

若表达成目标规划的约束，则

$$\min z = w_i^+ d_i^+ + w_i^- d_i^-$$
$$\text{s.t.} \ A_i x + d_i^- - d_i^+ = b_i$$

该式表达出了该目标约束的要求。

对于上述第 3 种情况, 若要求从小于目标值一侧尽可能接近目标值, 则目标约束可以表达成

$$\min z = w_i^- d_i^-$$
$$\text{s.t. } A_i x + d_i^- = b_i$$

相反若要求从大于目标值一侧尽可能接近目标值, 则可表达成

$$\min z = w_i^+ d_i^+$$
$$\text{s.t. } A_i x - d_i^+ = b_i$$

例如, 对于例 5.1, 式 (5.1) 的前三个目标约束可以用式 (5.14) 表示

$$\min \quad z = w_1^- d_1^- + w_2^+ d_2^+ + w_3^- d_3^-$$
$$\text{s.t.} \begin{cases} 40x_1 + 30x_2 + 50x_3 + d_1^- - d_1^+ = 3400 \\ x_1 - 1.5x_2 + d_2^- - d_2^+ = 0 \\ x_3 + d_3^- - d_3^+ = 30 \\ x_i \geqslant 0, i = 1, 2, 3; d_i^+, d_i^- \geqslant 0, i = 1, 2, 3 \end{cases} \tag{5.14}$$

可见目标约束问题和多目标优化问题转化为目标规划问题具有相同形式的数学模型, 所以在一些运筹学教科书上并不做区别。它们之间的差别主要是决策含义的不同, 这种含义的不同在表达为线性规划的数学模型时可以清楚地看出。例如, 多目标规划问题表现为目标函数部分有多个追求最优的目标函数 (称为矢量目标), 这些目标函数一般不能同时达到最优; 目标约束表现为约束条件不能同时满足, 即不存在可行域。

另外应该看到, 多目标规划问题和目标约束问题在转化为目标规划的数学模型的思路上也存在较大不同。目标约束问题主要由于约束条件过于刚性化, 通过加入偏差变量使其具有一定的柔性, 可以在一定的范围内变动, 就可以化 "不可行" 为 "可行" 了; 多目标规划问题主要是因为各目标函数的最优点不重合, 此时如果对各目标函数降低一些要求, 让它们可以在理想点附近变动, 这样便可以找到对各目标都可以 "接受" 的解。这两种问题的处理思路在数学表达上具有相同的形式, 这给我们统一解决问题带来了方便。

但是无论目标约束问题还是多目标规划问题, 转化为目标规划后, 可能还是无法找到满足所有指标的最优解, 而只能优先满足其中某些指标要求。此时可以给目标制定相应的优先级, 在不能满足所有目标时, 首先满足优先级较高的指标。这是 5.2.3 节讨论的问题。

### 5.2.3 带有优先级的目标规划

由 5.2.2 节的讨论可知, 多目标规划和目标约束问题的目标规划模型具有相同的形式, 因此本小节及以后的讨论中, 除非特别说明, 一般不再区分这两种情况。

假设决策者一共面临 $p$ 个决策目标 (或指标要求), 它需要根据决策目标的轻重缓急, 将 $p$ 个决策目标划分为 $m$ 个层次, 从第 1 层次到第 $j$ 层次累计含有 $J(j)$ 个决策目标, 因此有 $J(m) = p, J(0) = 0$。

为区分这 $m$ 个层次, 给每个层次从高到低指定一个优先级 $P_j$, $j = 1, 2, \cdots, m$, 并且假定

$$P_1 \succ P_2 \succ \cdots \succ P_m$$

或者可认为

$$\frac{P_{j-1}}{P_j} = \infty, \quad j = 2, 3, \cdots, m; P_m = \infty$$

这样可以给出更一般的目标规划模型如下:

$$\min z = \sum_{j=1}^{m} P_j \sum_{i=J(j-1)+1}^{J(j)} (w_i^+ d_i^+ + w_i^- d_i^-)$$

$$\text{s.t.} \begin{cases} f_i(x) + d_i^- - d_i^+ = f_i^*, i = 1, 2, \cdots, p \\ Ax \geqslant b \\ x \geqslant 0; d_i^+, d_i^- \geqslant 0, i = 1, 2, \cdots, p \end{cases} \tag{5.15}$$

下面根据模型 (5.15) 为例 5.1 和例 5.2 建立目标规划模型。

**例 5.4**　根据例 5.1 给出的 5 个指标要求及其优先顺序，给出该问题的目标规划模型。

**解**　前三个目标约束的处理可见式 (5.14)，第 4 个目标要求在必要时可以加班，但尽可能不加班。允许加班可以表达为

$$3x_1 + x_2 + 2x_3 + d_4^- - d_4^+ = 200$$
$$2x_1 + 2x_2 + 4x_3 + d_5^- - d_5^+ = 220$$

当 $d_4^-, d_5^- \geqslant 0, d_4^+, d_5^+ = 0$ 时表示不需要加班，而 $d_4^-, d_5^- = 0, d_4^+, d_5^+ \geqslant 0$ 时表示需要加班，加班时数等于 $d_4^+, d_5^+$。因此如果设 $d_4^+ \geqslant 0, d_5^+ \geqslant 0$ 的正偏差变量分别为 $d_{41}^+, d_{51}^+$，则根据 5.2.2 节中第 3 种情况目标约束的处理方法，"尽可能不加班" 应当表述为

$$\min(w_{41}^+ d_{41}^+ + w_{51}^+ d_{51}^+)$$
$$d_4^+ - d_{41}^+ = 0$$
$$d_5^+ - d_{51}^+ = 0$$

第 5 个目标要求是原线性规划有关材料的约束条件。因此合起来可得例 5.1 的目标规划模型如下:

$$\min z = P_1 d_1^- + P_2 d_2^+ + P_3 d_3^- + P_4(1.1 d_{41}^+ + d_{51}^+)$$

$$\text{s.t.} \begin{cases} 40x_1 + 30x_2 + 50x_3 + d_1^- - d_1^+ = 3400 \\ x_1 - 1.5x_2 + d_2^- - d_2^+ = 0 \\ x_3 + d_3^- - d_3^+ = 30 \\ 3x_1 + x_2 + 2x_3 + d_4^- - d_4^+ = 200 \\ 2x_1 + 2x_2 + 4x_3 + d_5^- - d_5^+ = 220 \\ d_4^+ - d_{41}^+ = 0 \\ d_5^+ - d_{51}^+ = 0 \\ 4x_1 + 5x_2 + x_3 \leqslant 360 \\ 2x_1 + 3x_2 + 5x_3 \leqslant 300 \\ x_i \geqslant 0, i = 1, 2, 3; d_i^+, d_i^- \geqslant 0, i = 1, 2, \cdots, 5 \\ d_{41}^+, d_{51}^+ \geqslant 0 \end{cases} \tag{5.16}$$

在模型 (5.16) 中，如果某优先级中只含有一个目标约束，则取权系数为 1，这是因为优先级系数是无穷大，而且前后两优先级系数之比也是无穷大，因此取有限权系数无意义；取 $w_{41}^+ = 1.1 > w_{51}^+ = 1$ 是因为设备 A 增加工时比设备 B 稍微困难。

**例 5.5**　根据例 5.2 的数据和提出的有关目标要求，按照例 5.2 给出的优先级顺序建立目标规划模型。

**解**　首先第 1 个目标要求为配送中心 IV 的需求量必须全部满足，也即

$$\min z = P_1 d_1^-$$
$$x_{14} + x_{24} + x_{34} + d_1^- - d_1^+ = 250$$

第 2 个目标约束为供应配送中心 I 的产品中，分公司 III 的产品不少于 100 件，因此有

$$\min z = P_2 d_2^-$$
$$x_{31} + d_2^- - d_2^+ = 100$$

第 3 个目标约束是要求各配送中心的满足率不少于 80%，因此

$$\min z = P_3(d_3^- + d_4^- + d_5^- + d_6^-)$$
$$\text{s.t.} \begin{cases} x_{11} + x_{21} + x_{31} + d_3^- - d_3^+ = 160 \\ x_{12} + x_{22} + x_{32} + d_4^- - d_4^+ = 80 \\ x_{13} + x_{23} + x_{33} + d_5^- - d_5^+ = 360 \\ x_{14} + x_{24} + x_{34} + d_6^- - d_6^+ = 200 \end{cases}$$

第 4 个目标约束要求新方案的总运费不超过最小运费的 1.1 倍，最小运费是 2950 元，因此要求新方案总运费不超过 3245 元，所以

$$\min z = P_4 d_7^+$$
$$5x_{11} + 2x_{12} + 6x_{13} + 7x_{14} + 3x_{21} + 5x_{22} + 4x_{23} + 6x_{24}$$
$$+4x_{31} + 5x_{32} + 2x_{33} + 3x_{34} + d_7^- - d_7^+ = 3245$$

第 5 个目标要求，考虑到交通问题，从分公司 II 到配送中心 IV 的路线应尽量避免分配运输任务，即

$$\min z = P_5 d_8^+$$
$$x_{24} + d_8^- - d_8^+ = 0$$

第 6 个目标约束要求配送中心 I 和配送中心 III 的满足率应尽量相等，由于两配送中心的需求分别为 200 和 450，所以该目标约束可表达为

$$\min z = P_6(\bar{d}_9^- + \bar{d}_9^+)$$

$$\frac{x_{11} + x_{21} + x_{31}}{200} + \bar{d}_9^- - \bar{d}_9^+ = \frac{x_{13} + x_{23} + x_{33}}{450}$$

简化后得

$$\min z = P_6(d_9^- + d_9^+)$$

$$450(x_{11} + x_{21} + x_{31}) - 200(x_{13} + x_{23} + x_{33}) + d_9^- - d_9^+ = 0$$

其中，$d_4^+, d_5^+ = 90000(\bar{d}_4^+, \bar{d}_5^+)$。

第 7 个目标要求尽量减少总运费，也就是要求总运费尽可能接近最小值 2950 元。因此有

$$\min z = P_7 d_{10}^+$$

$$5x_{11} + 2x_{12} + 6x_{13} + 7x_{14} + 3x_{21} + 5x_{22} + 4x_{23} + 6x_{24}$$

$$+4x_{31} + 5x_{32} + 2x_{33} + 3x_{34} + d_{10}^- - d_{10}^+ = 2950$$

其他有关供应量和需求量的约束照样成立，所以例 5.2 的目标规划模型可以写成

$$\min z = P_1 d_1^- + P_2 d_2^- + P_3(d_3^- + d_4^- + d_5^- + d_6^-) + P_4 d_7^+ + P_5 d_8^+$$

$$+ P_6(d_9^- + d_9^+) + P_7 d_{10}^+$$

$$\text{s.t.} \begin{cases} x_{11} + x_{12} + x_{13} + x_{14} = 300 \\ x_{21} + x_{22} + x_{23} + x_{24} = 200 \\ x_{31} + x_{32} + x_{33} + x_{34} = 400 \end{cases}$$

$$\begin{cases} x_{11} + x_{21} + x_{31} \leqslant 200 \\ x_{12} + x_{22} + x_{32} \leqslant 100 \\ x_{13} + x_{23} + x_{33} \leqslant 450 \end{cases}$$

$$x_{14} + x_{24} + x_{34} + d_1^- - d_1^+ = 250$$

$$x_{31} + d_2^- - d_2^+ = 100$$

$$\begin{cases} x_{11} + x_{21} + x_{31} + d_3^- - d_3^+ = 160 \\ x_{12} + x_{22} + x_{32} + d_4^- - d_4^+ = 80 \\ x_{13} + x_{23} + x_{33} + d_5^- - d_5^+ = 360 \\ x_{14} + x_{24} + x_{34} + d_6^- - d_6^+ = 200 \end{cases}$$

$$5x_{11} + 2x_{12} + 6x_{13} + 7x_{14} + 3x_{21} + 5x_{22} + 4x_{23} + 6x_{24}$$

$$+4x_{31} + 5x_{32} + 2x_{33} + 3x_{34} + d_7^- - d_7^+ = 3245$$

$$x_{24} + d_8^- - d_8^+ = 0$$

$$450(x_{11} + x_{21} + x_{31}) - 200(x_{13} + x_{23} + x_{33}) + d_9^- - d_9^+ = 0$$

$$5x_{11} + 2x_{12} + 6x_{13} + 7x_{14} + 3x_{21} + 5x_{22} + 4x_{23} + 6x_{24}$$

$$+4x_{31} + 5x_{32} + 2x_{33} + 3x_{34} + d_{10}^- - d_{10}^+ = 2950$$

有了目标规划的数学模型后，又如何求解呢？

## 5.3 目标规划的图解法

当目标规划模型中只含有两个决策变量 (偏差变量可以有多个) 时，可以采用图解法求出满意解 (有效解)。下面通过例 5.6 的求解过程来说明目标规划的图解法。

**例 5.6** 某公司计划用两种不同的设备生产甲、乙两种产品，生产这两种产品需要使用两种材料，有关参数如表 5.3 所示。

**表 5.3 例 5.6 的参数表**

| 资源 | 产品甲 | 产品乙 | 资源总量 |
|---|---|---|---|
| 材料 I | 3 | 0 | 12 |
| 材料 II | 0 | 4 | 14 |
| 设备 A | 2 | 2 | 12 |
| 设备 B | 5 | 3 | 15 |
| 产品价格/万元 | 2 | 4 | |

决策者要求在安排生产计划时尽可能满足以下指标要求。

(1) 努力使总收入不低于 8 万元。

(2) 根据需求特征，两种产品的产量保持 1:1 的比例。

(3) 设备 A 应充分利用，但尽可能不加班。

(4) 设备 B 必要时可以加班，但加班时间尽可能少。

(5) 材料不能超过总量限制。

**解** 设 $x_1, x_2$ 分别是产品甲和产品乙的产量，根据表 5.3 所给数据以及上述 5 个目标约束要求，并按照这 5 个目标约束的顺序设定优先级，给出目标规划的数学模型如下：

$$\min z = P_1 d_1^- + P_2(d_2^- + d_2^+) + P_3(d_3^- + d_3^+) + P_4 d_4^+$$

$$\text{s.t.} \begin{cases} 3x_1 \leqslant 12 & (1) \\ 4x_4 \leqslant 16 & (2) \\ 20x_1 + 40x_2 + d_1^- - d_1^+ = 80 & (3) \\ x_1 - x_2 + d_2^- - d_2^+ = 0 & (4) \\ 2x_1 + 2x_2 + d_3^- - d_3^+ = 12 & (5) \\ 5x_1 + 3x_2 + d_4^- - d_4^+ = 15 & (6) \\ x_1, x_2 \geqslant 0; d_i^-, d_i^+ \geqslant 0, i = 1, 2, 3, 4 \end{cases}$$

作图求解的步骤如下。

**步骤 1：** 以 $x_1, x_2$ 为坐标轴画出直角坐标系，由约束条件 (1) 和 (2) 给出材料总量约束的可行区域，该区域为一矩形区域。

**步骤 2：** 对目标约束 (3) ~ (6)，令所有偏差变量等于零，画出各目标约束的直线，然后用短箭头在直线的两旁标明正、负偏差变量大于零时决策变量所在的区域。例如，目标约束 (4)，当决策变量点 $(x_1, x_2)$ 在直线 (4) 的右下方时 $d_2^- = 0, d_2^+ > 0$；反之，在直线 (4) 左上方时 $d_2^- > 0, d_2^+ = 0$。因此在直线 (4) 两侧画一段带箭头的短垂线，在直线左上

方的箭头旁标注 $d_2^-$，表示左上方区域 $d_2^- > 0$；右下方的箭头旁标注 $d_2^+$，表示右下方区域 $d_2^+ > 0$。上述两步绘出的图如图 5.2 所示。

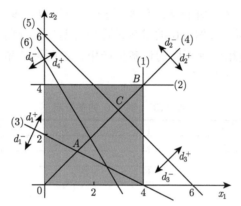

图 5.2　　例 5.6 的图解步骤 1 和步骤 2 的结果

步骤 3：在由系统约束条件 (1) 和 (2) 规定的矩形区域内，按照目标的优先级次序求目标函数的最小值。在矩形区域上，$\min d_1^-$ 的解在直线 (3) 的右上方，如图 5.3 的阴影部分。在阴影部分，$\min(d_2^- + d_2^+)$ 的解在线段 $\overline{AB}$ 上；在线段 $\overline{AB}$ 上，$\min(d_3^- + d_3^+)$ 的解是点 $C$。尽管满足 $\min d_4^+$ 的解在直线 (6) 的左下方的阴影部分内，而点 $C$ 则在直线 (6) 的右上方，它们没有共同部分，但由于第 4 个目标约束的优先级较低，只能在满足前三个目标约束的情况下尽可能地满足第 4 个目标约束，因此满意解就是点 $C$。

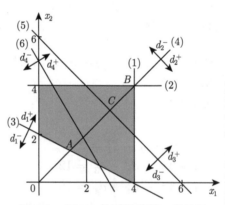

图 5.3　　例 5.6 的图解步骤 3 的结果

点 $C$ 的 $x_1 = x_2 = 3$，即两种产品各生产 3 件，此时：① $d_1^- = 0, d_1^+ = 100$，即完成总产值 18 万元，超额 10 万元；② $d_2^- = d_2^+ = 0$，即完全满足两种产品产量相等的要求；③ $d_3^- = d_3^+ = 0$，表示设备 A 的总工时全部用完，也不需要加班；④ $d_4^- = 0, d_4^+ = 9$，说明设备 B 的全部工时用完还不够，需要加班 9 小时。

**例 5.7**　某航空公司用某机型飞两条航线，平均运输能力是 6 万客公里/小时，正常生产周利用率是 70 小时。根据市场预测，下周的客运周转量航线 I 是 300 万客公里，航线 II 是 264 万客公里，已知航线 I 和航线 II 每客公里的利润分别是 0.4 元和 0.25 元，若航线

经理只考虑利润最大，则两航线应分别安排多少飞行小时？该问题的线性规划模型是

$$\max z = 2.4x_1 + 1.5x_2$$

$$\text{s.t.} \begin{cases} x_1 + x_2 \leqslant 70 \\ x_1 \leqslant 50 \\ x_2 \leqslant 44 \\ x_1, x_2 \geqslant 0 \end{cases}$$

最优解是 $x_1 = 50, x_2 = 20, \max z = 150$ 万元。现航线经理还要考虑其他因素，他制定的管理目标如下。

(1) 保证有效飞机周利用率的充分利用。

(2) 必要时可加班飞行，但加班飞行小时不超过 10 小时。

(3) 努力满足两条航线的需求。

(4) 尽量减少加班飞行小时。

问该经理该如何决策？

**解**　根据题目所给的目标约束和它们的优先级，给出目标规划模型如下：

$$\min z = P_1 d_1^- + P_2 d_2^+ + P_3(4d_3^- + 2.5d_4^-) + P_4 d_1^+$$

$$\text{s.t.} \begin{cases} x_1 + x_2 + d_1^- - d_1^+ = 70 & (1) \\ d_1^+ + d_2^- - d_2^+ = 10 & (2) \\ x_1 + d_3^- = 50 & (3) \\ x_2 + d_4^- = 44 & (4) \\ x_1, x_2 \geqslant 0; d_i^-, d_i^+ \geqslant 0, i = 1, 2, 3, 4 \end{cases}$$

用图解法求解时，目标约束条件 (2) 不好处理。因此将约束 (2) 写成

$$d_1^+ = 10 + d_2^+ - d_2^-$$

将该式代入式 (1) 得到与式 (2) 等价的约束条件

$$x_1 + x_2 + d_2^- - d_2^+ = 80 \quad (2')$$

用式 (2') 代替式 (2) 进行图解。图解步骤如下。

步骤 1：第 1 个目标约束 (1) 和第 2 个目标约束 (2') 是两条平行直线 (1) 和 (2)，$\min d_1^-$ 的解在直线 (1) 的右上方，$\min d_2^+$ 的解在直线 (2) 的左下方，因此满足第 1 和 2 个目标约束的解在两条平行直线 (1) 和 (2) 之间。

步骤 2：航线需求约束要求在直线 (3) 的下方和直线 (4) 的左侧，因此满意解应该在图 5.4 的梯形阴影区内。

步骤 3：满足第 3 个目标约束 $\min(4d_3^- + 2.5d_4^-)$。由于 $d_3^-$ 的权系数较大，因此首先满足 $d_3^- = 0$ 的要求，该解应当在线段 $\overline{EF}$ 上。在 $\overline{EF}$ 上使 $d_4^-$ 尽可能小的解在点 $F$。

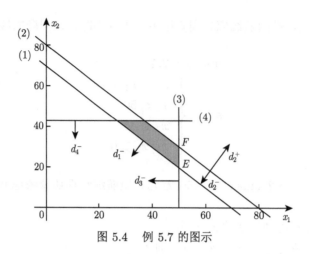

图 5.4　例 5.7 的图示

点 $F$ 的解是 $x_1 = 50, x_2 = 30$，此时第 4 个目标约束没有完全实现，但由于它的优先级最低，必须保证较高优先级的目标首先达到。因此点 $F$ 是满意解。在点 $F$ 只有 $d_4^- = 14, d_1^+ = 10$，其他偏差变量为零，即新决策要求在航线 II 上加班飞行 10 小时，但该航线仍有 14 飞行小时的需求没有满足。

与线性规划一样，目标规划的图解法只能用于最多两个决策变量的问题，因此需要寻找应用更广泛、更方便的解法。5.4 节将介绍目标规划的其他有用解法。

## 5.4　目标规划的算法

5.3 节讨论了目标规划的图解法。通过图解法的介绍和例子分析可以发现，目标规划的满意解是根据决策者排定的目标优先级的顺序，由高到低逐级满足有关目标来寻得的，其结果是，较高优先级的目标得到了满足，而较低级的目标只能尽可能地满足，这给决策问题带来了更多的柔性。

图解法尽管只能解决不超过两个决策变量的目标规划问题，但其逐级满足目标要求的求解思路为寻求其他有效解法提供了启发。本节将介绍目标规划的其他解法。

### 5.4.1　单纯形法

对于线性目标规划问题，一般模型如下：

$$\min z = \sum_{j=1}^m P_j \sum_{i=J(j-1)+1}^{J(j)} (w_i^+ d_i^+ + w_i^- d_i^-)$$

$$\text{s.t.} \begin{cases} E_i x + d_i^- - d_i^+ = f_i^*, i = 1, 2, \cdots, p \\ Ax \geqslant b \\ x \geqslant 0; d_i^+, d_i^- \geqslant 0, i = 1, 2, \cdots, p \end{cases} \tag{5.17}$$

其中，$E_i$ 为矩阵 $E$ 的第 $i$ 行，$E$ 为目标约束条件中决策变量的系数矩阵。如果把 $w_i^+ P_j$ 和 $w_i^- P_j$ 看作目标函数中变量的系数，则式 (5.17) 是一个线性规划问题，因此可以用单纯形法进行求解。线性目标规划问题在使用单纯形法时, 还有它的特殊问题需要解决, 现讨论如下。

### 1. 满意解的判断

根据目标规划 (5.17) 的目标函数的形式, 可知: ①目标规划问题追求目标函数值最小的可行解, 因此只有当所有非基变量的检验数大于等于零时, 才获得最优解; ②非基变量的检验数可以写成

$$\sigma_j = \alpha_i P_i + \alpha_{i+1} P_{i+1} + \cdots + \alpha_m P_m \tag{5.18}$$

也就是说, 所有非基变量的检验数都可以表达成各目标约束优先级系数的线性形式, 其中 $i$ 为某非基变量检验数表达式中优先级最高 (首项) 的级别。由于对于任意的 $2 \leqslant j \leqslant m$ 有 $\dfrac{P_{j-1}}{P_j} = \infty$, 所以检验数的正负取决于 $\alpha_i$ 的正负, 与其后的较低优先级的系数无关。因此当所有非基变量检验数 $\alpha_i > 0$ 时, 获得满意解。

### 2. 初始基变量的选择

(1) 首先选择所有的负偏差变量 $d_i^-$ 为初始基变量。由于目标约束中负偏差变量的系数矢量是单位矢量, 因此可以选作初始基变量。如果所有约束都是目标约束, 那么负偏差变量数等于约束方程数, 全部初始基变量都由负偏差变量组成。

(2) 如果负偏差变量数小于约束方程数, 则除了负偏差变量, 还需要选择其他变量为初始基变量, 读者可以采用第 1 章介绍的方法进行选择, 如选择松弛变量。

(3) 如果负偏差变量和松弛变量的总数还小于约束方程数, 则可以采用第 1 章介绍的人工变量的方法。在没有基变量的约束方程中加入人工变量, 并以人工变量为初始基变量, 再将人工变量乘以无限大的正数 $M$ 加到目标函数中, 请注意 $M$ 应当被视作最高优先级, 即 0 级优先级: $M/P_1 = \infty$。

通过以上处理, 获得了所需要的初始基变量。

### 3. 入基变量的选择

当检验数表达式中只有一个非基变量的 $\alpha_i < 0$ 时, 选择该非基变量入基; 如果有多于一个非基变量的检验数表达式中 $\alpha_i < 0$, 则选择首项优先级高的非基变量入基; 如果首项的优先级相同, 则选择首项系数绝对值 $|\alpha_i|$ 最大的非基变量入基。例如, 若 $x_1, x_2, d_2^+$ 是非基变量, 它们的检验数分别是

$$\sigma_1 = -2P_1 + 5P_2 - P_3$$
$$\sigma_2 = -P_1 + 2P_2 + 4P_4$$
$$\sigma_7 = -P_2 + 3P_4$$

则选择 $x_1$ 入基。

如果同时有两个及两个以上的非基变量检验数的首项系数 $\alpha_i < 0$ 且相等, 则比较它们的第二项系数, 选择系数为负且绝对值最大的变量入基, 若第二项系数还相等, 则比较第

三项系数，以此类推。例如，若 $x_1, x_2, d_2^+$ 是非基变量，它们的检验数分别是

$$\sigma_1 = -2P_1 + 5P_2 - P_3$$
$$\sigma_2 = -2P_1 - P_2 + 4P_4$$
$$\sigma_7 = -2P_1 + 2P_2 + P_3$$

则选择 $x_2$ 入基。

若有两个及两个以上的非基变量检验数 (所有各项系数) 都相等，这些非基变量中有决策变量时，首先选择决策变量入基；若它们同时是决策变量或偏差变量，则可以选择其中下标最小的变量入基或任意选择其中之一入基。例如，若 $x_1, x_2, d_2^+$ 是非基变量，它们的检验数分别是

$$\sigma_1 = -P_2 - 3P_3 + P_4$$
$$\sigma_2 = -P_2 - 3P_3 + P_4$$
$$\sigma_7 = -P_2 - 3P_3 + P_4$$

则选择 $x_1$ 入基。

4. 单纯形法中检验数的表达

如果采用单纯形法求解目标规划问题，则由于非基变量的检验数不是一个单纯的数值，而是形如式 (5.18) 的目标优先级的线性表达式，因此在单纯形法中，检验数区由 $m$ 行组成，每行对应一个优先级，优先级按从高到低的顺序在该区中从上到下排列，非基变量检验数表达式的系数则填在该变量所在列的各优先级所在行中。请参见下面各算例的单纯形表。

**例 5.8** 用单纯形法求解下列目标规划问题。

$$\min z = P_1(d_1^- + d_2^+) + P_2 d_3^-$$

$$\text{s.t.} \begin{cases} x_1 + 2x_2 + d_1^- - d_1^+ = 50 \\ 2x_1 + x_2 + d_2^- - d_2^+ = 40 \\ 2x_1 + 2x_2 + d_3^- - d_3^+ = 80 \\ x_1, x_2, d_i^-, d_i^+ \geqslant 0, i = 1, 2, 3 \end{cases}$$

**解** 根据上述的讨论，该例的三个约束条件都是目标约束，有三个负偏差变量，因此选择负偏差变量为初始基变量。并计算出各非基变量的检验数，得到初始的单纯形表如表 5.4 所示。

表 5.4 例 5.4 的初始单纯形表

| $C_B$ | $C_j$ $x_B$ | $B^{-1}b$ | 0 $x_1$ | 0 $x_2$ | $P_1$ $d_1^-$ | 0 $d_1^+$ | 0 $d_2^-$ | $P_1$ $d_2^+$ | $P_2$ $d_3^-$ | 0 $d_3^+$ | $\theta$ |
|---|---|---|---|---|---|---|---|---|---|---|---|
| $P_1$ | $d_1^-$ | 50 | 1 | 2 | 1 | $-1$ | 0 | 0 | 0 | 0 | 25 |
| 0 | $d_2^-$ | 40 | 2 | 1 | 0 | 0 | 1 | $-1$ | 0 | 0 | 40 |
| $P_2$ | $d_3^-$ | 80 | 2 | 2 | 0 | 0 | 0 | 0 | 1 | $-1$ | 40 |
| $\sigma_j$ | | $P_1$ | $-1$ | $-2$ | 0 | 1 | 0 | 1 | 0 | 0 | |
| | | $P_2$ | $-2$ | $-2$ | 0 | 0 | 0 | 0 | 0 | 0 | |

非基变量 $x_1, x_2$ 的检验数分别为 $\sigma_1 = -P_1 - 2P_2$ 和 $\sigma_2 = -2P_1 - 2P_2$，它们的最高优先级的系数都小于零，但 $\sigma_2$ 中 $P_1$ 的系数等于 $-2$，其绝对值等于 2，大于 $\sigma_1$ 中 $P_1$ 的系数的绝对值 1，因此 $x_2$ 应当入基。用最小比值法确定 $d_1^-$ 应当出基。换基后，通过计算求得新的基本可行解，如表 5.5 所示。

表 5.5　例 5.4 的第一次迭代单纯形表

| | $C_j$ | | 0 | 0 | $P_1$ | 0 | 0 | $P_1$ | $P_2$ | 0 | $\theta$ |
|---|---|---|---|---|---|---|---|---|---|---|---|
| $C_B$ | $x_B$ | $B^{-1}b$ | $x_1$ | $x_2$ | $d_1^-$ | $d_1^+$ | $d_2^-$ | $d_2^+$ | $d_3^-$ | $d_3^+$ | |
| 0 | $x_2$ | 25 | 1/2 | 1 | 1/2 | $-1/2$ | 0 | 0 | 0 | 0 | 50 |
| 0 | $d_2^-$ | 15 | 3/2 | 0 | $-1/2$ | 1/2 | 1 | $-1$ | 0 | 0 | 10 |
| $P_2$ | $d_3^-$ | 30 | 1 | 0 | $-1$ | 1 | 0 | 0 | 1 | $-1$ | 30 |
| $\sigma_j$ | | $P_1$ | 0 | 0 | 1 | 0 | 0 | 1 | 0 | 0 | |
| | | $P_2$ | $-1$ | 0 | 1 | $-1$ | 0 | 0 | 0 | 1 | |

尽管 $x_1$ 与 $d_1^+$ 具有相同的负检验数，但根据前面讨论的原则，由于 $x_1$ 是决策变量，选择 $x_1$ 入基，用最小比值法确定 $d_2^-$ 出基，换基后，计算所得新的基本可行解如表 5.6 所示。

表 5.6　例 5.4 的第二次迭代单纯形表

| | $C_j$ | | 0 | 0 | $P_1$ | 0 | 0 | $P_1$ | $P_2$ | 0 | $\theta$ |
|---|---|---|---|---|---|---|---|---|---|---|---|
| $C_B$ | $x_B$ | $B^{-1}b$ | $x_1$ | $x_2$ | $d_1^-$ | $d_1^+$ | $d_2^-$ | $d_2^+$ | $d_3^-$ | $d_3^+$ | |
| 0 | $x_2$ | 20 | 0 | 1 | 2/3 | $-2/3$ | $-1/3$ | 1/3 | 0 | 0 | — |
| 0 | $x_1$ | 10 | 1 | 0 | $-1/3$ | 1/3 | 2/3 | $-2/3$ | 0 | 0 | 30 |
| $P_2$ | $d_3^-$ | 20 | 0 | 0 | $-2/3$ | 2/3 | $-2/3$ | 2/3 | 1 | $-1$ | 30 |
| $\sigma_j$ | | $P_1$ | 0 | 0 | 1 | 0 | 0 | 1 | 0 | 0 | |
| | | $P_2$ | 0 | 0 | 2/3 | $-2/3$ | 2/3 | $-2/3$ | 0 | 1 | |

首项系数小于零的检验数只有 $\sigma_2 = -2/3 P_2$，因此 $d_1^+$ 应当入基，由于存在两个最小比值，根据 Bland 法则，取下标最小的变量出基，因此 $x_1$ 出基，换基后，再计算新的基本可行解，如表 5.7 所示。

表 5.7　例 5.4 的第三次迭代单纯形表

| | $C_j$ | | 0 | 0 | $P_1$ | 0 | 0 | $P_1$ | $P_2$ | 0 | $\theta$ |
|---|---|---|---|---|---|---|---|---|---|---|---|
| $C_B$ | $x_B$ | $B^{-1}b$ | $x_1$ | $x_2$ | $d_1^-$ | $d_1^+$ | $d_2^-$ | $d_2^+$ | $d_3^-$ | $d_3^+$ | |
| 0 | $x_2$ | 40 | 2 | 1 | 0 | 0 | 1 | $-1$ | 0 | 0 | — |
| 0 | $d_1^+$ | 30 | 3 | 0 | $-1$ | 1 | 2 | $-2$ | 0 | 0 | |
| $P_2$ | $d_3^-$ | 0 | $-2$ | 0 | 0 | 0 | $-2$ | 2 | 1 | $-1$ | |
| $\sigma_j$ | | $P_1$ | 0 | 0 | 1 | 0 | 0 | 1 | 0 | 0 | |
| | | $P_2$ | 2 | 0 | 0 | 0 | 2 | $-2$ | 0 | 1 | |

此时所有变量的检验数的首项系数都已经大于等于零，因此获得了满意解如下：$x_1 = 0, x_2 = 40, d_1^+ = 30$，其他偏差变量都等于零。

**例 5.9**　用单纯形法重解例 5.7 的目标规划问题。

$$\min z = P_1 d_1^- + P_2 d_2^+ + P_3(4d_3^- + 2.5d_4^-) + P_4 d_1^+$$

$$\text{s.t.} \begin{cases} x_1 + x_2 + d_1^- - d_1^+ = 70 & (1) \\ d_1^+ + d_2^- - d_2^+ = 10 & (2) \\ x_1 + d_3^- = 50 & (3) \\ x_2 + d_4^- = 44 & (4) \\ x_1, x_2 \geqslant 0; d_i^-, d_i^+ \geqslant 0, i = 1, 2, 3, 4 \end{cases}$$

**解** 选择四个负偏差变量为初始基变量，构成初始单纯形表如表 5.8 所示。

表 5.8 例 5.9 的初始单纯形表

| $C_B$ | $x_B$ | $B^{-1}b$ | 0 $x_1$ | 0 $x_2$ | $P_1$ $d_1^-$ | $P_4$ $d_1^+$ | 0 $d_2^-$ | $P_2$ $d_2^+$ | $4P_3$ $d_3^-$ | $2.5P_3$ $d_4^-$ | $\theta$ |
|---|---|---|---|---|---|---|---|---|---|---|---|
| $P_1$ | $d_1^-$ | 70 | 1 | 1 | 1 | −1 | 0 | 0 | 0 | 0 | 70 |
| 0 | $d_2^-$ | 10 | 0 | 0 | 0 | 1 | 1 | −1 | 0 | 0 | — |
| $4P_3$ | $d_3^-$ | 50 | 1 | 0 | 0 | 0 | 0 | 0 | 1 | 0 | 50 |
| $2.5P_3$ | $d_4^-$ | 44 | 0 | 1 | 0 | 0 | 0 | 0 | 0 | 1 | — |
| | $P_1$ | | −1 | −1 | 0 | 1 | 0 | 0 | 0 | 0 | |
| | $P_2$ | | 0 | 0 | 0 | 0 | 0 | 1 | 0 | 0 | |
| $\sigma_j$ | $P_3$ | | −4 | −2.5 | 0 | 0 | 0 | 0 | 0 | 0 | |
| | $P_4$ | | 0 | 0 | 0 | 1 | 0 | 0 | 0 | 0 | |

现在决定入基变量。检验数首项具有负系数的变量有 $x_1, x_2$，应当由它们中的一个入基。它们的检验数分别是

$$\sigma_1 = -P_1 - 4P_3$$
$$\sigma_2 = -P_1 - 2.5P_3$$

首项优先级相同且系数相等，比较它们的第二项，其优先级也相同，但系数不等，比较后确定 $x_1$ 入基，用最小比值原理确定 $d_3^-$ 出基。换基后，计算的新的基本可行解如表 5.9 所示。

表 5.9 例 5.9 的第一次迭代单纯形表

| $C_B$ | $x_B$ | $B^{-1}b$ | 0 $x_1$ | 0 $x_2$ | $P_1$ $d_1^-$ | $P_4$ $d_1^+$ | 0 $d_2^-$ | $P_2$ $d_2^+$ | $4P_3$ $d_3^-$ | $2.5P_3$ $d_4^-$ | $\theta$ |
|---|---|---|---|---|---|---|---|---|---|---|---|
| $P_1$ | $d_1^-$ | 20 | 0 | 1 | 1 | −1 | 0 | 0 | −1 | 0 | 20 |
| 0 | $d_2^-$ | 10 | 0 | 0 | 0 | 1 | 1 | −1 | 0 | 0 | — |
| 0 | $x_1$ | 50 | 1 | 0 | 0 | 0 | 0 | 0 | 1 | 0 | — |
| $2.5P_3$ | $d_4^-$ | 44 | 0 | 1 | 0 | 0 | 0 | 0 | 0 | 1 | 44 |
| | $P_1$ | | 0 | −1 | 0 | 1 | 0 | 0 | 1 | 0 | |
| | $P_2$ | | 0 | 0 | 0 | 0 | 0 | 1 | 0 | 0 | |
| $\sigma_j$ | $P_3$ | | 0 | −2.5 | 0 | 0 | 0 | 0 | 4 | 0 | |
| | $P_4$ | | 0 | 0 | 0 | 1 | 0 | 0 | 0 | 0 | |

可见只有 $x_2$ 的检验数小于零，因此 $x_2$ 入基，用最小比值法确定 $d_1^-$ 出基。换基后，求得新的基本可行解如表 5.10 所示。

表 5.10　例 5.9 的第二次迭代单纯形表

| $C_j$ | | | 0 | 0 | $P_1$ | $P_4$ | 0 | $P_2$ | $4P_3$ | $2.5P_3$ | $\theta$ |
|---|---|---|---|---|---|---|---|---|---|---|---|
| $C_B$ | $x_B$ | $B^{-1}b$ | $x_1$ | $x_2$ | $d_1^-$ | $d_1^+$ | $d_2^-$ | $d_2^+$ | $d_3^-$ | $d_4^-$ | |
| 0 | $x_2$ | 20 | 0 | 1 | 1 | $-1$ | 0 | 0 | $-1$ | 0 | — |
| 0 | $d_2^-$ | 10 | 0 | 0 | 0 | 1 | 1 | $-1$ | 0 | 0 | 10 |
| 0 | $x_1$ | 50 | 1 | 0 | 0 | 0 | 0 | 0 | 1 | 0 | — |
| $2.5P_3$ | $d_4^-$ | 24 | 0 | 0 | $-1$ | 1 | 0 | 0 | 1 | 1 | 24 |
| | $P_1$ | | 0 | 0 | 1 | 0 | 0 | 0 | 0 | 0 | |
| $\sigma_j$ | $P_2$ | | 0 | 0 | 0 | 0 | 0 | 1 | 0 | 0 | |
| | $P_3$ | | 0 | 0 | 2.5 | $-2.5$ | 0 | 0 | 1.5 | 0 | |
| | $P_4$ | | 0 | 0 | 0 | 1 | 0 | 0 | 0 | 0 | |

同样的方法确定 $d_1^+$ 入基，$d_2^-$ 出基，换基后，计算得到新的基本可行解如表 5.11 所示。

表 5.11　例 5.9 的第三次迭代单纯形表

| $C_j$ | | | 0 | 0 | $P_1$ | $P_4$ | 0 | $P_2$ | $4P_3$ | $2.5P_3$ | $\theta$ |
|---|---|---|---|---|---|---|---|---|---|---|---|
| $C_B$ | $x_B$ | $B^{-1}b$ | $x_1$ | $x_2$ | $d_1^-$ | $d_1^+$ | $d_2^-$ | $d_2^+$ | $d_3^-$ | $d_4^-$ | |
| 0 | $x_2$ | 30 | 0 | 1 | 1 | 0 | 1 | $-1$ | $-1$ | 0 | — |
| $P_4$ | $d_1^+$ | 10 | 0 | 0 | 0 | 1 | 1 | $-1$ | 0 | 0 | — |
| 0 | $x_1$ | 50 | 1 | 0 | 0 | 0 | 0 | 0 | 1 | 0 | — |
| $2.5P_3$ | $d_4^-$ | 14 | 0 | 0 | $-1$ | 0 | $-1$ | 1 | 1 | 1 | — |
| | $P_1$ | | 0 | 0 | 1 | 0 | 0 | 0 | 0 | 0 | |
| $\sigma_j$ | $P_2$ | | 0 | 0 | 0 | 0 | 0 | 1 | 0 | 0 | |
| | $P_3$ | | 0 | 0 | 2.5 | 0 | 2.5 | $-2.5$ | 1.5 | 0 | |
| | $P_4$ | | 0 | 0 | 0 | 0 | $-1$ | 1 | 0 | 0 | |

所有变量的检验数的首项系数都已大于等于零，因此获得了满意解，结果是：$x_1 = 50, x_2 = 30, d_1^+ = 10, d_4^- = 14$，其他偏差变量等于零。这一结果与例 5.7 用图解法得到的结果相同。

目标规划的单纯形法与线性规划的单纯形法基本过程和算法是相同的，因此易于掌握。但在计算非基变量检验数时，它需要处理各层次目标约束的优先级，代表各层次优先级的量 $P_i$ 是无穷大，不是一个明确的数字，因此给计算带来一定的麻烦。下面将简单介绍另一种不用 $P_i$ 的解法。

### 5.4.2　序列解法

序列解法 (sequential procedure) 是求解目标规划的另一种方法，它不同于上述的单纯形法，不需要使用优先级系数 $P_i$，而是将单纯形法应用于不同目标层次的线性规划问题。每一层次的线性规划模型中，对层内不同的目标约束使用不同的权重来构造本层次的目标函数，并使用与本层次相关的约束条件。该方法的核心思想如下。

(1) 在第一阶段，线性规划模型中仅含有第一层次的目标约束，应用单纯形法求解该模型，如果最优解是唯一的，则得到目标规划的满意解，无须进一步考虑其他目标约束；如果最优解有多个，且目标函数的最优值 $z^*=0$，则说明目标函数中含有的偏差变量全都等于零，因此加上第二层次的目标约束后，令这些偏差变量等于零，得到第二层次的线性规划模型，继续用单纯形法求解第二层次的线性规划模型，直到最后一个层次或某层次的最优解唯一时结束。

(2) 如果第一阶段中 (某层次) 线性规划的最优解的目标函数值 $z^*>0$，则在第二阶段，首先将第二层次的目标约束简单加到第一层次的模型中，然后令第一层次的目标函数等于 $z^*$，并将其作为附加约束加到第二层次的模型中，然后再用单纯形法求解。

可见使用该法，关键在于对于某层次的线性规划模型，使用单纯形法求得最优解后，需要判断：①是否需要进一步构造下一层次目标的线性规划模型？②如果需要继续下一层次，则如何正确构建下一层次的线性规划模型？回答第一个问题是看最优解是否唯一或是否为最后一个层次，最优解唯一或是最后一个层次，则不再继续求解，已获得满意解。回答第二个问题是看 $z^*$ 是否等于零，若等于零，则在加入第二层次目标约束后从约束条件中删去第一层次目标函数含有的偏差变量；若 $z^*>0$，则加入第二层次目标约束后，将第一层次的目标函数 (令其等于 $z^*$) 作为附加约束加入第二层次约束条件中。

下面通过一个简单的例子来说明这种方法。

**例 5.10** 某企业生产三种产品，追求的目标是：①长期利润目标不低于 12500 万元；②职员雇用保持在 4000 人；③投资目标不超过 5500 万元。在实际生产经营中，如果这些目标不能全部实现，则有两种分析方法。

(1) 三个目标一个层次，但采用不同的权重。此时有关参数如表 5.12 所示，试建立目标规划模型并求解。

表 5.12　无层次差别时的目标规划问题的参数

| 指标 | 单位产品的贡献 | | | 目标 | 权重 |
|---|---|---|---|---|---|
| | 产品 I | 产品 II | 产品 III | | |
| 长期利润 | 12 | 9 | 15 | $\geqslant 125$ | 5 |
| 雇用水平 | 5 | 3 | 4 | $=40$ | 2(+),4(−) |
| 资本投资 | 5 | 7 | 8 | $\leqslant 55$ | 3 |

(2) 考虑分成两个层次，每层次的目标和权重如表 5.13 所示，试建立该情况下的目标规划模型，并求解。

表 5.13　两个层次的目标规划问题

| 优先层次 | 指标 | 目标 | 权重 |
|---|---|---|---|
| 第一层次 | 雇用水平 | $\leqslant 40$ | 2 |
| | 资本投资 | $\leqslant 55$ | 3 |
| 第二层次 | 长期利润 | $\geqslant 125$ | 5 |
| | 雇用水平 | $\geqslant 40$ | 4 |

**解** 首先考虑无层次差别的情况，根据表 5.12 所给的数据，可以建立该目标规划问题的线性规划模型如下：

$$\min z = 5d_1^- + 2d_2^+ + 4d_2^- + 3d_3^+$$
$$\text{s.t.} \begin{cases} 12x_1 + 9x_2 + 15x_3 + d_1^- - d_1^+ = 125 \\ 5x_1 + 3x_2 + 4x_3 + d_2^- - d_2^+ = 40 \\ 5x_1 + 7x_2 + 8x_3 + d_3^- - d_3^+ = 55 \\ x_j \geqslant 0, j = 1,2,3; d_i^-, d_i^+ \geqslant 0, i = 1,2,3 \end{cases}$$

选择三个负偏差变量 $d_1^-, d_2^-, d_3^-$ 为初始基变量, 应用单纯形法进行求解, 可得最优解为 $x_1 = 25/3, x_2 = 0, x_3 = 5/3, d_2^+ = 25/3$, 其他偏差变量等于零.

再看两个层次目标约束的情况. 根据表 5.13 所给的数据, 可以给出第一层次目标的线性规划模型如下:

$$\min z = 2d_2^+ + 3d_3^+$$
$$\text{s.t.} \begin{cases} 5x_1 + 3x_2 + 4x_3 + d_2^- - d_2^+ = 40 \\ 5x_1 + 7x_2 + 8x_3 + d_3^- - d_3^+ = 55 \\ x_j \geqslant 0, j = 1, 2, 3; d_i^-, d_i^+ \geqslant 0, i = 2, 3 \end{cases}$$

选择负偏差变量 $d_2^-, d_3^-$ 为初始基变量, 第一层次单纯形表如表 5.14 所示.

**表 5.14 第一层次单纯形表**

| $C_B$ | $C_j$ $x_B$ | $B^{-1}b$ | 0 $x_1$ | 0 $x_2$ | 0 $x_3$ | 0 $d_2^-$ | 2 $d_2^+$ | 0 $d_3^-$ | 3 $d_3^+$ | $\theta$ |
|---|---|---|---|---|---|---|---|---|---|---|
| 0 | $d_2^-$ | 40 | 5 | 3 | 4 | 1 | −1 | 0 | 0 | |
| 0 | $d_3^-$ | 55 | 5 | 7 | 8 | 0 | 0 | 1 | −1 | |
| | $\sigma_j$ | | 0 | 0 | 0 | 0 | 2 | 0 | 3 | |

此即为最优解, 由此最优解知: $z^* = 0, d_2^+ = d_3^+ = 0$, 由于非基变量中有三个检验数等于零, 因此有多个最优解. 因此必须构建第二层次目标的线性规划模型, 该模型的目标函数为

$$\min z = 5d_1^- + 4d_2^-$$

在第一层次的线性规划模型的约束条件中加入第二层次的目标约束得第二阶段线性规划的约束条件如下:

$$\begin{cases} 12x_1 + 9x_2 + 15x_3 + d_1^- - d_1^+ = 125 \\ 5x_1 + 3x_2 + 4x_3 + d_2^- - d_2^+ = 40 \\ 5x_1 + 7x_2 + 8x_3 + d_3^- - d_3^+ = 55 \\ x_j \geqslant 0, j = 1, 2, 3; d_i^-, d_i^+ \geqslant 0, i = 1, 2, 3 \end{cases}$$

考虑到第一层次最优解的 $z^* = 0, d_2^+ = d_3^+ = 0$, 应当从上述约束条件中删除 $d_2^+, d_3^+$, 因此最终的第二阶段的线性规划模型如下:

$$\min z = 5d_1^- + 4d_2^-$$
$$\text{s.t.} \begin{cases} 12x_1 + 9x_2 + 15x_3 + d_1^- - d_1^+ = 125 \\ 5x_1 + 3x_2 + 4x_3 + d_2^- = 40 \\ 5x_1 + 7x_2 + 8x_3 + d_3^- = 55 \\ x_j \geqslant 0, j = 1, 2, 3; d_i^-, d_i^+ \geqslant 0, i = 1, 2, 3 \end{cases}$$

第二阶段的初始单纯形表如表 5.15 所示.

表 5.15　　第二阶段的初始单纯形表

| $C_B$ | $C_j$ $x_B$ | $B^{-1}b$ | 0 $x_1$ | 0 $x_2$ | 0 $x_3$ | 5 $d_1^-$ | 0 $d_1^+$ | 4 $d_2^-$ | 0 $d_3^-$ | $\theta$ |
|---|---|---|---|---|---|---|---|---|---|---|
| 5 | $d_1^-$ | 125 | 12 | 9 | 15 | 1 | −1 | 0 | 0 | 25/3 |
| 4 | $d_2^-$ | 40 | 5 | 3 | 4 | 0 | 0 | 1 | 0 | 10 |
| 0 | $d_3^-$ | 55 | 5 | 7 | 8 | 0 | 0 | 0 | 1 | 55/8 |
| | $\sigma_j$ | | −80 | −57 | −91 | 0 | 5 | 0 | 0 | |

可见表 5.15 不是最优解，选择 $x_3$ 入基，$d_3^-$ 出基，换基后，计算新的基本可行解如表 5.16 所示。

表 5.16　　第二阶段的第一次迭代单纯形表

| $C_B$ | $C_j$ $x_B$ | $B^{-1}b$ | 0 $x_1$ | 0 $x_2$ | 0 $x_3$ | 5 $d_1^-$ | 0 $d_1^+$ | 4 $d_2^-$ | 0 $d_3^-$ | $\theta$ |
|---|---|---|---|---|---|---|---|---|---|---|
| 5 | $d_1^-$ | 175/8 | 21/8 | −33/8 | 0 | 1 | −1 | 0 | −15/8 | 25/3 |
| 4 | $d_2^-$ | 25/2 | 5/2 | −1/2 | 0 | 0 | 0 | 1 | −1/2 | 5 |
| 0 | $x_3$ | 55/8 | 5/8 | 7/8 | 1 | 0 | 0 | 0 | 1/8 | 11 |
| | $\sigma_j$ | | −185/8 | 181/8 | 0 | 0 | 5 | 0 | 91/8 | |

表 5.16 还不是最优解，应该选择 $x_1$ 入基，$d_2^-$ 出基。再次换基并求得新的基本可行解如表 5.17 所示。

表 5.17　　第二阶段的第二次迭代单纯形表

| $C_B$ | $C_j$ $x_B$ | $B^{-1}b$ | 0 $x_1$ | 0 $x_2$ | 0 $x_3$ | 5 $d_1^-$ | 0 $d_1^+$ | 4 $d_2^-$ | 0 $d_3^-$ | $\theta$ |
|---|---|---|---|---|---|---|---|---|---|---|
| 5 | $d_1^-$ | 35/4 | 0 | −18/5 | 0 | 1 | −1 | −21/20 | −27/20 | — |
| 0 | $x_1$ | 5 | 1 | −1/5 | 0 | 0 | 0 | 2/5 | −1/5 | — |
| 0 | $x_3$ | 15/4 | 0 | 1 | 1 | 0 | 0 | −1/4 | 1/4 | — |
| | $\sigma_j$ | | 0 | 18 | 0 | 0 | 5 | 37/4 | 27/4 | |

可见已得最优解：$x_1 = 5, x_2 = 0, x_3 = 15/4; d_1^- = 35/4$，其他偏差变量等于零。从表 5.17 可发现 4 个非基变量的检验数都大于零，因此最优解唯一，不需要继续求解。第二层次同时也是最后一个目标层次，因此本阶段最优解已是原目标规划问题的满意解。采用本满意解，除了第二层次的长期利润指标未能完全满足外，其他目标都能实现。本满意解可完成长期利润 11625 万元，比预定指标少了 875 万元。

本节学习了目标规划的单纯形法和序列解法，这两种方法是求解线性目标规划最为常用的方法，容易掌握，方便应用。

## 5.5　应用举例

本节通过对经营管理中几个具体问题的讨论，进一步说明目标规划在经营管理实践中的应用。

例 5.11　投资问题。某集团公司计划用 1000 万元对下属 5 个分公司进行技术改造。对每个分公司来说，投资改造项目可分成若干子项目，各子项目投资额相同并已知，考虑两种市场需求、现有竞争对手和替代品的威胁等影响收益的四个因素，技术改造完成后预测各子项目投资收益率如表 5.18 所示。

表 5.18　　例 5.11 的有关数据

| 分公司 | 子项目投资额/万元 | 每子项目投资收益率预测/% | | | | 期望每子项目收益率/% |
|---|---|---|---|---|---|---|
| | | 市场需求 1 | 市场需求 2 | 现有竞争对手 | 替代品的威胁 | |
| 1 | 12 | 3.52 | 4.32 | 3.16 | 2.24 | 3.31 |
| 2 | 10 | 3.04 | 3.0 | 2.2 | 3.12 | 2.84 |
| 3 | 15 | 4.88 | 3.80 | 3.56 | 2.6 | 3.71 |
| 4 | 13 | 4.2 | 4.44 | 3.28 | 2.2 | 3.53 |
| 5 | 20 | 5.24 | 6.56 | 4.08 | 3.24 | 4.78 |

集团公司的决策者要达到的目标如下:

(1) 完成总投资但又不超过预算;

(2) 期望总收益达到总投资的 3.5%;

(3) 投资风险尽可能达到最小;

(4) 保证分公司 5 的投资额占 20%。

问集团公司应该如何做出决策?

**解**　设集团公司对分公司 $i$ 的投资子项目数为 $x_i$，则

(1) 总投资目标约束为

$$\min z = P_1(d_1^- + d_1^+)$$
$$\text{s.t. } 12x_1 + 10x_2 + 15x_3 + 13x_4 + 20x_5 + d_1^- - d_1^+ = 1000$$

(2) 期望总收益目标为

$$\min z = P_2 d_2^-$$
$$\text{s.t. } 39.72x_1 + 28.4x_2 + 55.65x_3 + 45.89x_4 + 95.6x_5 + d_2^- - d_2^+$$
$$= 3.5(12x_1 + 10x_2 + 15x_3 + 13x_4 + 20x_5)$$

整理后得

$$\min z = P_2 d_2^-$$
$$\text{s.t. } -2.28x_1 - 6.6x_2 + 3.15x_3 + 0.39x_4 + 25.6x_5 + d_2^- - d_2^+ = 0$$

(3) 投资风险目标。投资风险是指上述四种因素给投资带来的不确定性，也就是这四种因素下收益率的不确定性。用各因素下的收益率与期望收益率的差来表示这种不确定性。例如，市场需求 2 下的收益率风险可以表示为

$$(4.32 - 3.31)x_1 + (3 - 2.84)x_2 + (3.8 - 3.71)x_3 + (4.44 - 3.53)x_4 + (6.56 - 4.78)x_5$$

风险的最小值是 0，如果风险表达式各项系数都大于零，则可认为该影响因素不存在风险，可以不予考虑。例如，本例中按照上述的风险计算方法得到两个市场需求因素的风险表达式始终大于等于零，故可认为市场需求不存在风险，因此只需考虑现有竞争对手和

替代品威胁，投资风险目标可以表达为

$$\min z = P_3 \sum_{i=3}^{4} (d_i^- + 2d_i^+)$$
$$\text{s.t.} \begin{cases} -0.15x_1 - 0.64x_2 - 0.15x_3 - 0.25x_4 - 0.70x_5 + d_3^- - d_3^+ = 0 \\ -1.07x_1 + 0.28x_2 - 1.11x_3 - 1.33x_4 - 1.54x_5 + d_4^- - d_4^+ = 0 \end{cases}$$

考虑到可行解的存在问题，其中正偏差用了更大的权重。

(4) 分公司 5 投资目标

$$\min z = P_4(w_5^- d_5^- + w_5^+ d_5^+)$$
$$\text{s.t.} \ 20x_5 + d_5^- - d_5^+ = 0.2(12x_1 + 10x_2 + 15x_3 + 13x_4 + 20x_5)$$

其中，正负偏差的权重 $w_5^+, w_5^-$ 的相对大小反映决策者对分公司 5 投资额偏向于多于总投资额的 20% 还是少于 20% 抑或正好 20%。如果偏向于多于 20%，则取 $w_5^+ < w_5^-$，反之则取 $w_5^+ > w_5^-$，如果希望正好 20%，则取 $w_5^+ = w_5^- = 1$。现希望正好 20%，并简化上式得到

$$\min z = P_4(d_5^- + d_5^+)$$
$$\text{s.t.} \ -2.4x_1 - 2x_2 - 3x_3 - 2.6x_4 + 16x_5 + d_5^- - d_5^+ = 0$$

综合上述各项目标约束的结果，可得本投资问题的目标规划如下：

$$\min z = P_1(d_1^- + d_1^+) + P_2 d_2^- + P_3 \sum_{i=3}^{4} (d_i^- + 2d_i^+) + P_4(d_5^- + d_5^+)$$
$$\text{s.t.} \begin{cases} 12x_1 + 10x_2 + 15x_3 + 13x_4 + 20x_5 + d_1^- - d_1^+ = 1000 \\ -2.28x_1 - 6.6x_2 + 3.15x_3 + 0.39x_4 + 25.6x_5 + d_2^- - d_2^+ = 0 \\ -0.15x_1 - 0.64x_2 - 0.15x_3 - 0.25x_4 - 0.70x_5 + d_3^- - d_3^+ = 0 \\ -1.07x_1 + 0.28x_2 - 1.11x_3 - 1.33x_4 - 1.54x_5 + d_4^- - d_4^+ = 0 \\ -2.4x_1 - 2x_2 - 3x_3 - 2.6x_4 + 16x_5 + d_5^- - d_5^+ = 0 \\ x_i \geqslant 0, \quad i = 1,2,3,4,5; d_j^-, d_j^+ \geqslant 0, \quad j = 1,2,3,4,5 \end{cases}$$

用单纯形法求解得满意解如下：

$$x_1 = 15, \quad x_2 = 14, \quad x_3 = 19, \quad x_4 = 15, \quad x_5 = 10;$$
$$d_2^+ = 195.1, \quad d_3^- = 24.81, \quad d_4^- = 68.57$$

其他偏差变量等于零。该解满足第 1 个、第 2 个目标，较好地满足第 3 个目标，第 4 个目标也正好得到满足。由于 $d_2^+ = 195.1 > 0$，总的期望收益率超过了 3.5%，当然这同时增加了风险，但风险目标是第 3 个目标，因此该解是满意的。

**例 5.12** 人力资源管理问题。某公司的职工工资分成 I、II 和 III 级三个等级，对各等级岗位编制数作了规定，并规定 III 级不足编制的人数可录用新职工，公司各级工资、现有人数和编制规定人数见表 5.19。人力资源部在考虑明年的职工升级调资方案，已知明年 I、II 级的职工分别有 2 人和 3 人退休。公司领导要求尽可能满足以下目标约束：

(1) 年工资总额不超过 600 万元;

(2) 每级人数不超过定编规定的人数;

(3)II 级和 III 级的升级人数应尽可能达到现有人数的 20%。

问该公司人力资源部应如何拟订一个满意的方案?

**表 5.19 例 5.12 的有关数据**

| 工资等级 | 年工资额/万元 | 现有人数 | 编制规定人数 |
|---|---|---|---|
| I | 8 | 10 | 12 |
| II | 5 | 25 | 28 |
| III | 3 | 100 | 120 |
| 合计 | | 135 | 160 |

**解** 设 $x_1, x_2, x_3$ 分别是从 II、III 提升到 I、II 的人数和新录用的职工人数,则升级后明年各级职工人数为

$$I \text{ 级} : 10 - 2 + x_1$$
$$II \text{ 级} : 25 - 3 - x_1 + x_2$$
$$III \text{ 级} : 100 - x_2 + x_3$$

调资后工资总额为

$$8(x_1 + 8) + 5(-x_1 + x_2 + 22) + 3(-x_2 + x_3 + 100)$$
$$= 3x_1 + 2x_2 + 3x_3 + 474$$

因此, 第 1 个目标约束可表达为

$$\min z = P_1 d_1^+$$
$$\text{s.t. } 3x_1 + 2x_2 + 3x_3 + d_1^- - d_1^+ = 600 - 474 (= 126)$$

第 2 个目标约束可表达为

$$\min z = P_2(d_2^+ + d_3^+ + d_4^+)$$
$$\text{s.t. } \begin{cases} x_1 + d_2^- - d_2^+ = 4 \\ -x_1 + x_2 + d_3^- - d_3^+ = 6 \\ -x_2 + x_3 + d_4^- - d_4^+ = 20 \end{cases}$$

第 3 个目标约束可表达为

$$\min z = P_3(d_5^- + d_6^-)$$
$$\text{s.t. } \begin{cases} x_1 + d_5^- - d_5^+ = 10 \times 20\% \\ x_2 + d_6^- - d_6^+ = 25 \times 20\% \end{cases}$$

综合以上各指标要求, 得到该问题的目标规划模型如下:

$$\min z = P_1 d_1^+ + P_2(d_2^+ + d_3^+ + d_4^+) + P_3(d_5^- + d_6^-)$$

$$\text{s.t.} \begin{cases} 3x_1 + 2x_2 + 3x_3 + d_1^- - d_1^+ = 126 \\ x_1 + d_2^- - d_2^+ = 4 \\ -x_1 + x_2 + d_3^- - d_3^+ = 6 \\ -x_2 + x_3 + d_4^- - d_4^+ = 20 \\ x_1 + d_5^- - d_5^+ = 2 \\ x_2 + d_6^- - d_6^+ = 5 \\ x_i \geqslant 0, \quad i = 1,2,3; d_j^-, d_j^+ \geqslant 0, \quad j = 1,2,\cdots,6 \end{cases}$$

经单纯形法求解得该问题的满意解有多组, 其中两组如下。

第一组: $x_1 = 2, x_2 = 5, d_1^- = 110, d_2^- = 2, d_3^- = 3, d_4^- = 25$, 其他偏差变量等于零。

第二组: $x_1 = 2, x_2 = 5, x_3 = 25, d_1^- = 35, d_2^- = 2, d_3^- = 3$, 其他偏差变量等于零。

第一组的决策是分别从 II 和 III 级晋升 2 人和 5 人到 I 和 II 级, 不招收新职工。其结果是: I、II 岗位的职工数不变, III 级岗位的职工数减少了 5 人, I、II、III 级三个岗位分别有不足编制数 2 人、3 人和 25 人, 结余工资额 110 万元。

第二组的决策是分别从 II 和 III 级晋升 2 人和 5 人到 I 和 II 级, 招收 25 名新职工, 其结果是: I、II 岗位的职工数不变, III 级岗位的职工数增加了 20 人, I 和 II 级两个岗位分别有不足编制数 2 人和 3 人, III 级岗编制数已满, 结余工资额 35 万元。

其实, III 级岗招收新职工数从 0 到 25 人, 都不违反以上目标约束, 都是满意解, 公司可以根据需要招收适当的人数。

**例 5.13** 生产计划问题。某电视机厂生产 46cm 和 51cm 两种电视机, 平均生产能力 1 台/小时, 正常每日两班, 每周 80 小时。下周的最大销售量是 46cm 的 70 台, 51cm 的 35 台。已知每出售一台 46cm 电视机可获利 250 元, 51cm 电视机获利 150 元, 试决定最优生产计划。经理按照重要程度确定以下目标:

(1) 避免开工不足, 保持职工就业稳定;

(2) 必要时可加班, 但每周加班不超过 10 小时;

(3) 努力达到预计的销售量;

(4) 尽量少加班。

**解** 设 $x_1, x_2$ 分别表示生产 46cm 和 51cm 电视机的小时数, 则生产总时数为 $x_1 + x_2$, 第 1 个目标要求生产总时数不能少于 80 小时, 即

$$\min z = P_1 d_1^-$$
$$\text{s.t. } x_1 + x_2 + d_1^- - d_1^+ = 80$$

式中, $d_1^+$ 为加班小时数。

第 2 个目标要求每周加班不超过 10 小时, 可以表示为

$$\min z = P_2 d_{11}^+$$
$$\text{s.t. } d_1^+ + d_{11}^- - d_{11}^+ = 10$$

第 3 个目标要求两种电视机产量尽量达到预期最大销售量，满足市场需求。由于生产能力为 1 台/小时，所以两种电视机的产量分别是 $x_1, x_2$，因此第 3 个目标要求

$$\min z = P_3(5d_2^- + 3d_3^-)$$
$$\text{s.t.} \begin{cases} x_1 + d_2^- = 70 \\ x_2 + d_3^- = 35 \end{cases}$$

在第 3 个目标中对两种产品使用了不同的权重，主要是考虑到这两种电视机的利润不同，其中 46cm 电视机每台获利 250 元，而 51cm 的电视机每台只获利 150 元，250/150=5/3，所以 46cm 和 51cm 电视机的权重分别取为 5 和 3。

第 4 个目标要求尽量少加班，因此要求 $\min d_1^+ \to 0$。综合上述各目标约束的结果可以得到

$$\min z = p_1 d_1^- + P_2 d_{11}^+ + 5P_3 d_2^- + 3P_3 d_3^- + P_4 d_1^+$$
$$\text{s.t.} \begin{cases} x_1 + x_2 + d_1^- - d_1^+ = 80 \\ x_1 + d_2^- = 70 \\ x_2 + d_3^- = 35 \\ d_1^+ + d_{11}^- - d_{11}^+ = 10 \\ x_1, x_2, d_1^-, d_1^+, d_{11}^-, d_{11}^+, d_2^-, d_3^- \geqslant 0 \end{cases}$$

用单纯形法计算可以获得满意解如下：

$$x_1 = 70(台), \quad x_2 = 20(台), \quad d_3^- = 15, \quad d_1^+ = 10$$

可见只有 51cm 的电视机未能达到最大期望销售量，少了 15 台，同时加班了 10 小时，共生产了 90 小时。

## 习　题　5

**一、思考题**

1. 为什么在经营管理实际中，往往不是追求线性规划的最优解，而是需要考虑更多的目标约束？

2. 如何根据经营管理实际中的目标约束 (包括多目标优化) 建立目标规划模型？

3. 目标规划的单纯形法中，如何选择初始基变量？如何判断是否获得满意解？如何确定入基变量和出基变量？

4. 序列解法与单纯形法有什么不同？它们分别适用于什么场合？

5. 在序列解法中，如何根据当前层次线性规划的最优解确定是否需要继续下一层次目标的求解？如何建立下一层次的线性规划模型？

6. 判断以下各种说法的正确性

(1) 正偏差变量大于等于零，负偏差变量小于等于零。

(2) 目标约束一定是等式约束。

(3) 一对正负偏差变量至少一个大于零。

(4) 一对正负偏差变量至少一个等于零。

(5) 要求至少达到目标值的目标函数是 $\min d^-$。

(6) 要求不超过目标值的目标函数是 $\min d^-$。

## 二、选择题

1. 下列各式作为目标规划的目标函数，正确的是（　　）。

A. $\min z = P_1 d_1^- - P_2 d_2^-$ 　　　　　　B. $\max z = P_1 d_1^- + P_2 d_2^-$

C. $\min z = P_1 d_1^- + P_2 d_2^+$ 　　　　　　D. $\min z = P_1 d_1^- + P_2 (d_2^- - d_2^+)$

E. $\min z = P_1 (d_1^- + d_1^+) + P_2 (d_2^- + d_2^+)$

2. 决策者要求不超过第 1 个目标值，恰好完成第 2 个目标值，目标函数应该是（　　）。

A. $\min z = P_1 (d_1^- + d_1^+) + P_2 (d_2^- + d_2^+)$ 　　　B. $\min z = P_1 d_1^- + P_2 d_2^-$

C. $\min z = P_1 (d_1^- + d_1^-) + P_2 d_2^+$ 　　　　　D. $\min z = P_1 d_1^- + P_2 (d_2^- + d_2^+)$

3. 目标函数 $\min z = P_1 (d_1^- + d_2^-) + P_2 d_3^+$ 的含义是（　　）。

A. 第 1 个和第 2 个目标至少达到目标值，第 3 个目标不超过目标值。

B. 第 1 个和第 2 个目标不超过目标值，第 3 个目标至少达到目标值。

C. 第 1 个和第 2 个目标恰好达到目标值，第 3 个目标不超过目标值。

D. 第 1 个和第 2 个目标不超过目标值，第 3 个目标恰好达到目标值。

## 三、计算题

1. 用图解法求解下列目标规划问题

(1) $\min z = P_1 (d_1^- + d_2^+) + P_2 d_3^-$

$$\text{s.t.} \begin{cases} x_1 + x_2 + d_1^- - d_1^+ = 1 \\ x_1 + x_2 + d_2^- - d_2^+ = 2 \\ 3x_1 - 2x_2 + d_3^- - d_3^+ = 6 \\ x_1, x_2 \geqslant 0; d_i^-, d_i^+ \geqslant 0, \quad i = 1, 2, 3 \end{cases}$$

(2) $\min z = P_1 (2d_1^+ + d_2^-) + P_2 d_3^-$

$$\text{s.t.} \begin{cases} x_1 + 2x_2 \leqslant 6 \\ x_1 - x_2 + d_1^- - d_1^+ = 2 \\ -x_1 + 2x_2 + d_2^- - d_2^+ = 2 \\ x_2 + d_3^- - d_3^+ = 4 \\ x_1, x_2 \geqslant 0; d_i^-, d_i^+ \geqslant 0, \quad i = 1, 2, 3 \end{cases}$$

2. 用单纯形法求解下列目标规划问题

(1) $\min z = P_1 d_1^- + P_2 (2d_2^+ + d_3^-)$

$$\text{s.t.} \begin{cases} 8x_1 + 4x_2 + d_1^- - d_1^+ = 160 \\ x_1 + 2x_2 + d_2^- - d_2^+ = 30 \\ x_1 + 2x_2 + d_3^- - d_3^+ = 40 \\ x_1, x_2 \geqslant 0; d_i^-, d_i^+ \geqslant 0, \quad i = 1, 2, 3 \end{cases}$$

(2) $\min z = P_1 (d_1^- + d_2^+) + P_2 d_3^- + P_3 d_4^-$

$$\text{s.t.} \begin{cases} x_1 + x_2 + d_1^- - d_1^+ = 40 \\ x_1 + x_2 + d_2^- - d_2^+ = 60 \\ x_1 + d_3^- - d_3^+ = 50 \\ x_2 + d_4^- - d_4^+ = 20 \\ x_1, x_2 \geqslant 0; d_i^-, d_i^+ \geqslant 0, \quad i = 1, 2, 3, 4 \end{cases}$$

3. 已知目标规划问题

$$\min z = P_1 d_1^- + P_2 d_2^- + P_3(5d_3^- + 3d_4^+) + P_4 d_1^+$$

$$\text{s.t.} \begin{cases} x_1 + 2x_2 + d_1^- - d_1^+ = 6 \\ x_1 + 2x_2 + d_2^- - d_2^+ = 9 \\ x_1 - 2x_2 + d_3^- - d_3^+ = 4 \\ x_2 + d_4^- - d_4^+ = 2 \\ x_1, x_2, d_i^-, d_i^+ \geqslant 0, \quad i = 1, 2, 3, 4 \end{cases}$$

(1) 用单纯形法求解；

(2) 目标函数分别变为如下两种情况，请分析解的变化。

① $\min z = P_1 d_1^- + P_2 d_2^- + P_3 d_1^+ + P_4(5d_3^- + 3d_4^+)$

② $\min z = P_1 d_1^- + P_2 d_2^- + P_3(w_1 d_3^- + w_2 d_4^+) + P_4 d_1^+$

(假设 $w_1$ 和 $w_2$ 按比例变动)

4. 某公司生产 A、S 两种型号的微型计算机，它们均经过两道工序加工。每台微型计算机所需的加工时间、销售利润及该公司每周最大加工能力如表 5.20 所示。公司确定了如下的经营目标：

(1) 每周总利润不低于 10000 元；

(2) A 型机至少每周生产 10 台，S 型机每周至少生产 15 台；

(3) 工序一每周生产时间最好等于 150 小时，工序二每周生产时间可适当超过其能力 75 小时。

试为该问题建立目标规划模型。

表 5.20　习题 4 的数据

| 机型 | A | S | 每周最大加工能力 |
|---|---|---|---|
| 工序一/(小时/台) | 4 | 6 | 150 小时 |
| 工序二/(小时/台) | 3 | 2 | 75 小时 |
| 利润/(元/台) | 300 | 450 | |

5. 某公司要将一批商品从三个产地运到四个销地，相关数据如表 5.21 所示。

表 5.21　习题 5 的数据

| 产地 | $B_1$ | $B_2$ | $B_3$ | $B_4$ | 总产量 |
|---|---|---|---|---|---|
| $A_1$ | 7 | 3 | 7 | 9 | 560 |
| $A_2$ | 2 | 6 | 5 | 11 | 400 |
| $A_3$ | 6 | 4 | 2 | 5 | 750 |
| 总需求量 | 320 | 240 | 480 | 380 | |

现要求制订调运计划，并要求依次满足如下目标：

(1) $B_3$ 的供应量不低于需求量；

(2) 其余销地的供应量不低于需求量的 85%；

(3) $A_3$ 给 $B_3$ 的供应量不低于 200；

(4) $A_2$ 尽可能少给 $B_1$；

(5) 销地 $B_2$、$B_3$ 的供应满足率尽可能保持平衡；

(6) 总运费尽可能达到最小。

6. 某种牌号的酒系由三种等级的酒兑制而成，已知各种等级酒的每天供应量和单位成本为：等级 Ⅰ 供应量 1500 单位/天，成本 6 元/单位；等级 Ⅱ 供应量 2000 单位/天，成本 4.5 元/单位；等级 Ⅲ 供应量 1000 单位/天, 成本 3 元/单位。该牌号的酒有三种商标: 红、黄、蓝, 各种商标酒的混合比及售价如表 5.22 所示。

**表 5.22　习题 6 的数据**

| 商标 | 兑制配比要求 | 单位售价/元 |
| --- | --- | --- |
| 红 | 等级 III 少于 10%, 等级 I 多于 50% | 5.5 |
| 黄 | 等级 III 少于 70%, 等级 I 多于 20% | 5 |
| 蓝 | 等级 III 少于 50%, 等级 I 多于 10% | 4.8 |

酒厂为保持声誉, 确定如下的经营目标:

(1) 兑制配比要求严格满足;

(2) 获取利润尽可能达到最大;

(3) 红色商标酒每天产量不低于 2000 单位。

请为该问题建立目标规划模型。

# 第 6 章　一维极值优化问题

考察一元函数的极小化问题：

$$\min f(x)$$
$$s.t.\, x \in [a, b]$$

确定一元函数极值点的数值方法，即单变量寻优，通常称为一维搜索。在最优化方法中，一维搜索虽然简单，但很重要，因为多维最优化问题的求解一般都伴随着一系列的一维搜索。使用一维搜索常用的方法有：试探法 (分数法、黄金分割法、外推内插法)、切线法 (一维牛顿法)、二次插值法 (抛物线法) 等。

在进行一维搜索时需要确定搜索区间，也就是包含该问题最优解的一个闭区间，然后在此区间内进行搜索求解。

设 $f(X)$ 在区间 $[a, b]$ 上只有一个极值点 $x^*$(这一类函数通常称为单峰函数)，则对区间 $[a, b]$ 内任意两点 $a_1$、$b_1$，有 $a_1 < b_1$，计算 $f(a_1), f(b_1)$。则必有下列两种情况之一：

(1) 若 $f(a_1) < f(b_1)$，则必有 $x^* \in [a, b_1]$；

(2) 若 $f(a_1) \geqslant f(b_1)$，则必有 $x^* \in [a_1, b]$。

通过上面的讨论可知，只要在区间 $[a, b]$ 内取两个不同的点，算出这两点的函数值，并加以比较，就能把搜索区间 $[a, b]$ 缩小成 $[a, b_1]$ 或 $[a_1, b]$，如图 6.1 所示。

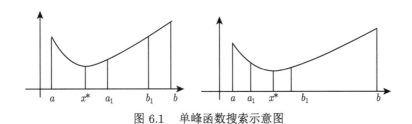

图 6.1　单峰函数搜索示意图

如果继续缩小区间 $[a, b_1]$ 或 $[a_1, b]$，就需要在区间 $[a, b_1]$ 或 $[a_1, b]$ 内取一点 $b_2$，计算出 $f(b_2)$ 的值，并与 $f(a_1)$ 进行比较。

若 $f(a_1) < f(b_2)$，则 $x^* \in [a, b_2]$；若 $f(a_1) \geqslant f(b_2)$，则 $x^* \in [a_1, b_1]$。

继续缩小，就能越来越精确地估计出 $x^*$ 的位置。当然，如果无限地搜索，可以精确地求出极小点 $x^*$。但实际计算时只能使 $x^*$ 包含在某个小区间内，且此时小区间的长度不超过某一给定的精度就可以了。如经过 $n$ 次搜索以后，已知 $x^*$ 位于区间 $[a_n, b_n]$ 中，且 $|a_n - b_n| < \varepsilon$，其中 $\varepsilon$ 为事先给定的精度，这时区间 $[a_n, b_n]$ 中的点都可以作为 $x^*$ 的近似点。这种寻优的方法通常称为试探法。

# 6.1　分数法 (斐波那契法)

分数法和黄金分割法都属于试探法, 搜索原理相似。这类方法寻优的途径不是直接找出最优点, 而是不断缩小最优点所在的区间, 直到符合精度。

它们的搜索原理为: 在区间 $[a, b]$ 中任意取两个关于 $[a, b]$ 对称的点 $a_1$、$b_1$, 计算函数值以缩短区间, 缩短后的区间为 $[a, b_1]$ 或 $[a_1, b]$, 显然, 这两个区间长度之和必大于 $[a, b]$ 区间的长度。因此, 在进行 $n$ 次搜索后, 能把区间 $[a, b]$ 缩小到什么程度? 或者说, 计算 $n$ 次函数值以后能把多长的区间缩小成长度为 1 的区间?

用 $F_n$ 表示计算 $n$ 个函数值能缩短为单位区间的最大原区间长度, 显然有 $F_0 = F_1 = 1$。

这是因为至少要计算两次函数值才能缩短区间, 只计算零次或一次函数值是不能缩短区间长度的, 故只有区间长度本身等于 1 时才行。

现考虑计算函数值两次的情形: 把计算函数值的点称为试算点或试点。

在区间 $[a, b]$ 内任取两点 $a_1$、$b_1$, 计算函数值以缩短区间, 缩短后的区间为 $[a, b_1]$ 或 $[a_1, b]$, 显然, 这两个区间长度之和必大于 $[a, b]$ 区间的长度。也就是说, 计算两次函数值一般无法把长度大于 2 的区间缩短成单位区间, 但是对于长度为 2 的区间, 可以用如图 6.2 所示的方法选取试点 $a_1$、$b_1$, 图 6.2 中 $\varepsilon$ 为任意小的正数, 缩短后的区间长度为 $1 + \varepsilon$, 故缩短后的区间长度近似等于 1。由此得

$$F_2 = 2$$

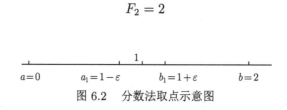

图 6.2　分数法取点示意图

根据同样的方法, 可得

$$F_3 = 3, \quad F_4 = 5, \quad F_5 = 8, \quad F_6 = 13, \quad \cdots$$

序列 $\{F_n\}$ 的递推公式为

$$F_n = F_{n-1} + F_{n-2}, \quad n \geqslant 2$$

利用上面公式可计算出 $F_n$ 的值如表 6.1 所示。

表 6.1　斐波那契数列表

| $n$ | 0 | 1 | 2 | 3 | 4 | 5 | 6 | 7 | 8 | 9 | 10 | 11 | $\cdots$ |
|---|---|---|---|---|---|---|---|---|---|---|---|---|---|
| $F_n$ | 1 | 1 | 2 | 3 | 5 | 8 | 13 | 21 | 34 | 55 | 89 | 144 | $\cdots$ |

这里的 $F_n$ 就是通常所说的斐波那契数。

由以上讨论可知, 计算 $n$ 次函数值所能获得的最大缩短率 (缩短后的长度与原区间长度的比) 为 $1/F_n$。

如 $F_{20} = 10946$, 即计算 20 次函数值可以把原区间长度为 $L$ 的区间缩短为 $\dfrac{L}{10946} = 0.00009L$ 的区间长度。

现在对于寻找近似极小点来说, 如果希望误差不超过 $\varepsilon$, 只需将原区间 $[a, b]$ 缩短为包含极小点而区间长度不超过 $\varepsilon$ 的区间就可以了。这时计算函数值的次数 $n$ 只要满足 $F_n \geqslant \dfrac{1}{\varepsilon}(b-a)$ 即可。有时给出区间缩短的绝对精度 $\eta$, 要求 $b_{n-1} - a_{n-1} \leqslant \eta$。分数法求近似极小点的步骤如下。

(1) 给出精度 $\varepsilon$, 求出使 $F_n = (b-a)/\varepsilon$ 的最小整数 $n$。

由 $F_n = F_{n-1} + F_{n-2}$, 定出两个试点 $x_1 = a + (b-a)\dfrac{F_{n-2}}{F_n}$, $x_1' = a + (b-a)\dfrac{F_{n-1}}{F_n}$。

(2) 计算 $f(x_1)$ 与 $f(x_1')$: 若 $f(x_1) < f(x_1')$, 取 $a = a_1, x_1' = b_1$, 并令 $x_2 = a_1 + (b_1 - a_1)F_{n-3}/F_{n-1}$, $x_2' = x_1$。

若 $f(x_1) \geqslant f(x_1')$, 取 $x_1 = a_1, b = b_1$, 并令 $x_2 = x_1'$, $x_2' = a_1 + (b_1 - a_1)F_{n-2}/F_{n-1}$。

(3) 计算 $f(x_2)$ 与 $f(x_2')$, 比较它们的大小。方法同步骤 (2)。

(4) 当迭代到 $k = n-1$ 时, 有

$$x_{n-1} = x_{n-1}' = (a_{n-2} + b_{n-2})/2$$

这时无法比较函数值 $f(x_{n-1})$ 与 $f(x_{n-1}')$ 来确定最后的区间 $[a_{n-1}, b_{n-1}]$, 为此取

$$\begin{cases} x_{n-1} = \dfrac{1}{2}(a_{n-2} + b_{n-2}) \\[2mm] x_{n-1}' = a_{n-2} + \left(\dfrac{1}{2} + \varepsilon\right)(b_{n-2} - a_{n-2}) \end{cases}$$

其中, $\varepsilon$ 是一个很小的正数, 这样就可以比较 $f(x_{n-1})$ 与 $f(x_{n-1}')$ 的值以确定最后区间 $[a_{n-1}, b_{n-1}]$, 在 $x_{n-1}$ 与 $x_{n-1}'$ 中其函数值较小者为近似极小点, 相应的函数值为近似的极小值。

由此可知, 分数法使用对称搜索的方法, 逐步缩短所考察的区间, 以尽量少的函数求值次数, 达到预定的缩短率。

**例 6.1**　试用分数法求函数 $f(x) = x^2 + x + 1$ 在区间 $[-2, 2]$ 上的近似极小点和近似极小值, 并要求误差不超过 0.2。

**解**　不难验证, $f(x) = x^2 + x + 1$ 在区间 $[-2, 2]$ 上是仅有唯一的极小点的单峰函数, 极小点为 $x^* = -0.5$, 极小值 $f(x^*) = 0.75$。下面利用分数法求解。

已知 $\delta = 0.2, F_n \geqslant 4/0.2 = 20$, 故 $n = 7$, 又知 $a = -2, b = 2$, 有

$$\begin{cases} x_1 = a + (b-a)F_5/F_7 = -2 + 4 \times 8/21 = -0.4762 \\ x_1' = a + (b-a)F_6/F_7 = -2 + 4 \times 13/21 = 0.4762 \end{cases}$$
$$f(x_1) = 0.7506, \quad f(x_1') = 1.7030$$
$$f(x_1) < f(x_1')$$

取 $a_1 = -2, b_1 = 0.4762$，有

$$\begin{cases} x_2 = a_1 + (b_1 - a_1)F_4/F_6 = -1.0476 \\ x_2' = x_1 = -0.4762 \end{cases}$$

$$f(x_2) = 1.0499, \quad f(x_2') = 0.7504, \quad f(x_2) > f(x_2')$$

取 $a_2 = -1.0476, b_2 = b_1 = 0.4762$，这样迭代下去，最后可得表 6.2。

**表 6.2　迭代结果**

| 迭代次数 | $a_n$ | $b_n$ |
|---|---|---|
| 0 | −2 | 2 |
| 1 | −2 | 0.4762 |
| 2 | −1.0476 | 0.4762 |
| 3 | −1.0476 | −0.0952 |
| 4 | −0.6666 | −0.0952 |
| 5 | −0.6666 | −0.2857 |
| 6 | −0.6666 | −0.4723 |

由于 $x_6 = -0.4762 = x_6'$，因此取

$$x_6' = a_5 + (0.5 + 0.01)(b_5 - a_5) = -0.4723$$
$$f(x_6') = 0.7508 > f(x_6) = 0.7506$$

取 $x_6 = -0.4723$ 为近似极小点，近似极小值 $f(x_6) = 0.7506$。

## 6.2　黄金分割法 (0.618 法)

由 6.1 节讨论可知，用分数法以 $n$ 个试点来缩短某一区间时，区间长度的第一次缩短率为 $F_{n-1}/F_n$，其后各次分别为 $F_{n-2}/F_{n-1}, F_{n-3}/F_{n-2}, \cdots, F_2/F_1$，现将以上数列分为奇数项和偶数项，可以证明，这两个数列收敛于同一个极限：

$$\frac{-1+\sqrt{5}}{2} = 0.6180339887418948$$

以不变的区间缩短率 0.618 代替分数法每次不同的缩短率，就得到黄金分割法 (0.618 法)。它可以看成分数法的近似，但实现起来更为方便，当分割次数不多时效果更好。具体算法如图 6.3 所示。

**例 6.2**　为了提高某种化工产品的质量指标，需要在制作过程中加入某种原料，已知其最佳加入量在 1000g 到 2000g 之间的某一点，现在通过试验的方法寻到最优点。

**解**　按 0.618 法来获取分割点。

先做第 1 次试验，其加入量为 $1000 + 0.382 \times (2000 - 1000) = 1382$g；

再做第 2 次试验，其加入量为 $1000 + 0.618 \times (2000 - 1000) = 1618$g；

$$\begin{array}{c|c|c|c} & (1) & (2) & \\ \hline 1000 & 1382 & 1618 & 2000 \end{array}$$

比较这两次的试验结果。

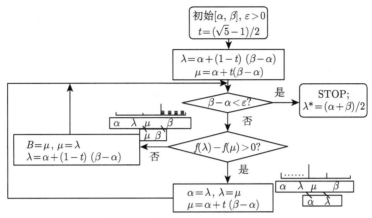

图 6.3　黄金分割法迭代流程图

如果第 (2) 点较第 (1) 点效果好，则去掉 1000 至 1382 这段，然后在留下的一段中再找出第 (2) 点的对称点，做第 3 次试验，其加入量为 1382 + 0.618× (2000 − 1382)=1764g。

再比较第 1 次与第 3 次的试验结果。

$$
\begin{array}{c c c c c}
 & (1)| & (2)| & (3)| & \\
\hline
1000 & 1382 & 1618 & 1764 & 2000
\end{array}
$$

如果仍然是第 (2) 点较第 (3) 点效果好，则去掉 1764 至 2000 这一段，然后在留下的一段中找出第 (4) 点的对称点，做第 4 次试验，其加入量为 1382 + 0.382×(1764 − 1382)=1528g。

$$
\begin{array}{c c c c c c}
 & (1)| & (4)| & (2)| & (3)| & \\
\hline
1000 & 1382 & 1528 & 1618 & 1764 & 2000
\end{array}
$$

如果仍然是第 (4) 点较第 (2) 点效果好，则去掉 1618 至 1764 这一段，对留下的 1382 至 1618 这一段中继续试验，当迭代区间较小时，就可以在该区间内找到一点，作为最优点，这样可以用最少的试验次数找到最佳加入量。

**例 6.3**　用黄金分割法求函数

$$
f(x) = \begin{cases} x/2, & x \leqslant 2 \\ -x + 3, & x > 2 \end{cases}
$$

在区间 $[0,3]$ 上的极大点，要求缩短后的长度不大于原区间长度的 $15\%$。

**解**　已知 $a = 0, b = 3$，则

$$
x_1 = 0 + 0.382 \times (3 - 0) = 1.146, \quad x_1' = 0 + 0.618 \times (3 - 0) = 1.854
$$

$$
f(x_1) = 0.573, \quad f(x_1') = 0.927
$$

因为 $f(x_1) < f(x_1')$, 故原区间缩短为 $[1.146, 3]$, 令 $a_1 = x_1 = 1.146$, 有

$$b_1 = b = 3, \quad x_2 = x_1' = 1.854, \quad x_2' = 1.146 + 0.618 \times (3 - 1.146) = 2.292$$
$$f(x_2') = 0.708 < f(x_2) = 0.927$$

故原区间缩短为 $[1.146, 2.292]$。

令 $x_3 = 1.146 + 0.382 \times (2.292 - 1.146) = 1.584, x_3' = 1.854$, 有

$$f(x_3') = 0.927 > f(x_3) = 0.792$$

故原区间缩短为 $[1.584, 2.292]$。

令 $a_3 = 1.584, b_3 = 2.292$, 则

$$x_4 = 1.854, \quad x_4' = 1.584 + 0.618 \times (2.292 - 1.584) = 2.022$$

$f(x_4') = 0.978 > f(x_4) = 0.927$, 故原区间缩短为 $[1.854, 2.292]$。

由于 $\dfrac{2.292 - 1.854}{3} = 14.6\% < 15\%$, 已达到精度要求, 停止迭代, 得近似极大点和极大值 $x = (2.292 + 1.854)/2 = 2.073, f(x) = 0.927$, 此题的精确最优解为 $x^* = 2, f(x^*) = 1$。

## 6.3　牛顿法 (切线法)

前面所讨论的方法, 只是对一些点的函数值的大小进行比较, 而函数本身并没有得到充分利用, 至于函数的一些解析性质, 更是毫无利用, 下面介绍的牛顿法当函数性质具有较好的解析性质时, 计算效果要比分数法、黄金分割法更好。

现在仍设 $f(x)$ 在 $[a, b]$ 上仅有一个极小点的单峰函数, 且具有二阶导数。

如果函数 $f(x)$ 在 $[a, b]$ 处取极小值, 则必有 $f'(x) = 0$, 因此求此函数极小点, 只需求出 $f'(x)$ 在 $[a, b]$ 内的零点即可。

对 $f(x)$ 在点 $x_k$ 处进行二阶泰勒级数展开:

$$f(x) = f(x_k) + f'(x_k)(x - x_k) + \frac{1}{2}f''(x_k)(x - x_k)^2 + o(x - x_k)^2$$

取二次式 (略去高阶项):

$$q_k(x) = f(x_k) + f'(x_k)(x - x_k) + \frac{1}{2}f''(x_k)(x - x_k)^2$$

用 $q_k(x)$ 作为 $f(x)$ 的近似。

首先求 $q_k(x)$ 的导数, 并令其等于零。

$$q_k'(x) = f'(x_k) + f''(x_k)(x - x_k) = 0$$

得 $x_{k+1} = x_k - \dfrac{f'(x_k)}{f''(x_k)}$, 取 $x_{k+1}$ 为新的迭代点。

以上过程称为一维牛顿迭代法。

一维牛顿法迭代流程图见图 6.4。

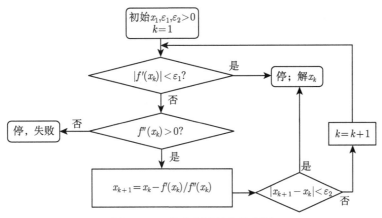

图 6.4  一维牛顿法迭代流程图

若 $f(x)$ 在 $[a,b]$ 上仅有三阶导数，$f'(a)f'(b) < 0$，以及 $f''(x) > 0$，则切线法产生的点列收敛到 $f(x)$ 在 $[a,b]$ 中的唯一极小点。

当 $f(x)$ 是具有极小点的二次函数时，牛顿法可以一步达到极小点。

牛顿迭代法具有二阶局部收敛性，收敛速度快，当初始点靠近最优点时，可以很快收敛到满足精度要求的解。但该方法不具有全局收敛性，当初始点远离最优点时，迭代序列有可能不收敛于极小点。

当 $f(x)$ 的三阶导数在 $[a,b]$ 内大于零时，迭代的初始点 $x_0$ 应选在 $b$ 端点附近，$f(x)$ 的三阶导数在 $[a,b]$ 内小于零时，迭代的初始点 $x_0$ 应选在 $a$ 端点附近。

**例 6.4**  求 $\min f(x) = \int_0^x \arctan t \, dt$，$\varepsilon = 0.002$。

**解**

$$f'(x) = \arctan x, \quad f''(x) = \frac{1}{1+x^2}$$

迭代公式：

$$x_{k+1} = x_k - (1+x^2)\arctan x_k$$

取 $x_1 = 1$ 时，计算结果如表 6.3 所示。

表 6.3  例 6.4 计算结果 1

| $k$ | $x_k$ | $f'(x_k)$ | $1/f''(x_k)$ |
|---|---|---|---|
| 1 | 1.0000 | 0.7854 | 2.0000 |
| 2 | $-0.5708$ | $-0.5187$ | 1.3258 |
| 3 | 0.1169 | $-0.1164$ | 1.0137 |
| 4 | $-0.0011$ | $-0.0011$ | 1.000001 |

由于 $|f'(x_4)| < \varepsilon$，故 $x_4 \approx x^* = 0$。当取 $x_1 = 2$ 时，计算结果如表 6.4 所示。

表 6.4　例 6.4 计算结果 2

| $k$ | $x_k$ | $f'(x_k)$ | $1/f''(x_k)$ |
|---|---|---|---|
| 1 | 2.0000 | 1.1071 | 5.000 |
| 2 | $-3.5357$ | $-1.2952$ | 13.5015 |
| 3 | 13.9510 | 1.4992 | 195.6293 |

此时可以看出，序列 $\{x_k\}$ 不收敛于极小点。

**例 6.5**　用牛顿法求 $f(x) = x^3 - 3x^2 - 9x + 30$ 在区间 $[1,5]$ 上的极小点。

**解**　因为 $f'(x) = 3x^2 - 6x - 9, f''(x) = 6x - 6, f'''(x) = 6$，由此可知，在 $[1,5]$ 上 $f''(x) > 0, f'''(x) > 0$，而在 $[1,5]$ 上有唯一极小点 $x^* = 3, f(x^*) = 3$。

下面用牛顿法来求解。

因为 $f'''(x) > 0$，所以初始点选在靠近 5 的一端，取初始点 $x_0 = 4.5$，并取精度 $\varepsilon = 0.01$。$|f'(4.5)| = 24.75 > 0.01$，计算 $x_1 = 4.5 - f'(4.5)/f''(4.5) = 3.32$，$|f'(3.32)| = 4.147 > 0.01$，计算 $x_2 = 3.32 - f'(3.32)/f''(3.32) = 3.0221$，$|f'(3.0221)| = 0.2667 > 0.01$，计算 $x_3 = 3.0221 - f'(3.0221)/f''(3.0221) = 3.0001$，$|f'(3.0001)| = 0.0012 < 0.01$，停止迭代。

取 $x^* = 3.0001, f(x^*) = 3.0000009$。

# 6.4　抛物线法 (二次插值法)

### 1. 插值法的概念

假定给定的问题是在某一确定区间内寻求函数的极小点的位置，但是没有函数表达式，只有若干试验点处的函数值。可以根据这些函数值，构成一个与原目标函数相接近的低次插值多项式，用该多项式的最优解作为原函数最优解的近似解，这种方法是用低次插值多项式逐步逼近原目标函数的极小点的近似求解方法，称为插值方法或函数逼近法。

上面的牛顿法需要计算 $f(x)$ 的一阶导数、二阶导数，当 $f(x)$ 很复杂时，计算起来相当困难。抛物线法是一种多项式逼近，即用一个二次多项式 $p(x)$ 来逼近所给的函数 $f(x)$，并用 $p(x)$ 的极小点来近似 $f(x)$ 的极小点，在整个计算过程中，只需要计算 $f(x)$ 的值。其基本思想就是用二次三项式来逼近目标函数。

### 2. 插值法与试探法的区别

试验点位置的确定方法不同。在试探法中试验点的位置是由某种给定的规律确定的，并未考虑函数值的分布。例如，黄金分割法是按照等比例 0.618 缩短率确定的。在插值法中，试验点的位置是按函数值近似分布的极小点确定的。试探法仅仅利用了试验点函数值进行大小的比较，插值法还要利用函数值本身。所以，当函数具有较好的解析性质时，插值法比试探法效果更好。

### 3. 二次插值法的概念

利用原目标函数上的三个插值点，构成一个二次插值多项式，用该多项式的最优解作为原函数最优解的近似解，逐步逼近原目标函数的极小点，称为二次插值法或抛物线法。

### 4. 二次插值函数的构成

设一维目标函数的搜索区间为 $[a, b]$，取三点 $x_1$、$x_2$、$x_3$，其中 $x_1$、$x_3$ 取区间的端点，即

$$x_1 = a, \quad x_3 = b$$

而 $x_2$ 为区间内的一个点，开始可以取区间的中点，即

$$x_2 = \frac{1}{2}(x_1 + x_3)$$

计算函数值 $f_1 = f(x_1), f_2 = f(x_2), f_3 = f(x_3)$。

过函数曲线上的三点 $p_1(x_1, f_1), p_2(x_2, f_2), p_3(x_3, f_3)$ 作二次插值多项式 $P(x) = Ax^2 + Bx + C$，满足条件

$$\begin{cases} P(x_1) = Ax_1^2 + Bx_1 + C_1 = f_1 \\ P(x_2) = Ax_2^2 + Bx_2 + C_2 = f_2 \\ P(x_3) = Ax_3^2 + Bx_3 + C_3 = f_3 \end{cases}$$

解上面的方程组，得待定系数 $A$、$B$、$C$ 分别为

$$A = \frac{(x_2 - x_3)f_1 + (x_3 - x_1)f_2 + (x_1 - x_2)f_3}{(x_1 - x_2)(x_2 - x_3)(x_3 - x_1)}$$

$$B = \frac{(x_2^2 - x_3^2)f_1 + (x_3^2 - x_1^2)f_2 + (x_1^2 - x_2^2)f_3}{(x_1 - x_2)(x_2 - x_3)(x_3 - x_1)}$$

$$C = \frac{(x_3 - x_2)x_2 x_3 f_1 + (x_1 - x_3)x_1 x_3 f_2 + (x_2 - x_1)x_1 x_2 f_3}{(x_1 - x_2)(x_2 - x_3)(x_3 - x_1)}$$

于是函数 $P(x)$ 就是一个确定的二次多项式，称二次插值函数，如图 6.5 所示，虚线部分即为二次插值函数。

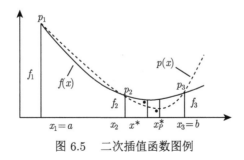

图 6.5　二次插值函数图例

令插值函数 $P(x)$ 的一阶导数为 0，即

$$P'(x) = 2Ax + B = 0$$

得 $P(x)$ 极小点为 $x_p^* = -\dfrac{B}{2A}$，代入 $A$、$B$ 得

$$x_P^* = \frac{1}{2} \cdot \frac{(x_2^2 - x_3^2)f_1 + (x_3^2 - x_1^2)f_2 + (x_1^2 - x_2^2)f_3}{(x_2 - x_3)f_1 + (x_3 - x_1)f_2 + (x_1 - x_2)f_3}$$

令 $c_1 = \dfrac{f_3 - f_1}{x_3 - x_1}$，$c_2 = \dfrac{(f_2 - f_1)/(x_2 - x_1) - c_1}{x_2 - x_3}$，则 $x_P^* = \dfrac{1}{2}\left(x_1 + x_3 - \dfrac{c_1}{c_2}\right)$。

　　注意：若 $c_2 = 0$，则 $c_2 = \dfrac{(f_2 - f_1)/(x_2 - x_1) - c_1}{x_2 - x_3} = 0$，即 $\dfrac{f_2 - f_1}{x_2 - x_1} = c_1 = \dfrac{f_3 - f_1}{x_3 - x_1}$。

说明三个插值点位于同一条直线上，因此说明区间已经很小，插值点非常接近，故可将 $x_2, f_2$ 输出作为最优解。

5. 区间的缩短

为求得满足收敛精度要求的最优点，往往需要进行多次插值计算，搜索区间不断缩短，使 $x_p^*$ 不断逼近原函数的极小点 $x^*$。

第一次区间缩短的方法是，计算 $x_p^*$ 点的函数值 $f_p^*$，比较 $f_p^*$ 与 $f_2$，取其中较小者所对应的点作为新的 $x_2$，以此点的左右两邻点作为新的 $x_1$ 和 $x_3$，得到缩短后的新区间 $[x_1, x_3]$，如图 6.6 所示。

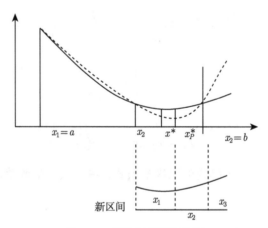

图 6.6　搜索后新区间选取

以后，根据 $f_p^*$ 相对于 $x_2$ 的位置，并比较 $f_p^*$ 与 $f_2$，区间的缩短可以分为如图 6.7 所示的四种情况，区间缩短流程图如图 6.8 所示。

6. 终止准则

$$\left| x_P^{*(k)} - x_P^{*(k-1)} \right| \leqslant \varepsilon \text{且} k \geqslant 2$$

当满足给定精度时，计算终止，并令

$$x^* = x_P^{*(k)}, \quad f^* = f(x^*)$$

二次插值法由于只用到函数值而不用导数，因此应用范围较广，但收敛速度比用导数的方法慢，一般而言，在函数连续的情况下，效果比黄金分割法要好。

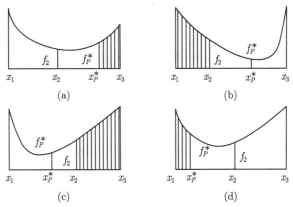

图 6.7　各种区间的缩短情况

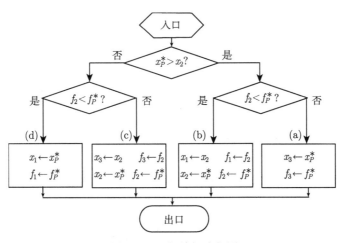

图 6.8　区间缩短流程图

**例 6.6**　求 $f(x) = \mathrm{e}^x - 5x$ 在 $[1,2]$ 上的极小点，精度 $\varepsilon = 0.001$。

**解**　$f(x)$ 在 $[1,2]$ 上是单峰函数。具体计算结果见表 6.5。

表 6.5　计算结果

| $k$ | $x_1$ | $x_2$ | $x_3$ | $f(x_1)$ | $f(x_2)$ | $f(x_3)$ | $\tilde{x}^{(k)}$ | $f(\tilde{x}^{(k)})$ | $\tilde{x}^{(k)} - \tilde{x}^{(k-1)}$ |
|---|---|---|---|---|---|---|---|---|---|
| 1 | 1.0000 | 1.5000 | 2.0000 | −2.2817 | −3.0183 | −2.6109 | 1.5719 | −3.0437 | — |
| 2 | 1.5000 | 1.5719 | 2.0000 | −3.0183 | −3.0437 | −2.6109 | 1.6007 | −3.0470 | 0.0287 |
| 3 | 1.5719 | 1.6007 | 2.0000 | −3.0437 | −3.0470 | −2.6109 | 1.6066 | −3.0471 | 0.0059 |
| 4 | 1.6007 | 1.6066 | 2.0000 | −3.0470 | −3.0471 | −2.6109 | 1.6087 | −3.0472 | 0.0021 |
| 5 | 1.6066 | 1.60871 | 2.0000 | −3.0472 | −3.0472 | −2.6109 | 1.6092 | −3.0472 | 0.0005 |

由于 $\left|\tilde{x}^{(5)} - \tilde{x}^{(4)}\right| \leqslant \varepsilon$，$f(\tilde{x}^{(5)}) = f(\tilde{x}^{(4)})$，故取 $x^* = \tilde{x}^{(5)}$ 或 $\tilde{x}^{(4)}$。

## 6.5　外推内插法

设 $f(x)$ 在 $[a, b]$ 上仅有一个单峰函数。外推内插法的基本思想是从某一初始点出发，按一定的步长寻找目标函数值更优的点，一个方向失败，向相反的方向寻找。设初始点为 $x_1$，初始步长 $h_0 > 0$，若 $f(x_1 + h) < f(x_1)$，则下一步从 $x_1 + h$ 出发，加大步长，继续向前搜索，否则反向搜索，如图 6.9 所示。

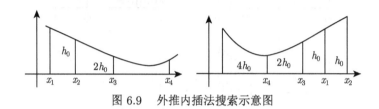

图 6.9　外推内插法搜索示意图

其搜索步骤如下。

设初始点为 $x_1$，初始步长 $h_0 > 0$，得 $x_2 = x_1 + h_0$，计算比较 $f(x_1), f(x_2)$ 的值。

(1) 若 $f(x_2) < f(x_1)$，则步长加倍，得 $x_3 = x_2 + 2h_0$；若 $f(x_3) < f(x_2)$，则步长再加倍，得 $x_4 = x_3 + 4h_0$，直到 $x_k$ 点的函数值刚刚变为增加。得到三个点：$x_{k-2} < x_{k-1} < x_k$，其中函数值满足两头大，中间小，即

$$f(x_{k-2}) > f(x_{k-1}), \quad f(x_{k-1}) < f(x_k)$$

故极小点在区间 $[x_{k-2}, x_k]$ 上，其他区间可以舍弃。

(2) 若 $f(x_2) > f(x_1)$，说明由初始点 $x_1$ 迈步的方向错了，则退回 $x_1$，改向相反方向迈步，则得 $x_3 = x_1 - h_0$；若 $f(x_3) < f(x_1)$，则步长加倍得 $x_4 = x_3 - 2h_0$，若 $f(x_4) < f(x_3)$，则步长再加倍，得 $x_5 = x_4 - 4h_0$，直到 $x_k$ 点的函数值刚刚变为增加。则得到三个点：$x_{k-2} < x_{k-1} < x_k$，其中函数值满足两头大，中间小，即

$$f(x_k) > f(x_{k-1}), \quad f(x_{k-1}) < f(x_{k-2})$$

故极小点在区间 $[x_k, x_{k-2}]$ 上，其他区间可以舍弃。

(3) 在 $x_{k-1}, x_k$ 之间内插一个点，再一次缩短并最后确定极值点存在的区间。在上述三个点 $x_{k-2}, x_{k-1}, x_k$ 之间，因为步长逐次加倍，故有 $x_k - x_{k-1} = 2(x_{k-1} - x_{k-2})$，于是 $x_k, x_{k-1}$ 之间内插一点 $x_{k+1}$，令 $x_{k+1} = (x_k - x_{k-1})/2$，这样得到等间距的四个点 $x_{k-2}, x_{k-1}, x_{k+1}, x_k$。比较上述四个函数值，令其函数值最小的为 $x_2$，$x_2$ 的左右邻点分别为 $x_1, x_3$。直到得到了尽可能小的极值点存在的区间 $[x_1, x_3]$，并且 $x_1, x_2, x_3$ 符合 $x_1 < x_2 < x_3, f(x_1) > f(x_2), f(x_2) < f(x_3)$，然后利用抛物线法求解极小点。

**例 6.7**　先用一次外推内插法，再用抛物线法求 $f(x) = x^2 - 6x + 2$ 的近似极小点，给定初始点 $x_1 = 1$，初始步长 $h_0 = 0.1$，初始区间 $[0, 10]$。

**解**　利用外推内插法寻找尽可能小的极小点存在区间, 有

$$x_1 = 1, \quad f(x_1) = -3; x_2 = x_1 + h_0 = 1.1, \quad f(x_2) = -3.39$$
$$x_3 = x_2 + 2h_0 = 1.3, \quad f(x_3) = -4.11$$
$$x_4 = x_3 + 4h_0 = 1.7, \quad f(x_4) = -5.31$$
$$x_5 = x_4 + 8h_0 = 2.5, \quad f(x_5) = -6.75$$
$$x_6 = x_5 + 16h_0 = 4.1, \quad f(x_6) = -5.79$$

由以上计算得三个点 $x_4 < x_5 < x_6$, 其函数值满足两头大, 中间小, 即 $f(x_4) > f(x_5), f(x_5) < f(x_6)$, 极小点在区间 $[x_4, x_6]$ 上, 故舍去初始区间 $[0, 10]$ 的其他部分。

在 $x_5, x_6$ 中插入一点 $x_7$. $x_7 = (x_5 + x_6)/2 = 3.3, f(x_7) = -6.91$, 由于 $f(x_7) < f(x_5)$, 故取 $x_7$ 的左右邻点 $x_5, x_6$ 三点, 其函数值恰好两头大, 中间小, 这样得到了尽可能小的极小点在区间 $[x_5, x_6]$。

令 $x_1' = x_5 = 2.5, x_2' = x_7 = 3.3, x_3' = x_6 = 4.1, f(x_1') = -6.75; f(x_2') = -6.91, f(x_3') = -5.79$。

根据抛物线法得极小点的计算公式: $x_4' = 3, f(x_4') = -7$, 因为 $x_1', x_2', x_3', x_4'$ 中, 目标函数值最小的是 $f(x_4')$, 故选取 $x_4'$ 及其左右邻点为三个新的初始点, 继续迭代。

$x_1'' = 2.5, x_2'' = 3, x_3'' = 3.3$, 则 $f(x_1'') = -6.75, f(x_2'') = -7, f(x_3'') = -6.91$, 计算得 $x_4'' = 3, f(x_4'') = -7$, 因为迭代结果相同, 所以已达最优。

## 习　题　6

1. 分别用分数法与黄金分割法求函数

$$f(x) = x^2 - 6x + 2$$

在区间 $[0, 10]$ 上的极小点, 要求缩短后的区间长度不大于原区间长度的 $3\%$。

2. 用牛顿法求解

$$f(x) = \begin{cases} 4x^3 - 3x^4, & x \geqslant 0 \\ 4x^3 + 3x^4, & x < 0 \end{cases}$$

的极小点, 初始点分别选取为 $x_0 = 0.4$ 与 $x_0 = 0.6$, $\varepsilon = 0.008$。

3. 用牛顿法求解

$$f(x) = 2x^4 - 4x^3 + 2x^2 + 3x + 1$$

的极小点, 初始点分别选取为 $x_0 = 6$ 与 $x_0 = 2$, $\varepsilon = 0.01$。

4. 用二次插值法求解下列函数的极值点

(1) $\min f(x) = x^5 - 5x^3 - 20x + 5, x \in [1.3, 3.3], \delta = 0.02$。

(2) $\min f(x) = (x+1)(x-2)^2, x \in [1, 3], \delta = 0.05$。

# 第 7 章　无约束最优化方法

现在研究 $n$ 元函数的无约束极值问题。

这种问题的表达式为

$$\min f(X), \quad X \in E(n) \tag{7.1}$$

为求此问题的最优解或近似最优解，常使用搜索法，并要进行若干次迭代。

当用迭代法求解问题 (7.1) 时，若从某一近似点 $X^{(k)}$ 出发进行搜索，必须在这一点选定一个搜索方向 $P^{(k)}$，使目标函数值沿该方向下降，然后选择步长，沿 $P^{(k)}$ 方向移动一个步长 $\lambda_k$，即可得下一个近似点 $X^{(k+1)}$

$$X^{(k+1)} = X^{(k)} + \lambda_k P^{(k)}$$

且满足 $f(X^{(k+1)}) < f(X^{(k)})$。

这样即可逐步趋近极小点，当满足精度条件 $\left\| f(X^{(k+1)}) \right\|^2 < E_1, \left| f(X^{(k+1)}) - f(X^{(k)}) \right| < E_2$ 时，停止迭代。

求解无约束极值问题的迭代法大致上可分为两大类。一类要用到函数的一阶导数或二阶导数，由于用到了函数的解析性质，故称为解析法。另一类在迭代过程中仅用到函数值，而不要求函数的解析性质，故称为直接法。

一般来说，直接法的收敛速度较慢，只是在变量个数较少时才适用。但直接法的迭代步骤简单，特别是目标函数的解析式十分复杂时，或写不出具体表达式时，函数求导就很困难，或导数不存在，这时只能利用直接法。下面介绍无约束极值问题求解的几种常用的基本方法。

## 7.1　梯度法 (最速下降法)

梯度法是在 1847 年由柯西提出的，它是求解无约束极值问题的解析法中最古老但又十分基本的一种方法，它的迭代过程简单，使用方便，对初始点的选取要求不严。

假设无约束极值问题中的目标函数 $f(X)$ 有一阶连续偏导数，且有极小点 $X^*$ 取初始近似点 $X^{(0)}$ 和方向 $g^{(0)}$，作射线

$$X = X^{(0)} + \alpha_0 g^{(0)}, \quad \alpha_0 > 0$$

这里的方向 $g^{(0)}$ 和步长 $\alpha_0$ 都是待定的。

为了使 $f(X)$ 的函数值在 $X^{(0)}$ 沿方向 $g^{(0)}$ 移动步长 $\alpha_0$ 后有所下降，将 $f(X)$ 在点 $X^{(0)}$ 进行泰勒级数展开

$$f(X^{(0)} + \alpha_0 g^{(0)}) = f(X^{(0)}) + \alpha_0 \nabla f(X^{(0)})^{\mathrm{T}} g^{(0)} + o(\alpha_0)$$

只要 $\alpha_0 \nabla f(X^{(0)})^{\mathrm{T}} g^{(0)} < 0$，就可以保证 $f(X^{(0)} + \alpha_0 g^{(0)}) < f(X^{(0)})$。若记 $X^{(1)} = X^{(0)} + \alpha_0 g^{(0)}$，则 $f(X^{(1)}) < f(X^{(0)})$。现在的问题就是如何选择搜索方向 $g^{(0)}$ 和步长 $\alpha_0$，使 $\alpha_0 \nabla f(X^{(0)})^{\mathrm{T}} g^{(0)}$ 尽可能小。

由于 $\nabla f(X^{(0)})^{\mathrm{T}} g^{(0)} = \|\nabla f(X^{(0)})^{\mathrm{T}}\| \cdot \|g^{(0)}\| \cos H$，$H$ 是向量 $\nabla f(X^{(0)})^{\mathrm{T}}$ 与 $g^{(0)}$ 的夹角。只有 $\nabla f(X^{(0)})^{\mathrm{T}}$ 与 $g^{(0)}$ 反向时，$\nabla f(X^{(0)})^{\mathrm{T}} g^{(0)}$ 最小，因此取 $g^{(0)} = -\nabla f(X^{(0)})$。由此可以看出，函数在 $X^{(0)}$ 处沿梯度的反方向是函数值下降最快的方向。

由于优化设计是追求目标函数值最小，因此可以设想从某点出发，其搜索方向取该点的负梯度方向，使函数值在该点附近下降最快。这种方法也称为最速下降法。

1. 梯度法的基本原理

梯度法的迭代公式为

$$X^{(k+1)} = X^{(k)} - \alpha^{(k)} g^{(k)}$$

其中，$g^{(k)}$ 为函数 $f(X)$ 在迭代点 $X^{(k)}$ 处的梯度 $\nabla f(X^k)$，$\alpha^{(k)}$ 一般采用一维搜索的最优步长，即

$$f(X^{(k+1)}) = f(X^{(k)} - \alpha^{(k)} g^{(k)}) = \varphi(\alpha)$$

考察关于 $\alpha$ 的一维极值问题。

$$\min_{\alpha} f(X^{(k)} - \alpha^{(k)} g^{(k)}) = \min_{\alpha} \varphi(\alpha)$$

由于

$$
\begin{aligned}
f(X^{(k)} - \alpha \nabla f(X^{(k)})) = & f(X^{(k)}) - \alpha \nabla f(X^{(k)})^{\mathrm{T}} \nabla f(X^{(k)}) \\
& + \alpha^2 \nabla f(X^{(k)})^{\mathrm{T}} H(X^{(k)}) \nabla f(X^{(k)})/2 + o(\alpha^2)
\end{aligned}
$$

令

$$\frac{\mathrm{d} f(X^{(k)} - \alpha \nabla f(X^{(k)}))}{\mathrm{d}\alpha} = -\nabla f(X^{(k)})^{\mathrm{T}} \nabla f(X^{(k)}) + \alpha \nabla f(X^{(k)})^{\mathrm{T}} H(X^{(k)}) \nabla f(X^{(k)}) = 0$$

得

$$\alpha = \frac{\nabla f(X^{(k)})^{\mathrm{T}} \nabla f(X^{(k)})}{\nabla f(X^{(k)})^{\mathrm{T}} H(X^{(k)}) \nabla f(X^{(k)})}$$

由上式得到的步长 $\alpha$ 称为最优步长。它不但与梯度有关，而且与黑塞矩阵 $H(X^{(k)})$ 有关。

根据一元函数极值条件和多元复合函数求导公式，得

$$\varphi'(\alpha) = -(\nabla f(X^{(k)} - \alpha^{(k)} g^{(k)}))^{\mathrm{T}} g^{(k)} = 0$$

即 $(\nabla f(X^{(k+1)}))^{\mathrm{T}} g^{(k)} = 0$ 或 $(g^{(k+1)})^{\mathrm{T}} g^{(k)} = 0$。
即 $(\nabla f(X^{(k+1)}))^{\mathrm{T}} \nabla f(X^{(k)}) = 0$。

此式表明，相邻的两个迭代点的梯度是彼此正交的。即在梯度法的迭代过程中，相邻的搜索方向相互垂直。梯度法向极小点的逼近路径是锯齿形路线，越接近极小点，锯齿越细，前进速度越慢，如图 7.1 所示。

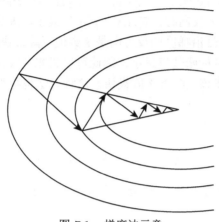

图 7.1　梯度法示意

这是因为，梯度是函数的局部性质，从局部上看，在该点附近函数的下降最快，但从总体上看则走了许多弯路，因此函数值的下降速度并不快。

该方法常常采用的迭代终止条件为

$$\left\|g^{(k)}\right\| \leqslant \varepsilon \text{或} \left\|\nabla f(X^{(k)})\right\| \leqslant \varepsilon$$

**2. 梯度法迭代步骤及流程图**

(1) 任选初始迭代点 $X^{(0)}$，选收敛精度 $\varepsilon$。

(2) 确定 $X^{(k)}$ 点的梯度 (开始 $k = 0$)。

(3) 判断是否满足终止条件 $\left\|g^{(k)}\right\| \leqslant \varepsilon$，若满足输出最优解，结束计算。否则转下步。

(4) 从 $X^{(k)}$ 点出发，沿 $-g^{(k)}$ 方向作一维搜索求最优步长 $\alpha^{(k)}$。得下一迭代点 $X^{(k+1)} = X^{(k)} - \alpha^{(k)}g^{(k)}$，令 $k = k + 1$ 返回步骤 (2)。

**例 7.1**　试用最速下降法 (梯度法) 求 $f(X) = x_1^2 + 16x_2^2$ 的极小点。

**解**　取初始点 $X^{(0)} = (1, 2)^{\mathrm{T}}$，于是 $f(X^{(0)}) = 65, \nabla f(X) = (2x_1, 32x_2)^{\mathrm{T}}$

$\nabla f(X^{(0)}) = (2, 64)^{\mathrm{T}}$，为求 $X^{(1)}$，求

$$\min_{\lambda > 0} f(X^{(0)} - \lambda \nabla f(X^{(0)}))$$

即求

$$\min_{\lambda > 0}\{(1 - 2\lambda)^2 + 16(2 - 64\lambda)^2\}$$

为方便起见，令 $g(\lambda) = (1 - 2\lambda)^2 + 16(2 - 64\lambda)^2$

$$g'(\lambda) = -4(1 - 2\lambda) - 2048(2 - 64\lambda) = 0$$

解得 $\lambda = 0.031279$。

于是 $X^{(1)} = X^{(0)} - \lambda\nabla f(X^{(1)}) = (1 - 2\lambda, 2 - 64\lambda) = (0.937443, -0.001831)$。

再由 $x^{(1)}$ 出发，继续迭代，计算结果如表 7.1 所示。

表 7.1　计算结果

| $k$ | $x_1^{(k)}$ | $x_2^{(k)}$ | $\dfrac{\partial f(X^{(k)})}{\partial x_1}$ | $\dfrac{\partial f(X^{(k)})}{\partial x_2}$ | $\lambda_k$ |
|---|---|---|---|---|---|
| 0 | 1 | 2 | 2 | 64 | 0.031279 |
| 1 | 0.937443 | $-0.001831$ | 1.874886 | $-0.05859$ | 0.492789 |
| 2 | 0.013519 | 0.027041 | 0.027038 | 0.865319 | 0.031443 |
| 3 | 0.012669 | $-0.000167$ | 0.025338 | $-0.00534$ | 0.305283 |
| 4 | 0.003729 | 0.001463 | 0.007458 | 0.046824 | 0.031992 |
| 5 | 0.00349 | $-0.000035$ | 0.006981 | $-0.001112$ | 0.364643 |
| 6 | 0.000945 | 0.000371 | 0.00189 | 0.011862 | 0.020388 |

由表 7.1 可以看出，随着迭代次数的增加，$x^{(k)}$ 越来越接近于极小点 $(0,0)$，但也应看到，随着迭代次数的增加，收敛速度越来越慢，在极小点附近差不多沿着一种锯齿形状前进。

## 7.2　共轭梯度法

共轭梯度法是共轭方向法的一种，因为该方法中每一个共轭向量都是依赖于迭代点处的负梯度而构造出来的，所以称作共轭梯度法。

### 1. 共轭方向

对于 $n$ 维欧氏空间中的两个非零向量 $X$ 和 $Y$，如果 $X^{\mathrm{T}}Y = 0$，则称 $X$ 和 $Y$ 是正交的。

假设 $A$ 是 $n$ 阶对称正定矩阵，如果向量 $X$ 和 $AY$ 正交，即 $X^{\mathrm{T}}AY = 0$，则称 $X$ 和 $Y$ 是 $A$ 共轭的。

若 $A$ 为单位矩阵，则 $X$ 和 $Y$ 是 $A$ 共轭的与 $X$ 和 $Y$ 是正交的是相同的。即 $A$ 共轭的概念是正交概念的推广。

不过，$A$ 共轭与正交之间并无任何联系。

如

$$A = \begin{bmatrix} 2 & 1 \\ 1 & 2 \end{bmatrix}, X = (1, -1)^{\mathrm{T}}, Y = (1, 1)^{\mathrm{T}}$$

$$X^{\mathrm{T}}AY = (1, -1)\begin{bmatrix} 2 & 1 \\ 1 & 2 \end{bmatrix}\begin{bmatrix} 1 \\ 1 \end{bmatrix} = 0$$

即 $X$ 和 $Y$ 是 $A$ 共轭的。

而

$$X^{\mathrm{T}}Y = (1, -1)\begin{bmatrix} 1 \\ 1 \end{bmatrix} = 0$$

即 $X$ 和 $Y$ 也是正交的。

但对于同一矩阵 $A$，向量 $(1,0)^T$，$(1,-2)^T$ 是 $A$ 共轭的，但它们不正交。一般地，对于 $n$ 阶对称正定矩阵 $A$，如果非零向量组 $x^{(1)}, x^{(2)}, \cdots, x^{(n)}$ 满足条件

$$X^{(i)T} A X^{(j)} = 0, i \neq j$$

称该向量组 $x^{(1)}, x^{(2)}, \cdots, x^{(n)}$ 为 $A$ 共轭向量组。

**定理 7.1** 设 $A$ 为 $n$ 阶对称正定矩阵，$x^{(1)}, x^{(2)}, \cdots, x^{(n)}$ 为 $A$ 共轭非零向量组，则该向量组一定线性无关。

由于在 $n$ 维空间中，任意 $n$ 个线性无关的向量组都可以构成 $n$ 维向量空间的一个基。因而，$n$ 个共轭非零向量组也是 $n$ 维空间的一个基。

下面研究二次函数极小化问题。由于二次函数比较简单且凸性明显，尤其可以证明，一般的二阶可微函数在极小点附近的性态近似于一个二次函数。因而，对二次函数的研究具有基本的重要性。有理由认为，一个算法对二次函数有效，则必对一般二阶可微函数 (至少在极小点附近) 也有效。下面考察正定二次函数极小化问题。

$$\min f(X) = \frac{1}{2} X^T A X + b^T X + C$$

$A$ 为 $n$ 阶对称正定矩阵，$b$ 为 $n$ 维向量，$C$ 为常数。设 $X^*$ 为极小点，$X^{(0)}$ 为任一给定的初始点，如果 $p^{(0)}, p^{(1)}, \cdots, p^{(n-1)}$ 为矩阵 $A$ 的共轭向量组，则向量 $X^* - X^{(0)}$ 可以唯一地表示成这组共轭向量的线性组合。

$$X^* - X^{(0)} = A_0 p^{(0)} + A_1 p^{(1)} + \cdots + A_{n-1} p^{(n-1)}$$

即

$$X^* = X^{(0)} + A_0 p^{(0)} + A_1 p^{(1)} + \cdots + A_{n-1} p^{(n-1)}$$

不难看出，只要能求出 $A_0, A_1, \cdots, A_{n-1}$，便可求出极小点 $X^*$，下面求这些系数。

上式两边左乘 $(p^{(k)})^T A$ 得

$$(p^{(k)})^T A X^* = (p^{(k)})^T A X^{(0)} + A_0 (p^{(k)})^T A p^{(0)} + A_1 (p^{(k)})^T A p^{(1)} + \cdots + A_{n-1} (p^{(k)})^T A p^{(n-1)}$$

因为

$$(p^{(k)})^T A p^{(j)} = 0, \quad j \neq k$$

所以

$$(p^{(k)})^T A X^* - (p^{(k)})^T A X^{(0)} = A_k (p^{(k)})^T A p^{(k)} \tag{7.2}$$

因为 $X^*$ 是极小点，所以

$$\nabla f(X^*) = A X^* + b = 0$$

同时

$$\nabla f(X^{(0)}) = A X^{(0)} + b$$

代入式 (7.2)，得

$$-(p^{(k)})b - (p^{(k)})^{\mathrm{T}}(\nabla f(X^{(0)}) - b) = A_k(p^{(k)})^{\mathrm{T}}Ap^{(k)}$$

可得

$$A_k = -\frac{(p^{(k)})^{\mathrm{T}}\nabla f(X^{(0)})}{(p^{(k)})^{\mathrm{T}}Ap^{(k)}}, \quad k = 0, 1, 2, \cdots, n-1$$

顺便指出，这样求出的 $A_k$ 实际上是二次函数 $f(X)$ 从 $X^{(k)}$ 出发，沿 $p^{(k)}$ 方向进行一维搜索的最佳步长。

所以欲求极小值问题，只要知道 $A$ 共轭的 $n$ 个方向 $p^{(0)}, p^{(1)}, \cdots, p^{(n-1)}$，而不管初始点 $X^{(0)}$ 如何选取，如果从 $X^{(0)}$ 出发，分别沿 $p^{(0)}, p^{(1)}, \cdots, p^{(n-1)}$ 进行一维搜索，那么最多进行 $n$ 次一维搜索，便可求得极小点 $X^*$。

上述求二次函数极小点的方法称为共轭方向法。

下面是共轭方向 $p^{(0)}, p^{(1)}, \cdots, p^{(n-1)}$ 的选取。选取共轭方向的方法很多，使用不同的方法产生的共轭方向就得到不同的共轭方向法。这里只介绍一种最简单的方法。

设给定初始点 $X^{(1)}$，并取第一个方向 $p^{(1)} = (1, 0, \cdots, 0)^{\mathrm{T}}$，求 $X^{(2)} = X^{(1)} + K_1 p^{(1)}$。其中，$K_1$ 是使得二次函数 $f(X)$ 在 $X^{(1)}$ 点沿 $p^{(1)}$ 达到 $f(X)$ 的最小点的步长 $K$。即

$$\min_{K} f(X^{(1)} + Kp^{(1)}) = f(X^{(1)} + K_1 p^{(1)})$$

再从 $X^{(2)}$ 出发沿某一与 $p^{(1)}$ 共轭的方向 $p^{(2)}$ 进行一维搜索，以确定 $p^{(2)} = e_2 + A_1 p^{(1)}$。

其中 $e_2 = (0, 1, 0, \cdots, 0)^{\mathrm{T}}$，由于 $p^{(2)}$ 与 $p^{(1)} = e_1$ 共轭，将上式两边左乘 $(p^{(1)})^{\mathrm{T}}A$ 得

$$(p^{(1)})^{\mathrm{T}}Ap^{(2)} = (p^{(1)})^{\mathrm{T}}Ae_2 + A_1(p^{(1)})^{\mathrm{T}}Ap^{(1)}$$

因为 $A$ 是对称矩阵，所以 $A_1 = -a_{12}/a_{11}$。得

$$p^{(2)} = e_2 - (a_{12}/a_{11})e_1 = (-a_{12}/a_{11}, 1, 0, \cdots, 0)$$

从而得

$$X^{(3)} = X^{(2)} + K_2 p^{(2)}$$

其中，$K_2$ 是使得 $\min f(X^{(2)} + Kp^{(2)}) = f(X^{(2)} + K_2 p^{(2)})$ 的 $K$。

现在假设已经求出 $X^{(k)}$ 以及 $k-1$ 个 $A$ 共轭方向 $p^{(1)}, p^{(2)}, \cdots, p^{(k-1)}$，为求 $X^{(k+1)}$，必须先求 $p^{(k)}$

$$p^{(k)} = e_k + A_1 p^{(1)} + A_2 p^{(2)} + \cdots + A_{k-1}p^{(k-1)} \tag{7.3}$$

利用 $p^{(k)}$ 与 $p^{(j)}$ 共轭，将上式两边左乘 $(p^{(j)})^{\mathrm{T}}A$ 得

$$(p^{(j)})^{\mathrm{T}}Ap^{(k)} = (p^{(j)})^{\mathrm{T}}Ae_k + A_1(p^{(j)})^{\mathrm{T}}Ap^{(1)} + A_2(p^{(j)})^{\mathrm{T}}Ap^{(2)} + \cdots$$

$$+ A_{k-1}(p^{(j)})^{\mathrm{T}}Ap^{(k-1)} = 0, \quad j = 1, 2, \cdots, k-1, k \neq j$$

所以

$$A_j = -\frac{(p^{(j)})^{\mathrm{T}} A e_k}{(p^{(j)})^{\mathrm{T}} A p^{(j)}}, \quad j = 1, 2, \cdots, k-1$$

代入式 (7.3) 得 $p^{(k)}$，显然 $p^{(k)}$ 与 $p^{(j)}$ 与 $A$ 共轭。从而得

$$X^{(k+1)} = X^{(k)} + K_k p^{(k)}$$

其中，$K_k$ 是使得 $\min f(X^{(k)} + K p^{(k)}) = f(X^{(k)} + K_k p^{(k)})$ 的 $K$。

共轭梯度法属于解析法，其算法需求一阶导数，所用公式及算法简单，所需存储量少。该方法以正定二次函数的共轭方向理论为基础，对二次函数可以经过有限步达到极小点，所以具有二次收敛性。但是对于非二次型函数，以及在实际计算中由于计算机舍入误差的影响，虽然经过 $n$ 次迭代，仍不能达到极小点，则通常以重置负梯度方向开始，搜索直至达到预定精度，其收敛速度也是较快的。

**例 7.2**　求解 $\min f(X) = x_1^2 + 16x_2^2$。

**解**　取 $X^{(1)} = (1,2)^{\mathrm{T}}, p^{(1)} = e_1 = (1,0)^{\mathrm{T}}$，为求 $X^{(2)} = X^{(1)} + \lambda_1 p^{(1)} = (1+\lambda_1, 2)^{\mathrm{T}}$，需确定出步长 $\lambda_1$，令 $F(\lambda) = f(X^{(1)} + \lambda p^{(1)}) = (1+\lambda)^2 + 64$，根据一元函数求极值，$F'(\lambda) = 0$，得 $\lambda_1 = -1$，故 $X^{(2)} = (0,2)^{\mathrm{T}}$。得

$$p^{(2)} = e_2 - \frac{(p^{(1)})^{\mathrm{T}} A e_2}{(p^{(1)})^{\mathrm{T}} A p^{(1)}} e_1 = \begin{bmatrix} 0 \\ 1 \end{bmatrix} - \frac{(1,0)\begin{bmatrix} 2 & 0 \\ 0 & 32 \end{bmatrix}\begin{pmatrix} 0 \\ 1 \end{pmatrix}}{(1,0)\begin{bmatrix} 2 & 0 \\ 0 & 32 \end{bmatrix}\begin{pmatrix} 1 \\ 0 \end{pmatrix}}\begin{pmatrix} 0 \\ 1 \end{pmatrix} = \begin{pmatrix} 0 \\ 1 \end{pmatrix}$$

$$X^{(3)} = X^{(2)} + \lambda_2 p^{(2)} = (0, 2+\lambda_2)^{\mathrm{T}}$$

为求 $\lambda_2$，令

$$F(\lambda) = f(X^{(2)} + \lambda p^{(2)}) = 16(2+\lambda)^2, \quad F'(\lambda) = 0$$

得 $\lambda_2 = -2$ 故 $X^{(3)} = (0,0)^{\mathrm{T}}$。这样，就求得极小点为 $X^{(3)} = (0,0)^{\mathrm{T}}$。

（$n = 2$，二元函数迭代两次即可。）

前面介绍了用于正定二次函数的共轭梯度法，下面把这种方法推广到用于极小化任意 $n$ 元函数。

**2. 共轭梯度法的搜索方向**

设 $f(X)$ 为某一凸函数，它具有二阶连续偏导数，其唯一极小点为 $X^*$。现取初始点 $X^{(0)}$，计算 $\nabla f(x^{(0)})$，选取 $p^{(0)} = \nabla f(x^{(0)})$ 为初始搜索方向，作射线 $X^{(0)} + \lambda p^{(0)}$，并将 $f(X) = f(X^{(0)} + \lambda p^{(0)})$ 在 $X^{(0)}$ 附近作泰勒展开：

$$f(X^{(0)} + \lambda p^{(0)}) = f(X^{(0)}) + \lambda \nabla f(x^{(0)})^{\mathrm{T}} p^{(0)} + \lambda^2 p^{(0)\mathrm{T}} H(x^{(0)}) p^{(0)}/2$$

上式为 $\lambda$ 的二次函数，因为 $p^{(0)\mathrm{T}} H(x^{(0)}) p^{(0)} > 0$，故使该二次函数沿 $p^{(0)}$ 方向取极小值的 $\lambda$ 为

$$\lambda_0 = -\frac{(\nabla f(X^{(0)}))^{\mathrm{T}} p^{(0)}}{(p^{(0)})^{\mathrm{T}} H(X^{(0)}) p^{(0)}}$$

显然,它满足 $\min f(X^{(0)}+\lambda p^{(0)})$, $X^{(1)} = X^{(0)}+\lambda p^{(0)}$ 则 $X^{(1)}$ 近似满足 $(\nabla f(X^{(1)}))^{\mathrm{T}}p^{(0)}$ $= 0$。现构造 $p^{(1)} = -(\nabla f(X^{(1)}))^{\mathrm{T}} + \beta_0 p^{(0)}$,使它满足 $(p^{(1)})^{\mathrm{T}}H(X^{(0)})p^{(0)} = 0$,则 $p^{(1)}$,$p^{(0)}$ 关于 $H$ 共轭。

$$\beta_0 = \frac{(\nabla f(X^{(1)}))^{\mathrm{T}}H(X^{(0)})p^{(0)}}{(p^{(0)})^{\mathrm{T}}H(X^{(0)})p^{(0)}}$$

这就确定了 $p^{(1)}$。

$$\begin{cases} X^{(k+1)} = X^{(k)} + \lambda_k p^{(k)} \\[2mm] \lambda_k = -\dfrac{(\nabla f(X^{(k)}))^{\mathrm{T}}p^{(k)}}{(p^{(k)})^{\mathrm{T}}H(X^{(k)})p^{(k)}} \\[2mm] p^{(k+1)} = -\nabla f(X^{(k+1)}) + \beta_k p^{(k)} \\[2mm] \beta_k = \dfrac{(\nabla f(X^{(k+1)}))^{\mathrm{T}}H(X^{(k)})p^{(k)}}{(p^{(k)})^{\mathrm{T}}H(X^{(k)})p^{(k)}} \end{cases}$$

按此方法可以构造各次迭代的搜索方向及近似点的一般形式。

这就是推广后的共轭梯度法的计算公式。它与原来共轭梯度法的差异就是:步长的计算公式发生了改变。在原共轭梯度法中凡是用到 $A$ 的地方,都要改成当前的黑塞矩阵。

采用共轭梯度法对非二次函数的极小化求解,一般来说,有限步迭代往往达不到极小点,可采用 "重新开始" 的策略,即每 $n$ 步作为一轮,每迭代一轮,取负梯度方向作为搜索方向,开始下一轮迭代。

共轭梯度法的优点是不用求逆矩阵,存储量较小,对初始点要求也不高,收敛速度较快。特别适合于高维优化问题,缺点是其收敛性依赖于精度的一维搜索。

## 7.3　牛　顿　法

为了寻找收敛速度快的无约束最优化方法,考虑在每次迭代时,用适当的二次函数去近似目标函数 $f$,并用迭代点指向近似二次函数极小点的方向来构造搜索方向,然后精确地求近似二次函数的极小点,以该极小点作为 $f$ 的极小点的近似值。这就是牛顿法的基本思想。也是单变量牛顿法的推广。

牛顿法是求无约束最优解的一种古典解析算法。牛顿法可以分为原始牛顿法和阻尼牛顿法两种。实际中应用较多的是阻尼牛顿法。

### 1. 原始牛顿法

原始牛顿法的基本思想是:在第 $k$ 次迭代的迭代点 $X_k$ 邻域内,用一个二次函数去近似代替原目标函数 $f(X)$,然后求出该二次函数的极小点作为对原目标函数求优的下一个迭代点,依次类推,通过多次重复迭代,使迭代点逐步逼近原目标函数的极小点,如图 7.2 所示。

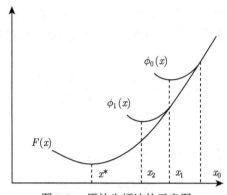

图 7.2　原始牛顿法的示意图

设目标函数 $f(X)$ 二阶连续可导，在 $X_k$ 点邻域内取 $f(X)$ 的二次泰勒多项式作为 $f(X)$ 的近似式，即

$$f(X) \approx f(X_k) + \nabla f(X_k)^{\mathrm{T}} \Delta X + \frac{1}{2} \Delta X^{\mathrm{T}} H(X_k) \Delta X$$

其中，$\Delta X = X - X_k$。

设逼近函数为 $\Phi(X)$，则

$$\Phi(X) = f(X_k) + \nabla f(X_k)^{\mathrm{T}} \Delta X + \frac{1}{2} \Delta X^{\mathrm{T}} H(X_k) \Delta X$$

设 $X_{k+1}$ 为 $\Phi(X)$ 的极小点，根据极值的必要条件，应有 $\nabla \Phi(X_{k+1}) = 0$，即 $\nabla f(X_k) + H(X_k) \Delta X = 0$。

若 $f(X)$ 在点 $X_k$ 处的黑塞矩阵正定，则由上式解出的驻点就是 $\Phi(X)$ 的极小点，所以它可以作为 $f(X)$ 的第 $k+1$ 次迭代的极小点，记为 $X_{k+1}$，有

$$X_{k+1} = X_k - [H(X_k)]^{-1} \nabla f(X_k)$$

即牛顿法迭代公式，方向 $-[H(X_k)]^{-1} \nabla f(X_k)$ 称为牛顿方向。

正定二次函数的无约束最优化问题

$$\min f(X) = \frac{1}{2} X^{\mathrm{T}} A X + b^{\mathrm{T}} X + C$$

的全局极小点为 $\overline{X} = -A^{-1}b$。

因此，如果对上述问题用牛顿法迭代，从任一点 $X^{(0)}$ 出发，可得下一个迭代点

$$X^{(1)} = X^{(0)} - A^{-1} \nabla f(X^{(0)}) = X^{(0)} - A^{-1}(AX^{(0)} + b) = -A^{-1}b = \overline{X}$$

即一次迭代就可以得到全局极小点。

说明牛顿法具有二次终止性。

**例 7.3**　用牛顿法求解

$$\min f(x) = 4x_1^2 + x_2^2$$

取初始点 $X^{(0)} = (1,1)^{\mathrm{T}}$，允许误差 $\varepsilon = 0.1$。

**解**　$\nabla f(X) = (8x_1, 2x_2)^{\mathrm{T}}, H(X) = \begin{bmatrix} 8 & 0 \\ 0 & 2 \end{bmatrix}$

$$\nabla f(X^{(0)}) = (8,2)^{\mathrm{T}}, (H(X^{(0)}))^{-1} = \begin{bmatrix} 1/8 & 0 \\ 0 & 1/2 \end{bmatrix}$$

$$p^{(0)} = -(H(X^{(0)}))^{-1}\nabla f(X^{(0)}) = -(1,1)^{\mathrm{T}}$$

$$X^{(1)} = X^{(0)} + p^{(0)} = (0,0)^{\mathrm{T}}, \nabla f(X^{(1)}) = (0,0)^{\mathrm{T}}$$

$$\left|\nabla f(X^{(1)})\right| = 0 < 0.1$$

迭代结束，得 $X^{(1)} = (0,0)^{\mathrm{T}}$ 为最优解。

这个例子说明，对于二次函数来说，牛顿法要比最速下降法收敛得快。

**定理 7.2**　设 $f(X) = 0$ 具有三阶连续偏导，且 $\nabla f(X^*) = 0$，当初始点 $X^{(0)}$ 充分接近 $X^*$ 时，牛顿法产生的点列 $\{X^{(k)}\}$ 收敛于 $X^*$，并具有二阶收敛速度。

由定理 7.2 可知，当 $X^{(0)}$ 接近极小点 $X^*$ 时，牛顿法的收敛速度是很快的，但当 $X^{(0)}$ 远离 $X^*$ 时，牛顿法可能不收敛，甚至连下降性也保证不了，其原因是迭代点 $X^{(k+1)}$ 不一定是目标函数 $f(X)$ 在牛顿方向上的极小点。

若用原始牛顿法求某二次目标函数的最优解，则构造的逼近函数与原目标函数是完全相同的二次式，其等值线完全重合，故从任一点出发，一定可以一次达到目标函数的极小点。

因此，牛顿法是具有二次收敛性的算法。其优点是：对于二次正定函数，迭代一次即可以得到最优解，对于非二次函数，若函数二次性较强或迭代点已经进入最优点的较小邻域，则收敛速度也很快。

原始牛顿法的缺点是：由于迭代点的位置是按照极值条件确定的，并未沿函数值下降方向搜索，因此，对于非二次函数，有时会使函数值上升，即 $f(x_{k+1}) > f(x_k)$，而使计算失败。

**例 7.4**　用牛顿法求解

$$\min f(X) = (1 - x_1)^2 + 2(x_2 - x_1^2)^2$$

取初始点 $X^{(0)} = (0,0)^{\mathrm{T}}$，允许误差 $\varepsilon = 0.1$。

**解**　$\nabla f(X) = (-2(1-x_1) - 8(x_2 - x_1)^2 x_1, 4(x_2 - x_1^2))^{\mathrm{T}}$

$$H(X) = \begin{bmatrix} 16x_1^2 - 8(x_2 - x_1)^2 + 2 & -8x_1 \\ -8x_1 & 4 \end{bmatrix}$$

$$\nabla f(X^{(0)}) = (-2,0)^{\mathrm{T}}, H(X^{(0)}) = \begin{bmatrix} 2 & 0 \\ 0 & 4 \end{bmatrix}, (H(X^{(0)}))^{-1} = \begin{bmatrix} 1/2 & 0 \\ 0 & 1/4 \end{bmatrix}$$

$$p^{(0)} = -(H(X^{(0)}))^{-1}\nabla f(X^{(0)}) = (1,0)^{\mathrm{T}}$$

$$X^{(1)} = X^{(0)} + p^{(0)} = (1, 0)^{\mathrm{T}}$$

但 $f(X^{(0)}) = 1, f(X^{(1)}) = 2 > f(X^{(0)})$。

即迭代后不但不下降，反而使目标函数值上升。为了克服这个缺陷，进一步引入最优步长，即阻尼牛顿法。

### 2. 阻尼牛顿法

为解决原始牛顿法的不足，在由 $X_k$ 求 $X_{k+1}$ 时，不直接用迭代公式，而是沿牛顿方向进行最优一维搜索，以确定最优步长 $\lambda_k$，这就是阻尼牛顿法。

因此，迭代公式变为

$$X_{k+1} = X_k - \lambda_k \left[ H(X_k) \right]^{-1} \nabla f(X_k)$$

这就是阻尼牛顿法的迭代公式，最优步长 $\lambda_k$ 也称为阻尼因子，是沿牛顿方向一维搜索得到的最优步长。引入最优步长就是为了防止在确定步长时发生目标函数可能增大的现象。

阻尼牛顿法的迭代步骤如下。

(1) 给定初始点 $X^{(0)}$ 和收敛精度 $\varepsilon$。

(2) 计算 $\nabla f(X_k)$、$H(X_k)$、$\left[ H(X_k) \right]^{-1}$，$k = 0$，利用一维搜索，求出最优步长 $\lambda_k$。

(3) 求 $X_{k+1} = X_k - \lambda_k \left[ H(X_k) \right]^{-1} \nabla f(X_k)$。

(4) 检查收敛精度，若 $\|X_{k+1} - X_k\| < \varepsilon$，则 $X^* = X_{k+1}$，停止，否则 $k = k + 1$，返回 (2) 继续迭代。

阻尼牛顿法每次迭代都在牛顿方向进行一维搜索，避免了迭代后函数值上升的现象，从而保持了牛顿法的二次收敛性，而对初始点的选择没有苛刻的要求。

阻尼牛顿法对目标函数要求苛刻，要求函数具有连续的一、二阶导数；为保证函数的稳定下降，黑塞矩阵必须正定；为求逆阵要求黑塞矩阵非奇异。阻尼牛顿法计算复杂且计算量大，存储量大。

**例 7.5** 用阻尼牛顿法求解

$$\min f(X) = (1 - x_1)^2 + 2(x_2 - x_1^2)^2$$

取初始点 $X^{(0)} = (0, 0)^{\mathrm{T}}$，允许误差 $\varepsilon = 0.1$。

**解** $\nabla f(X) = (-2(1 - x_1) - 8(x_2 - x_1)^2 x_1, 4(x_2 - x_1^2))^{\mathrm{T}}$

$$H(X) = \begin{bmatrix} 16x_1^2 - 8(x_2 - x_1)^2 + 2 & -8x_1 \\ -8x_1 & 4 \end{bmatrix}$$

$$\nabla f(X^{(0)}) = (-2, 0)^{\mathrm{T}}, H(X^{(0)}) = \begin{bmatrix} 2 & 0 \\ 0 & 4 \end{bmatrix}, (H(X^{(0)}))^{-1} = \begin{bmatrix} 1/2 & 0 \\ 0 & 1/4 \end{bmatrix}$$

$$p^{(0)} = -(H(X^{(0)}))^{-1} \nabla f(X^{(0)}) = (1, 0)^{\mathrm{T}}$$

从 $X^{(0)}$ 出发沿 $p^{(0)}$ 作一维搜索，即求

$$\min_{\lambda} f(X^{(0)} + \lambda P^{(0)}) = \min\left((1-\lambda)^2 + 2\lambda^4\right) = \min g(\lambda) \text{ 的最优解}$$

$$g'(\lambda) = -2(1-\lambda) + 8\lambda^3 = 0$$

得

$$\lambda_0 = \frac{1}{2}$$

$$\therefore X^{(1)} = X^{(0)} + \lambda_0 P^{(0)} = \left(\frac{1}{2}, 0\right)^{\mathrm{T}}$$

$$\nabla f(X^{(1)}) = (0, -1)^{\mathrm{T}}, \quad H(X^{(1)}) = \begin{bmatrix} 8 & -4 \\ -4 & 4 \end{bmatrix}$$

$$(H(X^{(1)}))^{-1} = \frac{1}{4}\begin{bmatrix} 1 & 1 \\ 1 & 2 \end{bmatrix}$$

$$p^{(1)} = -(H(X^{(1)}))^{-1}\nabla f(X^{(1)}) = \left(\frac{1}{4}, \frac{1}{2}\right)^{\mathrm{T}}$$

$$\min_{\lambda} f(X^{(1)} + \lambda P^{(1)}) = \min_{\lambda} \frac{1}{128}(8(2-\lambda)^2 + (2-\lambda)^4)$$

解得

$$\lambda_1 = 2$$

则

$$X^{(2)} = X^{(1)} + \lambda_1 P^{(1)} = (1, 1)^{\mathrm{T}}$$

此时

$$\nabla f(X^{(2)}) = 0$$

所以 $X^{(2)} = (1, 1)^{\mathrm{T}}$ 就是该问题的最优解。

## 7.4 变 尺 度 法

变尺度法也称拟牛顿法，是基于牛顿法的思想而又作了重大改进的一类方法。

### 1. 变尺度法的基本思想

变尺度法的基本思想与牛顿法和梯度法有密切联系。观察梯度法和牛顿法的迭代公式：

$$X^{(k+1)} = X^{(k)} - \lambda_k \nabla f(X_k)$$

$$X_{k+1} = X_k - \lambda_k [H(X_k)]^{-1}\nabla f(X_k)$$

分析比较这两种方法可知：梯度法的搜索方向为 $-\nabla f(X_k)$，只需计算函数的一阶偏导数，计算量小，当迭代点远离最优点时，函数值下降很快，但当迭代点接近最优点时收敛速度极慢。阻尼牛顿法的搜索方向为 $-[H(X_k)]^{-1}\nabla f(X_k)$，不仅需要计算一阶偏导数，还要计算二阶偏导数及其逆矩阵，计算量很大，但阻尼牛顿法具有二次收敛性，当迭代点接近最优点时，收敛速度较快。

若迭代过程先用梯度法，后用阻尼牛顿法并避开阻尼牛顿法的黑塞矩阵的逆矩阵的烦琐计算，则可以得到一种较好的优化方法，这就是 "变尺度法" 产生的基本构想。

为此，综合梯度法和阻尼牛顿法的优点，提出变尺度法的基本思想。

变尺度法的基本迭代公式写为下面的形式：

$$X_{k+1} = X_k - \lambda_k A^{(k)}\nabla f(X_k)$$

其中，$A^{(k)}$ 为构造的 $n \times n$ 的对称矩阵，是随迭代点位置的变化而变化的。若 $A^{(k)} = I$，上式为梯度法的迭代公式，若 $A^{(k)} = [H(X_k)]^{-1}$，上式为阻尼牛顿法的迭代公式。

变尺度法的搜索方向 $-A^{(k)}\nabla f(X_k)$，称为拟牛顿方向。

### 2. 尺度矩阵的概念

通过坐标变换可以改变函数的偏心程度，也称为尺度变换。尺度变换能显著地改进几乎所有极小化方法的收敛性质。如用梯度法求 $f(X) = x_1^2 + 25x_2^2$ 的极小值时，需要迭代 10 次才能到达极小点 $X^* = [0,0]^{\mathrm{T}}$。若作变换

$$y_1 = x_1, y_2 = 5x_2$$

则可以将函数的等值线由椭圆变为圆，即 $\varphi(Y) = y_1^2 + y_2^2$，从而消除了函数的偏心，用梯度法只需一次迭代即能求得极小点。

对于一般二次函数

$$f(X) = \frac{1}{2}X^{\mathrm{T}}GX + B^{\mathrm{T}}X + C$$

为减小函数二次项的偏心程度，进行尺度变换

$$X = QX'$$

则在新的坐标系中，函数的二次项变为

$$\frac{1}{2}X'^{\mathrm{T}}Q^{\mathrm{T}}GQX'$$

若矩阵 $G$ 是正定的，则总存在矩阵 $Q$ 使

$$Q^{\mathrm{T}}GQ = I$$

将函数的偏心变为零。

用 $Q^{-1}$ 右乘等式两边，得

$$Q^{\mathrm{T}}G = Q^{-1}$$

再用 $Q$ 左乘等式两边，得

$$QQ^{\mathrm{T}}G = I$$

所以 $QQ^T = G^{-1}$。

这说明二次函数矩阵 $G$ 的逆阵，可以通过尺度变换矩阵 $Q$ 求得。

$QQ^T$ 实际上是在空间内测量距离的一种度量，称为尺度矩阵，记作 $A$，即

$$A = QQ^T$$

例如，向量 $X$ 的长度为 $\|X\| = (X^T X)^{1/2}$。

尺度变换后，向量 $X$ 经过尺度矩阵变化后的长度为

$$\|X\|_A = [(QX')^T(QX')]^{1/2} = [X'^T(QQ^T)X']^{1/2} = (X'^T A X')^{1/2}$$

### 3. 尺度变换矩阵的建立

根据变尺度法的基本原理，需要构造一个变尺度矩阵序列 $\{A_k\}$ 来逼近黑塞逆矩阵序列 $\{H_k^{-1}\}$，每迭代一次，尺度改变一次。

为了建立变尺度矩阵 $A_k$，必须对其附加某些条件。

(1) 为保证迭代公式的下降性质，要求 $\{A_k\}$ 中的每一个矩阵都是对称正定的。因为若要求搜索方向 $S_k = -A_k \nabla f(X_k)$ 为下降方向，即要求 $\nabla f(X_k)^T S_k < 0$，也就是 $-\nabla f(X_k)^T A_k \nabla f(X_k) < 0$，故 $\nabla f(X_k)^T A_k \nabla f(X_k) > 0$，即 $A_k$ 应为对称正定。

(2) 要求 $A_k$ 之间的迭代具有简单的形式，显然 $A_{k+1} = A_k + E_k$ 为最简单的形式，其中 $E_k$ 为校正矩阵。

(3) 要求必须满足拟牛顿条件。

拟牛顿条件的推导如下。

设迭代已经进行到 $k+1$ 步，$X_{k+1}$、$\nabla f(X_{k+1})$ 均已经求得，当 $f(X)$ 为具有正定矩阵 $G$ 的二次函数时，根据泰勒展开得

$$\nabla f(X_{k+1}) = \nabla f(X_k) + H(X_k)(X_{k+1} - X_k)$$

即

$$H^{-1}(X_k)(\nabla f(X_{k+1}) - \nabla f(X_k)) = X_{k+1} - X_k$$

令 $A_{k+1}$ 满足类似上式的关系，也就是用 $A_{k+1}$ 逼近 $H^{-1}(X_k)$，即

$$A_{k+1}(\nabla f(X_{k+1}) - \nabla f(X_k)) = X_{k+1} - X_k$$

则 $A_{k+1}$ 可以近似于 $H^{-1}(X_k)$，因此把上式称为拟牛顿条件，为简便起见，记

$$\Delta G_k = \nabla f(X_{k+1}) - \nabla f(X_k)$$
$$\Delta X_k = X_{k+1} - X_k$$

则拟牛顿条件变为 $A_{k+1} \Delta G_k = \Delta X_k$。

**4. 变尺度法的一般步骤**

(1) 给定初始点 $X^{(0)}$ 和收敛精度 $\varepsilon$。

(2) 计算初始点 $X^{(0)}$ 处的梯度，选取初始对称正定矩阵 $A_0$，置 $k=0$。

(3) 计算搜索方向 $S_k = -A_k \nabla f(X_k)$。

(4) 沿 $S_k$ 方向一维搜索，计算 $\nabla f(X_{k+1})$、$\Delta X_k$、$\Delta G_k$。

(5) 判断是否满足终止准则，若满足输出最优解，否则转步骤 (6)。

(6) 当迭代 $n$ 次还未找到极小点时，重置 $A_k$ 为单位矩阵，并以当前点为初始点返回步骤 (2)，否则转步骤 (7)。

(7) 计算 $A_{k+1} = A_k + E_k$，置 $k = k+1$ 返回步骤 (3)。

**5. DFP 变尺度法**

变尺度法是由 Davidon 于 1959 年提出又经 Fletcher 和 Powell 加以发展和完善的一种变尺度法，故称为 DFP 变尺度法。

在变尺度法中，校正矩阵 $E_k$ 取不同形式，就形成不同的变尺度法，DFP 变尺度法中的校正矩阵 $E_k$ 取下列形式：

$$E_k = \alpha_k \Delta X_k^{\mathrm{T}} + A_k \Delta G_k \beta v_k^{\mathrm{T}}$$

其中，$\alpha_k$、$v_k$ 为待定向量。根据拟牛顿条件

$$A_{k+1} \Delta G_k = \Delta X_k$$

从而得到 DFP 变尺度法中的校正公式

$$E_k = \frac{\Delta X_k \Delta X_k^{\mathrm{T}}}{\Delta X_k^{\mathrm{T}} \Delta G_k} - \frac{A_k \Delta G_k \Delta G_k^{\mathrm{T}} A_k}{\Delta G_k^{\mathrm{T}} A_k \Delta G_k}$$

$$\therefore A_{k+1} = A_k + \frac{\Delta X_k \Delta X_k^{\mathrm{T}}}{\Delta X_k^{\mathrm{T}} \Delta G_k} - \frac{A_k \Delta G_k \Delta G_k^{\mathrm{T}} A_k}{\Delta G_k^{\mathrm{T}} A_k \Delta G_k}$$

**例 7.6** 用 DFP 变尺度法求解下列极小点。

$$\min f(X) = x_1 - x_2 + 2x_1^2 + 2x_1 x_2 + x_2^2$$

取初始点 $X^{(0)} = (0,0)^{\mathrm{T}}$，允许误差 $\varepsilon = 0.1$。

**解** 选取 $A_0 = \begin{bmatrix} 1 & 0 \\ 0 & 1 \end{bmatrix} = I, \nabla f(X) = (1 + 4x_1 + 2x_2, -1 + 2x_1 + 2x_2)^{\mathrm{T}}$，

因为 DFP 变尺度法搜索的第一步与最速下降法相同，所以

$$\nabla f(X^{(0)}) = (1, -1)^{\mathrm{T}}, P^{(0)} = -A_0 \nabla f(X^{(0)}) = (-1, 1)^{\mathrm{T}}$$
$$X^{(1)} = X^{(0)} + \lambda_0 P^{(0)} = (0,0)^{\mathrm{T}} + \lambda_0(-1,1)^{\mathrm{T}} = (-\lambda_0, \lambda_0)^{\mathrm{T}}$$
$$f(X^{(1)}) = \lambda_0^2 - 2\lambda_0$$

令 $f'(X) = 0, 2\lambda_0 - 2 = 0$, 得 $\lambda_0 = 1$。

$$X^{(1)} = (-1,1)^{\mathrm{T}}, f(X^{(1)}) = -1, \nabla f(X^{(1)}) = (-1,1)^{\mathrm{T}}$$

$$\Delta x_0 = X^{(1)} - X^{(0)} = (-1,1)^{\mathrm{T}}, \Delta G_0 = \nabla f(X^{(1)}) - \nabla f(X^{(0)}) = (-2,0)^{\mathrm{T}}$$

$$A_1 = A_0 + \frac{\Delta x_0 \Delta x_0^{\mathrm{T}}}{\Delta x_0^{\mathrm{T}} \Delta G_0} - \frac{A_0 \Delta G_0 \Delta G_0^{\mathrm{T}} A_0}{\Delta G_0^{\mathrm{T}} A_0 \Delta G_0}$$

$$= \begin{bmatrix} 1 & 0 \\ 0 & 1 \end{bmatrix} + \frac{\begin{bmatrix} -1 \\ 1 \end{bmatrix}(-1,1)}{(-1,1)\begin{bmatrix} -2 \\ 0 \end{bmatrix}} - \frac{\begin{bmatrix} 1 & 0 \\ 0 & 1 \end{bmatrix}\begin{bmatrix} -2 \\ 0 \end{bmatrix}(-2,0)\begin{bmatrix} 1 & 0 \\ 0 & 1 \end{bmatrix}}{(-2,0)\begin{bmatrix} 1 & 0 \\ 0 & 1 \end{bmatrix}\begin{bmatrix} -2 \\ 0 \end{bmatrix}} = \begin{bmatrix} \dfrac{1}{2} & -\dfrac{1}{2} \\ -\dfrac{1}{2} & \dfrac{3}{2} \end{bmatrix}$$

$$P^{(1)} = -A_1 \nabla f(X^{(1)}) = -\begin{bmatrix} 1/2 & -1/2 \\ -1/2 & 3/2 \end{bmatrix}(-1,1)^{\mathrm{T}} = (0,1)^{\mathrm{T}}$$

从 $X^{(1)}$ 出发，沿 $P^{(1)}$ 方向作一维搜索，设步长变量为 $\lambda$，

$$f(X^{(1)} + \lambda_1 P^{(1)}) = \min f(X^{(1)} + \lambda P^{(1)})$$

$f(X^{(1)} + \lambda P^{(1)}) = \lambda^2 - \lambda - 1$，令 $f' = 0$，得 $\lambda = 1/2$，

$$X^{(2)} = X^{(1)} + \lambda P^{(1)} = (-1, 3/2)^{\mathrm{T}}, \nabla f(X^{(2)}) = (0,0)^{\mathrm{T}}$$

所以 $X^{(2)}$ 是极小点。

6. BFGS 变尺度法

因为 DFP 变尺度法是用 $A_k$ 逼近 $H^{-1}(X_k)$，但在计算时由于舍入误差和一维搜索的不精确，有可能导致 $A_k$ 奇异，而使数值稳定性方面不够理想。BFGS 变尺度法是用 $B_k$ 逼近 $H(X_k)$，相应的拟牛顿条件为

$$\Delta G_k = B_k \Delta X_k$$

其校正公式为

$$B_{k+1} = B_k + \frac{1}{\Delta X_k^{\mathrm{T}} \Delta G_k}\left[\frac{\Delta G_k^{\mathrm{T}} B_k \Delta G_k}{\Delta X_k^{\mathrm{T}} \Delta G_k}\Delta X_k \Delta X_k^{\mathrm{T}} - \Delta X_k \Delta G_k^{\mathrm{T}} B_k^{\mathrm{T}} - B_k \Delta G_k \Delta X_k^{\mathrm{T}}\right]$$
$$+ \frac{B_k \Delta G_k \Delta G_k^{\mathrm{T}} B_k}{\Delta G_k^{\mathrm{T}} B_k \Delta G_k}$$

**例 7.7**　用 BFGS 变尺度法求解下列极小点。

$$\min f(X) = (1 - x_1)^2 + 2(x_2 - x_1^2)^2$$

取初始点 $X^{(0)} = (0,0)^{\mathrm{T}}$，允许误差 $\varepsilon = 0.1$。

**解**   $\nabla f(X) = (-2(1-x_1) - 8(x_2-x_1)^2 x_1, 4(x_2-x_1^2))^{\mathrm{T}}$, $\nabla f(X^{(0)}) = (-2,0)^{\mathrm{T}}$, 选取 $B_0 = \begin{bmatrix} 1 & 0 \\ 0 & 1 \end{bmatrix} = I$, 有

$$P^{(0)} = -B_0 \nabla f(X^{(0)}) = (2,0)^{\mathrm{T}}$$
$$X^{(1)} = X^{(0)} + \lambda_0 P^{(0)} = (0,0)^{\mathrm{T}} + \lambda_0(2,0)^{\mathrm{T}} = (2\lambda_0, 0)^{\mathrm{T}}$$

$f(X^{(1)}) = (1-2\lambda_0)^2 + 8\lambda_0^4$, 令 $f' = 0$, 得 $\lambda_0 = 1/4$, 则

$$X^{(1)} = (1/2, 0)^{\mathrm{T}}, \quad \nabla f(X^{(1)}) = (0,-1)^{\mathrm{T}}, \quad \left\| \nabla f(X^{(1)}) \right\| = 1 > 0.1$$
$$\Delta x_0 = X^{(1)} - X^{(0)} = (1/2, 0)^{\mathrm{T}}, \quad \Delta G_0 = \nabla f(X^{(1)}) - \nabla f(X^{(0)}) = (2,-1)^{\mathrm{T}}$$

将以上数据代入公式可得 $B_1 = \begin{bmatrix} 1/2 & 1/2 \\ 1/2 & 1 \end{bmatrix}$, 构造 BFGS 方向, 有

$$P^{(1)} = -B_1 \nabla f(X^{(1)}) = - \begin{bmatrix} 1/2 & 1/2 \\ 1/2 & 1 \end{bmatrix} (0,-1)^{\mathrm{T}} = \left( \frac{1}{2}, 1 \right)^{\mathrm{T}}$$

从 $X^{(1)}$ 出发, 沿 $P^{(1)}$ 方向作一维搜索, 设步长变量为 $\lambda$, 则

$$X^{(2)} = X^{(1)} + \lambda_1 P^{(1)} = \left( \frac{1}{2} + \frac{1}{2}\lambda_1, \lambda_1 \right)^{\mathrm{T}}$$

$f(X^{(2)}) = \varphi(\lambda)$, 令 $\varphi' = 0$, 得 $\lambda = 1$, 则

$$X^{(2)} = X^{(1)} + \lambda P^{(1)} = (1,1)^{\mathrm{T}}, \nabla f(X^{(2)}) = (0,0)^{\mathrm{T}}$$

所以 $X^{(2)}$ 是极小点。

## 7.5   坐标轮换法

坐标轮换法属于直接法, 既可以用于无约束优化问题的求解, 又可以经过适当处理用于约束优化问题的求解。

坐标轮换法是每次搜索只允许一个变量变化, 其余变量保持不变, 即沿坐标方向轮流进行搜索的寻优方法。它把多变量的优化问题轮流地转化成单变量 (其余变量视为常量) 的优化问题, 因此又称这种方法为变量轮换法。此种方法只需目标函数的数值信息而不需要目标函数的导数。

### 1. 坐标轮换法的迭代过程

下面以二维优化问题为例, 介绍该方法的迭代过程。任取一初始点 $X^0$, 允许误差 $\varepsilon > 0$, $k = 1$, 从 $X^0$ 出发, 它作为第一轮的始点 $X_0^1$, 先沿第一坐标轴的方向 $e_1$ 作一维搜索, 用

一维优化方法确定最优步长 $\lambda_1^1$，得第一轮的第一个迭代点 $X_1^1 = X_0^1 + \lambda_1^1 e_1$，然后以 $X_1^1$ 为新起点，沿第二坐标轴的方向 $e_2$ 作一维搜索，确定步长 $\lambda_2^1$，得第一轮的第二个迭代点 $X_2^1 = X_1^1 + \lambda_2^1 e_2$。

第二轮迭代，令

$$X^1 = X_2^1, X_1^2 = X_2^1 + \lambda_1^2 e_1, X_2^2 = X_1^2 + \lambda_2^2 e_2$$

依次类推，不断迭代，目标函数值不断下降，最后逼近该目标函数的最优点，达到终止准则结束迭代。

**2. 坐标轮换法的迭代步骤**

第一步：给定初始点 $X^{(0)}$，允许误差 $\varepsilon > 0$，$k = 1$。

第二步：从 $X^{(k-1)}$ 出发，依次沿各坐标轴的方向 $e_k$ 进行一维搜索，计算最优步长 $\lambda_k$：

$$f(X^{(k-1)} + \lambda_k e_k) = \min_\lambda f(X^{(k-1)} + \lambda e_k)$$

其中

$$e_k = (0, \cdots, 0, 1, 0, \cdots, 0)^{\mathrm{T}}, k = 1, 2, \cdots, n$$

计算 $X^{(k)}$：$X^{(k)} = X^{(k-1)} + \lambda_k e_k$。

第三步：若 $k = n$，则转入第四步；否则，令 $k = k + 1$，转入第二步。

第四步：若 $\|X^{(n)} - X^{(0)}\| < \varepsilon$，则输出 $X^* = X^{(n)}$；否则，令 $X^{(0)} = X^{(n)}$，$k = 1$，转入第二步。

由于坐标轮换法始终沿固定的 $n$ 个坐标轴方向进行搜索，没有利用搜索中得到的信息进行调整，因此搜索效率较低，收敛速度较慢，尤其是当优化问题的维数较高时更为严重。一般把此种方法应用于维数小于 10 的低维优化问题。该方法程序简单，易于掌握。

对于目标函数存在"脊线"的情况，在脊线的尖点处没有一个坐标方向可以使函数值下降，只有在锐角所包含的范围搜索才可以达到函数值下降的目的，故坐标轮换法对此类函数会失效。坐标轮换法所遇病态函数如图 7.3 所示。

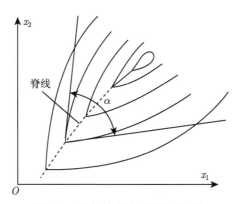

图 7.3　坐标轮换法所遇病态函数

**例 7.8**　利用坐标轮换法计算

$$\min f(X) = x_1^2 + x_2^2 + x_3^2$$

取初始点 $X^{(0)} = (1, 2, 3)^{\mathrm{T}}$，$\varepsilon = 0.01$。

**解**　令 $e_1 = (1, 0, 0)^{\mathrm{T}}, e_2 = (0, 1, 0)^{\mathrm{T}}, e_3 = (0, 0, 1)^{\mathrm{T}}$。

首先从 $X^{(0)}$ 出发，沿 $x_1$ 方向进行一维寻优：

$$X^{(0)} + \lambda e_1 = (1 + \lambda, 2, 3)^{\mathrm{T}}, f(X^{(0)} + \lambda e_1) = \lambda^2 + 2\lambda + 14$$

令 $f'(X^{(0)} + \lambda e_1) = 0$，得 $\lambda_1 = -1$，$X_1^1 = X^{(0)} + \lambda e_1 = (0, 2, 3)^{\mathrm{T}}$。

$f(X_1^1) = 13$，再从 $X_1^1$ 出发，沿 $x_2$ 方向进行一维寻优：

$$X_1^1 + \lambda e_2 = (0, 2 + \lambda, 3)^{\mathrm{T}}, f(X_1^1 + \lambda e_1) = \lambda^2 + 4\lambda + 13$$

令 $f'(X_1^1 + \lambda e_1) = 2\lambda + 40$，得 $\lambda_2 = -2$，$X_1^2 = X_1^1 + \lambda e_2 = (0, 0, 3)^{\mathrm{T}}$。

$f(X_1^2) = 9$，再从 $X_1^2$ 出发，沿 $x_3$ 方向进行一维寻优：

$$X_1^2 + \lambda e_3 = (0, 0, 3 + \lambda)^{\mathrm{T}}, f(X_1^2 + \lambda e_2) = \lambda^2 + 6\lambda + 9$$

令 $f'(X_1^2 + \lambda e_2) = 2\lambda + 60$，得 $\lambda_3 = -3$，$X_1^3 = X_1^2 + \lambda e_3 = (0, 0, 0)^{\mathrm{T}}$。

$$f(X_1^3) = 0$$

经检验可知，已达到最优结果。

由于本例的目标函数特点适用坐标轮换法寻优，故沿各方向搜索一次就得到最优解。

# 7.6　单　纯　形　法

单纯形就是 $n$ 维欧氏空间 $\mathbb{R}^n$ 中具有 $n + 1$ 个顶点的凸多面体。例如，一维空间中的线段；二维空间中的三角形；三维空间中的四面体。

### 1. 单纯形法基本思路

设 $X^{(0)}, X^{(1)}, \cdots, X^{(n)}$ 是 $\mathbb{R}^n$ 中 $n + 1$ 个点构成的一个当前的单纯形。

假设求函数的极小值。

比较各点的函数值得到 $X_{\max}, X_{\min}$ 使

$$f(X_{\max}) = \max\{f(X^{(0)}), f(X^{(1)}), \cdots, f(X^{(n)})\}$$
$$f(X_{\min}) = \min\{f(X^{(0)}), f(X^{(1)}), \cdots, f(X^{(n)})\}$$

取单纯形中除去 $X_{\max}$ 点外，其他各点的形心：

$$\overline{X} = \frac{1}{n}\left(\prod_{i=0}^{n} X^{(i)} - X_{\max}\right)$$

取点 $X_{\max}$ 关于 $\bar{X}$ 的反射点 $X^{(n+1)}$，$X^{(n+1)} = \bar{X} + (\bar{X} - X_{\max})$，去掉 $X_{\max}$，加入 $X^{(n+1)}$ 得到新的单纯形。重复上述过程。

注意事项如下。

(1) 当 $X^{(n+1)}$ 又是新单纯形的最大值点时，取次大值点进行反射。

(2) 若某一个点 $X'$ 出现在连续 $m$ 个单纯形时，取各点与 $X'$ 连线的中点 ($n$ 个) 与 $X'$ 点构成新的单纯形，继续进行迭代。

经验上取 $m \geqslant 1.65n + 0.05n^2$。

例如，$n=2$ 时，可取 $m \geqslant 1.65 \times 2 + 0.05 \times 4 = 3.5$，即 $m=4$。图 7.4 描述了一个单纯形法搜索过程。

1点大　3点大　2点大　5点大　4点大　7点大　8点大　6点在4个单纯形上，故各边缩半

$$\Delta_{123} \to \Delta_{234} \to \Delta_{245} \to \Delta_{456} \to \Delta_{467} \to \Delta_{678} \to \Delta_{689} \to \Delta_{6910} \to \qquad \Delta_{111213}$$

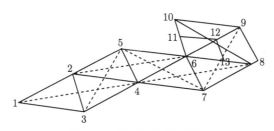

图 7.4　单纯形法搜索过程

### 2. 改进单纯形法 (可变多面体算法)

单纯形法虽然不需求函数的导数，也不需要进行一维搜索，方法比较简单，但该方法无法进行加速搜索，收敛速度慢，搜索效果差。当在波峰或波谷进行搜索时，会遇到搜索困难。下面介绍改进的单纯形法，它允许改变单纯形的形状。

设第 $k$ 步迭代得到 $n+1$ 个点：$X^{(0)}, X^{(1)}, \cdots, X^{(n)}$，得到 $X_{\max}, X_{\min}$ 及 $\bar{X}$。

通过下列 4 步操作选新迭代点。

(1) 反射：取反射系数 $\alpha > 0$ (单纯形法中 $\alpha = 1$)，则

$$Y^{(1)} = \bar{X} + \alpha(\bar{X} - X_{\max})$$

(2) 扩展：给定扩展系数 $\gamma > 1$，计算 (加速)

$$Y^{(2)} = \bar{X} + \gamma(Y^{(1)} - \bar{X})$$

若 $f(Y^{(1)}) = f(X_{\min})$，则将 $Y^{(1)}$ 继续扩展到 $Y^{(2)}$。

若 $f(Y^{(1)}) < f(Y^{(2)})$，那么 $Y^{(2)}$ 取代 $X_{\max}$；否则，$Y^{(1)}$ 取代 $X_{\max}$。若 $\max\{f(X^{(i)}) \big| X^{(i)} \neq X_{\max}\} \geqslant f(Y^{(1)}) \geqslant f(X_{\min})$，$Y^{(1)}$ 取代 $X_{\max}$。

(3) 收缩：若 $f(X_{\max}) > f(Y^{(1)}) > f(X^{(i)})$，$X^{(i)} \neq X_{\max}$，计算

$$Y^{(3)} = \bar{X} + \beta(Y^{(1)} - \bar{X}), \quad \beta \in (0,1)$$

以 $Y^{(3)}$ 取代 $X_{\max}$。

(4) 减半：若 $f(Y^{(1)}) > f(X_{\max})$，重新取各点，使

$$X^{(i)} = X_{\min} + 1/2(X^{(i)} - X_{\min})$$

得到新单纯形。

对于参数的选择，经验上取 $\alpha=1$, $0.4 \leqslant \beta \leqslant 0.6$, $2.3 \leqslant \gamma \leqslant 3.0$，有人建议 $\alpha=1$, $\beta=0.5$, $\gamma=2$。

算法停机准则取：

$$\sqrt{\frac{1}{n+1} \sum_{i=0}^{n} (f(X^{(i)}) - f(\overline{X}))^2} < \varepsilon$$

初始单纯形可以选取正单纯形。计算实践表明，初始单纯形的选取对结果有较大的影响，当有先验估计时可取得较好的效果。

**例 7.9** 利用单纯形法求解。

$$\min f(X) = x_1^2 + x_2^2 - 6x_1 + 4x_2 + 13$$

给定初始单纯形的顶点 $X^{(1)} = (0,0)^{\mathrm{T}}, X^{(2)} = (1,0)^{\mathrm{T}}, X^{(3)} = (3/2, -2)^{\mathrm{T}}$。

取 $\alpha = 1, \beta = 0.5, \gamma = 2$，允许误差 $\varepsilon = 1$。

**解** $f(X^{(1)}) = 13, f(X^{(2)}) = 8, f(X^{(3)}) = 9/4, X_{\max} = X^{(1)}, X_{\min} = X^{(3)}$，进行反射，求 $X^{(1)}$ 关于 $X^{(2)}$, $X^{(3)}$ 的形心反射点。

$$\overline{X} = (X^{(2)} + X^{(3)})/2 = (5/4, -1)^{\mathrm{T}}, f(\overline{X}) = 65/16$$

由于 $\alpha = 1$，反射点 $X^{(4)} = 2\overline{X} - X_{\max} = (5/2, -2)^{\mathrm{T}}, f(X^{(4)}) = 1/4 < f(X_{\min})$，故进行扩展，由于 $\gamma = 2, X^{(5)} = \overline{X} + 2(X^{(4)} - \overline{X}) = 2X^{(4)} - \overline{X} = (15/4, -3)^{\mathrm{T}}$，$f(X^{(5)}) = 25/16 > f(X^{(4)})$，故用 $X^{(4)}$ 代替 $X^{(1)}$，得到新的单纯形。

其顶点及相应的函数值

$$X^{(1)} = (5/2, -2)^{\mathrm{T}}, X^{(2)} = (1,0)^{\mathrm{T}}, X^{(3)} = (3/2, -2)^{\mathrm{T}}$$
$$f(X^{(1)}) = 1/4, f(X^{(2)}) = 8, f(X^{(3)}) = 9/4$$
$$\sqrt{\frac{1}{3} \sum_{i=1}^{3} (f(X^{(1)}) - f(X_{\min}))^2} = \sqrt{11} > \varepsilon$$

精度不够，继续迭代。

$$X_{\max} = X^{(2)}, X_{\min} = X^{(1)}$$

求 $X^{(2)}$ 关于 $X^{(1)}, X^{(3)}$ 的形心反射点。

$$\overline{X} = (X^{(1)} + X^{(3)})/2 = (2, -2)^{\mathrm{T}}, f(\overline{X}) = 1$$

由于 $\alpha = 1$，反射点 $X^{(4)} = 2\bar{X} - X_{\max} = (3, -4)^{\mathrm{T}}$，$f(X^{(4)}) = 4 > f(X^{(3)})$，故需要内缩。

由于 $f(X^{(4)}) = \min\left\{ f(X_{\max}), f(X^{(4)}) \right\}$，所以 $X' = X^{(4)}$，

$$\beta = 0.5, X^{(6)} = \bar{X} + 0.5(X^{(4)} - \bar{X}) = (5/2, -3)^{\mathrm{T}}$$

$f(X^{(6)}) = 5/4 < f(X^{(4)})$，故用 $X^{(6)}$ 代替 $X^{(2)}$，得到新的单纯形。

其顶点及相应的函数值

$$X^{(1)} = (5/2, -2)^{\mathrm{T}}, X^{(2)} = (5/2, -3)^{\mathrm{T}}, X^{(3)} = (3/2, -2)^{\mathrm{T}}$$
$$f(X^{(1)}) = 1/4, f(X^{(2)}) = 5/4, f(X^{(3)}) = 9/4$$
$$\sqrt{\frac{1}{3} \sum_{i=1}^{3} \left( f(X^{(1)}) - f(X_{\min}) \right)^2} = \sqrt{0.7} < \varepsilon$$

故达到精度要求，得近似解 $X^{(1)} = (5/2, -2)^{\mathrm{T}}$。实际最优解为 $X^* = (3, -2)^{\mathrm{T}}$。

# 7.7　模式搜索法

模式搜索法是胡克 (Hooke) 和基夫斯 (Jeeves) 于 1961 年提出的。该方法主要包括两类移动：探测性移动和模式性移动。

探测性移动的目的就是探求一个沿各坐标方向的新点并得到一个"有前途"的方向 (下降的有利方向)；模式性移动就是沿上述"有前途"方向加速移动。下面分别介绍这两类移动的过程。

考虑无约束最优问题

$$\min f(X), X \in \mathbb{R}^n$$

假设经过第 $k$ 步迭代，已得到 $X^{(k)}$。

### 1. 探测性移动

给定步长 $\lambda_k$，设通过模式性移动得到 $Y^{(0)}$(后面介绍)，依次沿各坐标方向 $e^{(i)} = (0, \cdots, 1, 0, \cdots, 0)^{\mathrm{T}}$(第 $i$ 个分量为 1,其余为 0),移动 $\lambda_k$ 步长:$\hat{Y} = Y^{(i)} + \lambda_k e^{(i+1)}, i = 0, 1, \cdots, n-1$，若 $f(\hat{Y}) < f(Y^{(i)})$，则 $Y^{(i+1)} = \hat{Y}$；否则取 $\hat{Y} = Y^{(i)} - \lambda_k e^{(i+1)}$。若 $f(\hat{Y}) < f(Y^{(i)})$，则 $Y^{(i+1)} = \hat{Y}$；否则 $Y^{(i+1)} = Y^{(i)}$；这个探测性移动从 0 到 $n-1$，最后得到 $Y^{(n)}$。若 $f(Y^{(n)}) < f(X^{(k)})$，则令 $X^{(k+1)} = Y^{(n)}$。

将每一次探测性移动后得到的点，作为下一次探测性移动的开始点，经过 $n$ 个方向的探测性移动后，一般地可以得到使得函数 $f(X)$ 下降的方向，这就完成了一次探测性移动。每次探测性移动的开始点称为参考点。

设 $X^{(k+1)}$ 是以点 $X^{(k)}$ 为参考点进行一次探测性移动所得到的点。若 $f(X^{(k+1)}) < f(X^{(k)})$，则从点 $X^{(k+1)}$ 出发作模式性移动。

**2. 模式性移动**

有理由认为 $X^{(k+1)} - X^{(k)}$ 为一个 "有前途" 的方向, 取

$$Y^{(0)} = X^{(k+1)} + (X^{(k+1)} - X^{(k)}) = 2X^{(k+1)} - X^{(k)}$$

这样就完成了模式性移动。这时 $f(Y^{(0)})$ 不一定保证小于 $f(X^{(k+1)})$。

如果探测性移动得到 $Y^{(n)}$ 使 $f(Y^{(n)}) \geqslant f(X^{(k)})$, 则跳过模式性移动而令 $Y^{(0)} = X^{(k)}$ 重新进行探测性移动, 令初始点 $Y^{(0)} = X^{(1)}$; 若 $Y^{(n)} = Y^{(0)}$(即每一个坐标方向的移动都失败), 减小步长 $\lambda_k$, 重复上述过程。当进行到 $\lambda_k$ 充分小 ($\lambda_k < \varepsilon$) 时, 终止计算。最新的迭代点 $X^{(k)}$ 为解。

**例 7.10**　用模式搜索法求解

$$\min f(X) = x_1^2 + x_2^2 - 3x_1 - x_1 x_2$$

取初始点 $X^{(0)} = (0,0)^{\mathrm{T}}, \lambda_0 = 1, \alpha = 0.25, \varepsilon = 0.1$。

**解**　第一次迭代: 令初始参考点 $Y = X^{(0)} = (0,0)^{\mathrm{T}}, f(Y) = 0$, 有

$$Y + \lambda_0 e_1 = (1,0)^{\mathrm{T}}, f(Y + \lambda_0 e_1) = -2 < f(Y)$$

所以取 $Y := y + \lambda_0 e_1 = (1,0)^{\mathrm{T}}$, 又 $Y + \lambda_0 e_2 = (1,1)^{\mathrm{T}}, f(Y + \lambda_0 e_2) = -2 = f(Y)$

$$Y - \lambda_0 e_2 = (1,-1)^{\mathrm{T}}, f(Y - \lambda_0 e_2) = 0 > f(Y)$$

故第一次探测性移动结束, 令 $X^{(1)} = Y = (1,0)^{\mathrm{T}}$, 由于 $f(X^{(1)}) = -2 < f(X^{(0)}) = 0$, 因而进行模式性移动, 得下一个参考点 $Y = 2X^{(1)} - X^{(0)} = (2,0)^{\mathrm{T}}$。

取 $\lambda_1 = \lambda_0 = 1, f(Y) = -2$, 有

$$Y + \lambda_1 e_1 = (3,0)^{\mathrm{T}}, f(Y + \lambda_1 e_1) = 0 > f(Y)$$
$$Y - \lambda_1 e_1 = (1,0)^{\mathrm{T}}, f(Y - \lambda_1 e_1) = -2 = f(Y)$$
$$Y + \lambda_1 e_2 = (2,1)^{\mathrm{T}}, f(Y + \lambda_1 e_2) = -3 < f(Y)$$

取 $Y := Y + \lambda_1 e_2 = (2,1)^{\mathrm{T}}$, 故第二次探测性移动活动结束, 令 $X^{(2)} = Y = (2,1)^{\mathrm{T}}$。由于 $f(X^{(2)}) = -3 < f(X^{(1)}) = -2$, 因而进行模式性移动, 得下一个参考点

$$Y = 2X^{(2)} - X^{(1)} = (3,2)^{\mathrm{T}}$$

取 $\lambda_2 = \lambda_1 = \lambda_0 = 1$, 第三次迭代, $f(Y) = -2$, 有

$$Y + \lambda_2 e_1 = (4,2)^{\mathrm{T}}, f(Y + \lambda_2 e_1) = 0 > f(Y)$$
$$Y - \lambda_2 e_1 = (2,2)^{\mathrm{T}}, f(Y - \lambda_2 e_1) = -2 = f(Y)$$
$$Y + \lambda_2 e_2 = (3,3)^{\mathrm{T}}, f(Y + \lambda_2 e_2) = 0 > f(Y)$$
$$Y - \lambda_2 e_2 = (3,1)^{\mathrm{T}}, f(Y - \lambda_2 e_2) = -2 = f(Y)$$

故第三次探测性移动结束, 令 $X^{(3)} = Y = (3,2)^{\mathrm{T}}$。

由于 $f(X^{(3)}) = -2 > f(X^{(2)}) = -3$，且 $X^{(3)} \neq X^{(2)}$，因此，令 $X^{(3)} = X^{(2)} = (2,1)^{\mathrm{T}}$。
取 $Y = X^{(3)} = (2,1)^{\mathrm{T}}$，$\lambda_3 = \lambda_2 = 1, Y = X^{(3)} = (2,1)^{\mathrm{T}}$。

第四次迭代，$f(Y) = -2$，有

$$Y + \lambda_3 e_1 = (3,1)^{\mathrm{T}}, f(Y + \lambda_3 e_1) = -2 = f(Y)$$

$$Y - \lambda_3 e_1 = (1,1)^{\mathrm{T}}, f(Y - \lambda_3 e_1) = -2 = f(Y)$$

$$Y + \lambda_3 e_2 = (3,3)^{\mathrm{T}}, f(Y + \lambda_3 e_2) = -2 = f(Y)$$

$$Y - \lambda_3 e_2 = (3,1)^{\mathrm{T}}, f(Y - \lambda_3 e_2) = -2 = f(Y)$$

故第四次探测性移动结束，令 $X^{(4)} = Y = (2,1)^{\mathrm{T}}$。

由于 $f(X^{(3)}) = f(X^{(4)}) = -3$，从而检查步长大小，因为 $\lambda_3 = 1 > 0.1$，且 $X^{(3)} = X^{(2)}$，因此令 $X^{(3)} = X^{(4)} = (2,1)^{\mathrm{T}}$。

故缩短步长，令 $\lambda_4 = \alpha\lambda_3 = 0.25$，取 $Y = X^{(4)} = (2,1)^{\mathrm{T}}, \lambda_4 = 0.25, Y = X^{(4)} = (2,1)^{\mathrm{T}}$。

第五次迭代，与第四次迭代类似，再缩短步长 $\lambda_5 = \alpha\lambda_4 = 0.0625$，参考点 $Y = X^{(5)} = (2,1)^{\mathrm{T}}, f(Y) = -2$。

第六次迭代，与第五次迭代类似，但此时 $\lambda_5 = 0.0625 < 0.1$。迭代停止，得近似最优解

$$X^{(6)} = (2,1)^{\mathrm{T}}$$

其实 $X^{(6)} = (2,1)^{\mathrm{T}}$ 就是最优解。

## 7.8　鲍威尔方法

鲍威尔方法是直接搜索法中一个十分有效的算法，是鲍威尔于 1964 年提出的。鲍威尔方法是在研究正定二次函数的极小化问题时形成的，由于迭代过程中构造一组共轭方向，并沿着逐步产生的共轭方向进行搜索，因此该方法本质上是一种共轭方向法，如图 7.5 所示。

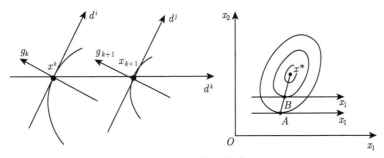

图 7.5　共轭方向法

### 1. 原始鲍威尔基本算法

图 7.6 是二维二次目标函数的无约束优化问题。

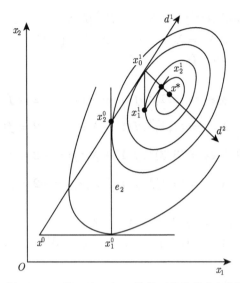

图 7.6　二维二次目标函数的无约束优化问题

图 7.7 是三维二次目标函数的无约束优化问题。

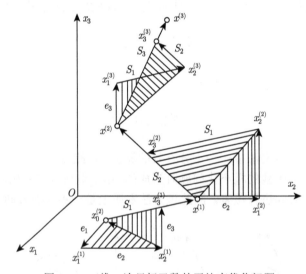

图 7.7　三维二次目标函数的无约束优化问题

**定理 7.3**　若分别从两个点 $y^{(0)}, \bar{y}^{(0)} \in \mathbb{R}^{(n)}$ 出发，依次沿 $K$ 个非零的 $Q$ 的共轭方向 $p^{(0)}, p^{(1)}, \cdots, p^{(k-1)}$ 对正定二次函数做最优一维搜索，得到点 $y^{(k)}, \bar{y}^{(k)} \in \mathbb{R}^{(n)}$，则向量 $y^{(k)}, \bar{y}^{(k)}$ 与 $p^{(j)}$ 是 $Q$ 共轭的。

原始鲍威尔基本算法的步骤：第一环基本方向组取单位坐标矢量系 $e_1, e_2, \cdots, e_n$，沿这些方向依次进行一维搜索，然后将始末两点相连作为新生方向，再沿新生方向进行一维搜索，完成第一环的迭代。以后每环的基本方向组是将上环的第一个方向淘汰，上环的新生方向补入本环后构成。$n$ 维目标函数完成 $n$ 环的迭代过程称为一轮。从这一轮的终点出发沿新生方向搜索所得到的极小点，作为下一轮迭代的始点。这样就形成了算法的循环。

原始鲍威尔基本算法的缺陷：可能在某一环迭代中出现基本方向组为线性相关的矢量系的情况。如第 $k$ 环中，产生新的方向：

$$p^k = x_n^k - x_0^k = K_1^k p_1^k + K_2^k p_2^k + \cdots + K_n^k p_n^k$$

其中，$p_1^k, p_2^k, \cdots, p_n^k$ 为第 $k$ 环基本方向组矢量，$K_1^k, K_2^k, \cdots, K_n^k$ 为第 $k$ 个基本方向的最优步长。

若在第 $k$ 环的优化搜索过程中出现 $K_1^k = 0$，则方向 $p^k$ 表示为 $p_2^k, p_3^k, \cdots, p_n^k$ 的线性组合，以后的各次搜索将在降维的空间中进行，无法得到 $n$ 维空间的函数极小值，计算将失败。

如图 7.8 所示为一个三维优化问题的示例，设第一环中 $K_1 = 0$，则新生方向与 $e_2, e_3$ 共面，随后的各环方向组中，各矢量必在该平面内，使搜索局限于二维空间，不能得到最优解。

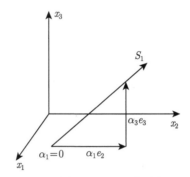

图 7.8　原始鲍威尔基本算法的退化

**例 7.11**　用原始鲍威尔基本算法求解。

$$\min f(X) = x_1^2 + x_2^2 - 3x_1 - x_1 x_2$$

取初始点 $X^{(0)} = (0,0)^{\mathrm{T}}$，初始搜索方向 $p^{(0)} = (0,1)^{\mathrm{T}}, p^{(1)} = (1,0)^{\mathrm{T}}$。

**解**　第一次迭代：

令 $y^{(0)} = X^{(0)} = (0,0)^{\mathrm{T}}$ 从 $y^{(0)}$ 出发沿 $p^{(0)}$ 进行一维搜索，有

$$y^{(0)} + \lambda_0 p^{(0)} = (0,\lambda)^{\mathrm{T}}, f(y^{(0)} + \lambda_0 p^{(0)}) = \lambda^2$$
$$\frac{\mathrm{d}f}{\mathrm{d}\lambda} = 2\lambda = 0, \lambda_0 = 0, y^{(1)} = y^{(0)} + \lambda_0 p^{(0)} = (0,0)^{\mathrm{T}}$$

从 $y^{(1)}$ 出发沿 $p^{(1)}$ 进行一维搜索，有

$$y^{(1)} + \lambda_1 p^{(1)} = (\lambda,0)^{\mathrm{T}}, f(y^{(0)} + \lambda_1 p^{(1)}) = \lambda^2 - 3\lambda$$
$$\frac{\mathrm{d}f}{\mathrm{d}\lambda} = 2\lambda - 3 = 0, \lambda_1 = \frac{3}{2}, y^{(2)} = y^{(1)} + \lambda_1 p^{(1)} = \left(\frac{3}{2}, 0\right)^{\mathrm{T}}$$

从 $y^{(2)}$ 出发，沿加速方向 $p^{(2)} = y^{(2)} - y^{(0)} \left(\frac{3}{2}, 0\right)^{\mathrm{T}}$ 进行一维搜索，有

$$y^{(2)} + \lambda p^{(2)} = \left(\frac{3}{2} + \frac{3}{2}\lambda, 0\right)^{\mathrm{T}}, f(y^{(2)} + \lambda p^{(2)}) = \left(\frac{3}{2} + \frac{3}{2}\lambda\right)^{(2)} - 3\left(\frac{3}{2} + \frac{3}{2}\lambda\right)$$

$$\frac{\mathrm{d}f}{\mathrm{d}\lambda} = \frac{9}{2}\lambda = 0, \lambda_2 = 0, x^{(1)} = y^{(2)} + \lambda_2 p^{(2)} = \left(\frac{3}{2}, 0\right)^{\mathrm{T}}$$

第二次迭代，则新的搜索方向 $p^{(0)} = (1, 0)^{\mathrm{T}}, p^{(1)} = \left(\frac{3}{2}, 0\right)^{\mathrm{T}}$。

由于这两个搜索方向的第二个分量均为 0，因此沿这两个方向进行一维搜索得到的点的第二个分量仍将保持 0，这样它将永远达不到最优解 $X = (2, 1)^{\mathrm{T}}$，其原因就是 $p^{(0)}, p^{(1)}$ 线性相关，这说明利用原始鲍威尔基本算法求解本例失败。

2. 鲍威尔修正算法

在某环已经取得的 $n+1$ 个方向中，选取 $n$ 个线性无关的并且共轭程度尽可能高的方向作为下一环的基本方向组。

鲍威尔修正算法的搜索方向的构造如图 7.9 所示。

在第 $k$ 环的搜索中，$x_0^{(k)}$ 为初始点，搜索方向为 $p_1^{(k)}, p_2^{(k)}, \cdots, p_n^{(k)}$，产生的新方向为 $p^{(k)}$，此方向的极小点为 $x^{(k)}$。点 $x_{n+1}^{(k)} = 2x_n^{(k)} - x_0^{(k)}$ 为 $x_0^{(k)}$ 对 $x_n^{(k)}$ 的映射点。

计算 $x_0^{(k)}, x_1^{(k)}, \cdots, x_n^{(k)}, x^{(k)}, x_{n+1}^{(k)}$ 各点的函数值，记作：

$$F_1 = F(x_0^{(k)}), \quad F_2 = F(x_n^{(k)})$$
$$F_3 = F(x_{n+1}^{(k)}) = F(x_m^{(k)}) - F(x_{m-1}^{(k)})$$

$\Delta$ 是第 $k$ 环方向组中，依次沿各方向搜索函数值下降最大值，即 $p_m^k$ 方向函数下降最大。

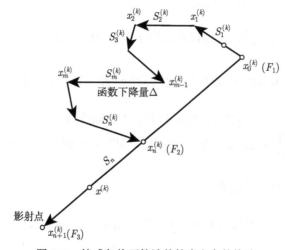

图 7.9　鲍威尔修正算法的搜索方向的构造

为了构造第 $k+1$ 环基本方向组, 采用如下判别式:

$$\begin{cases} F_3 \geqslant F_1 \\ F_1 - 2F_2 + F_3 > 2\Delta \end{cases}$$

按照以下两种情况处理:

(1) 上式中至少一个不等式成立, 则第 $k+1$ 环的基本方向仍用老方向组 $p_1^k, p_2^k, \cdots, p_n^k$。 $k+1$ 环的初始点取

$$x_0^{k+1} = x_n^k F_2 < F_3$$
$$x_0^{k+1} = x_{n+1}^k F_2 \geqslant F_3$$

(2) 若两式均不成立, 则淘汰函数值下降最大的方向, 并用第 $k$ 环的新生方向补入 $k+1$ 环基本方向组的最后, 即 $k+1$ 环的方向组为 $p_1^k, p_2^k, \cdots, p_{m-1}^k, p_m^k, p_{m+1}^k, \cdots, p_n^k, p_{n+1}^k$。$k+1$ 环的初始点取 $x_0^{k+1} = x^k, x^k$ 是第 $k$ 环沿 $p_{n+1}^k$ 方向搜索的极小点。

鲍威尔修正算法的终止条件为 $\|x^k - x_0^k\| \leqslant \varepsilon$。

鲍威尔修正算法迭代流程图如图 7.10 所示。

**例 7.12**　用鲍威尔修正算法求解 $\min f(X) = x_1^2 + x_2^2 - 3x_1 - x_1 x_2$。

取初始点 $X^{(0)} = (0,0)^{\mathrm{T}}$, 初始搜索方向 $p^{(0)} = (0,1)^{\mathrm{T}}, p^{(1)} = (1,0)^{\mathrm{T}}$。给定允许误差 $\varepsilon = 0.1$。

**解**　第一次迭代:

令 $y^0 = X^{(0)} = (0,0)^{\mathrm{T}}$, 从 $y^{(0)}$ 出发沿 $p^{(0)}$ 进行一维搜索, 有

$$y^{(0)} + \lambda_0 p^{(0)} = (0, \lambda)^{\mathrm{T}}, f(y^0 + \lambda_0 p^{(0)}) = \lambda^2$$
$$\frac{\mathrm{d}f}{\mathrm{d}\lambda} = 2\lambda = 0, \lambda_0 = 0, y^{(1)} = y^{(0)} + \lambda_0 p^{(0)} = (0,0)^{\mathrm{T}}$$

从 $y^{(1)}$ 出发沿 $p^{(1)}$ 进行一维搜索, 有

$$y^{(1)} + \lambda_1 p^{(1)} = (\lambda, 0)^{\mathrm{T}}, f(y^{(0)} + \lambda_1 p^{(1)}) = \lambda^2 - 3\lambda$$
$$\frac{\mathrm{d}f}{\mathrm{d}\lambda} = 2\lambda - 3 = 0, \lambda_1 = \frac{3}{2}, y^{(2)} = y^{(1)} + \lambda_1 p^{(1)} = \left(\frac{3}{2}, 0\right)^{\mathrm{T}}$$

$$p^{(2)} = y^2 - y^0 = \left(\frac{3}{2}, 0\right)^{\mathrm{T}}$$

因为 $\|p^{(2)}\| = \frac{3}{2} > \varepsilon$, 所以进行方向调整。由于 $f(y^{(0)}) = 0, f(y^{(1)}) = 0, f(y^{(2)}) = -\frac{9}{4}$, 按 $f(y^{(m)}) - f(y^{(m+1)}) = \max_j \left\{ f(y^{(j)}) - f(y^{(j+1)}) \right\}$, 有

$$f(y^{(1)}) - f(y^{(2)}) = \max_{j=0,1} \left\{ f(y^{(j)}) - f(y^{(j+1)}) \right\} = \frac{9}{4}$$

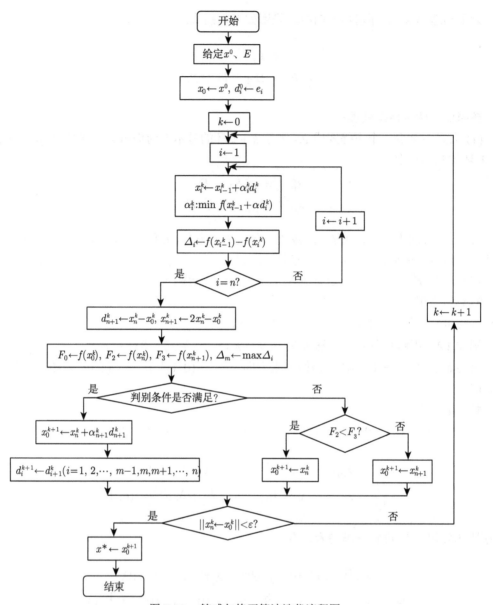

图 7.10　鲍威尔修正算法迭代流程图

故 $m = 1$，又因为

$$2y^{(2)} - y^{(0)} = (3, 0)^{\mathrm{T}}, f(2y^{(2)} - y^{(0)}) = 0$$
$$f(y^{(0)}) - 2f(y^{(2)}) + f(2y^{(2)} - y^{(0)}) = \frac{9}{2}$$
$$2(f(y^{(1)}) - f(y^{(2)})) = \frac{9}{2}$$

故搜索方向组不调整。

并令 $X^{(1)} = y^{(2)} = \left(\dfrac{3}{2}, 0\right)^{\mathrm{T}}$。

第二次迭代：

令 $y^{(0)} = X^{(1)} = \left(\dfrac{3}{2}, 0\right)^{\mathrm{T}}$，从 $y^{(0)}$ 出发沿 $p^{(0)}$ 进行一维搜索，有

$$y^{(0)} + \lambda p^{(0)} = \left(\frac{3}{2}, \lambda\right)^{\mathrm{T}}, \frac{\mathrm{d}f}{\mathrm{d}\lambda} = 0, \lambda_0 = \frac{3}{4}$$

$$y^{(1)} = y^{(0)} + \lambda_0 p^{(0)} = \left(\frac{3}{2}, \frac{3}{4}\right)^{\mathrm{T}}, f(y^{(1)}) = -\frac{45}{16}$$

从 $y^{(1)}$ 出发沿 $p^{(1)}$ 进行一维搜索，有

$$y^{(1)} + \lambda p^{(1)} = \left(\frac{3}{2} + \lambda, \frac{3}{4}\right)^{\mathrm{T}}, \frac{\mathrm{d}f}{\mathrm{d}\lambda} = 0, \lambda_1 = \frac{3}{8}$$

$$y^{(2)} = y^{(1)} + \lambda_1 p^{(1)} = \left(\frac{15}{8}, \frac{3}{4}\right)^{\mathrm{T}}, f(y^{(2)}) = -\frac{189}{64}$$

由此加速方向为

$$p^{(2)} = y^{(2)} - y^{(0)} = \left(\frac{3}{8}, \frac{3}{4}\right)^{\mathrm{T}}$$

因为 $\|p^{(2)}\| = \dfrac{3\sqrt{5}}{8} > \varepsilon$，所以进行方向调整。由于 $f(y^{(0)}) = -\dfrac{9}{4}, f(y^{(1)}) = -\dfrac{45}{16}, f(y^{(2)})$

$= -\dfrac{189}{64}$，按 $f(y^{(m)}) - f(y^{(m+1)}) = \max\limits_{j}\left\{f(y^{(j)}) - f(y^{(j+1)})\right\}$，有

$$f(y^{(0)}) - f(y^{(1)}) = \max_{j=0,1}\left\{f(y^{(j)}) - f(y^{(j+1)})\right\} = \frac{9}{16}$$

故 $m = 0$，又因为

$$2y^{(2)} - y^{(0)} = \left(\frac{9}{4}, \frac{3}{2}\right)^{\mathrm{T}}, f(2y^{(2)} - y^{(0)}) = -\frac{45}{16}$$

$$f(y^{(0)}) - 2f(y^{(2)}) + f(2y^{(2)} - y^{(0)}) < 2(f(y^{(1)}) - f(y^{(2)}))$$

故需要调整。

从 $y^{(2)}$ 出发沿 $p^{(2)}$ 进行一维搜索，有

$$y^{(2)} + \lambda p^{(2)} = \left(\frac{15}{8} + \frac{3}{8}\lambda, \frac{3}{4} + \frac{3}{4}\lambda\right)^{\mathrm{T}}, \frac{\mathrm{d}f}{\mathrm{d}\lambda} = 0, \lambda_2 = \frac{1}{3}, X^{(2)} = y^{(2)} + \lambda_2 p^{(2)} = (2, 1)^{\mathrm{T}}$$

同时，以 $p^{(2)}$ 替换 $p^{(0)}$，即下一次迭代搜索方向组取 $p^{(0)} = (1,0)^{\mathrm{T}}, p^{(1)} = \left(\dfrac{3}{8}, \dfrac{3}{4}\right)^{\mathrm{T}}$。

第三次迭代：

令 $y^{(0)} = X^{(2)} = (2, 1)^{\mathrm{T}}$，从 $y^{(0)}$ 出发沿 $p^{(0)}$ 进行一维搜索，有

$$y^{(0)} + \lambda p^{(0)} = (2 + \lambda, 1)^{\mathrm{T}}, \frac{\mathrm{d}f}{\mathrm{d}\lambda} = 0, \lambda_0 = 0, y^{(1)} = y^{(0)} + \lambda_0 p^{(0)} = (2, 1)^{\mathrm{T}}$$

从 $y^{(1)}$ 出发沿 $p^{(1)}$ 进行一维搜索，有

$$y^{(1)} + \lambda p^{(1)} = \left(2 + \frac{3}{8}\lambda, 1\frac{3}{4}\lambda\right)^{\mathrm{T}}, \frac{\mathrm{d}f}{\mathrm{d}\lambda} = 0, \lambda_1 = 0, y^{(2)} = y^{(1)} + \lambda_1 p^{(1)} = (2, 1)^{\mathrm{T}}$$

由此加速方向为 $p^{(2)} = y^{(2)} - y^{(0)} = (0, 0)^{\mathrm{T}}, \|p^{(2)}\| = 0$。

迭代终止，得此问题的最优解 $X^{(3)} = y^{(2)} = (2, 1)^{\mathrm{T}}$。

## 习　题　7

1. 用最速下降法求解
$$\min f(x) = 3x_1^2 + 2x_1 + 3x_2^2 - 4x_2$$

2. 用共轭梯度法求解
$$\min f(x) = -2x_1^2 + 4x_1 - 2x_2^2 + 6x_2 - 2x_1x_2$$

取初始点 $x^{(1)} = (1, 1)$，$\varepsilon = 0.01$。

3. 用共轭梯度法求解
$$\min f(x) = 4x_1^2 + 4x_2^2 - 12x_2 - 4x_1x_2$$

取初始点 $x^{(1)} = (-0.5, 1)$，$\varepsilon = 0.01$。

4. 用牛顿法求解
$$\min f(x) = 2x_1^4 + 2x_1x_2 - 3x_1^2 + 2x_2^2 - 3x_1 - 4x_2$$

5. 用 DFP 变尺度法求解
$$\min f(x) = x_1^2 + 4x_2^2 - 4x_1 - 8x_2$$

取 $H^{(1)} = E$，$x^{(1)} = (0, 0)$。

6. 总结各种无约束最优化方法的基本思想及特点。

# 第 8 章　约束最优化方法

　　无约束优化方法是优化方法中最基本最核心的部分。但是，在工程实际中，优化问题大都属于有约束的优化问题，即其设计变量的取值要受到一定的限制，用于求解约束优化问题最优解的方法称为约束最优化方法。由于约束最优化问题的复杂性，无论在理论研究方面，还是在实际应用中都有很大的难度。目前关于一般的约束最优化问题还没有一种普遍有效的算法。本章重点介绍几种常用的算法，力求使读者对这类问题的求解思路有一个了解。

## 8.1　约束优化方法概述

### 8.1.1　约束优化问题的类型

　　根据约束条件类型的不同可以分为三种，其数学模型分别如下。

　　(1) 等式约束优化问题。考虑问题

$$\min f(x)$$

$$\text{s.t. } h_j(x) = 0, \quad j = 1, 2, \cdots, l$$

其中，$f(x), h_j(x)(j = 1, 2, \cdots, l)$ 为 $\mathbb{R}^n \to \mathbb{R}$ 上的函数。记为 (fh) 问题。

　　(2) 不等式约束优化问题。考虑问题

$$\min f(x)$$

$$\text{s.t. } g_i(x) \leqslant 0, \quad i = 1, 2, \cdots, m$$

其中，$f(x), g_i(x)(i = 1, 2, \cdots, m)$ 为 $\mathbb{R}^n \to \mathbb{R}$ 上的函数。记为 (fg) 问题。

　　(3) 一般约束优化问题。考虑问题

$$\min f(x)$$

$$\text{s.t. } \begin{cases} g_i(x) \leqslant 0, & i = 1, 2, \cdots, m \\ h_j(x) = 0, & j = 1, 2, \cdots, l \end{cases}$$

其中，$f(x), g_i(x), h_j(x)(i = 1, 2, \cdots, m; j = 1, 2, \cdots, l)$ 为 $\mathbb{R}^n \to \mathbb{R}$ 上的函数。记为 (fgh) 问题。

### 8.1.2　约束优化方法的分类

　　约束优化方法按求解原理的不同可以分为直接法和间接法两类。

1. 直接法

直接法只能求解不等式约束优化问题的最优解。其根本做法是在约束条件所限制的可行域内直接求解目标函数的最优解。如约束坐标轮换法、复合形法等。

其基本要点：选取初始点、确定搜索方向及适当步长。搜索原则：每次产生的迭代点必须满足可行性与适用性两个条件。可行性：迭代点必须在约束条件所限制的可行域内，即满足 $g_i(x) \leqslant 0, i = 1, 2, \cdots, m$。适用性：当前迭代点的目标函数值较前一点的目标函数值是下降的，即满足

$$F\left(x^{(k+1)}\right) < F\left(x^{(k)}\right)$$

2. 间接法

间接法可以求解不等式约束优化问题、等式约束优化问题和一般约束优化问题。其基本思想是将约束优化问题通过一定的方法转化为无约束优化问题，再采用无约束优化方法进行求解。如惩罚函数法。

### 8.1.3　约束优化问题的最优解及其必要条件

1. 局部最优解与全局最优解

对于具有不等式约束的优化问题，若目标函数是凸集上的凸函数，则局部最优点就是全局最优点。如图 8.1(a) 所示，无论初始点选在何处，搜索将最终达到唯一的最优点。若目标函数或可行域至少有一个是非凸性的，则可能出现两个或更多个局部最优点，如图 8.1(b) 所示，此时全局最优点是全部局部最优点中函数值最小的一个。

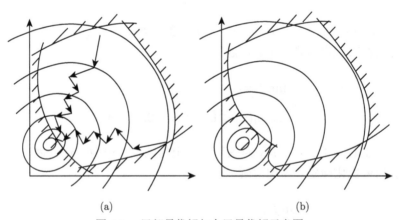

(a)　　　　　　　　　　　　　　　　(b)

图 8.1　局部最优解与全局最优解示意图

对于具有等式约束的优化问题，若出现两个或两个以上的局部最优点，则全局最优点是全部局部最优点中函数值最小的一个。

对于具有一般约束的优化问题，若出现两个或两个以上的局部最优点，则全局最优点是全部局部最优点中函数值最小且同时满足等式约束与不等式约束的一个。例如，设数学模型为

$$\min f(x) = (x_1 - 1)^2 + x_2{}^2$$

$$\text{s.t.} \begin{cases} g(x) = -x_2 - 2 \leqslant 0 \\ h(x) = (x_1 - 2)^2 - x_2{}^2 - 9 = 0 \\ x = \begin{bmatrix} x_1 & x_2 \end{bmatrix}^{\mathrm{T}} \in D \subset R^2 \end{cases}$$

该优化问题的最优点如图 8.2 所示,对于这两个局部最小点 $x_1^* = [-1, 0]^{\mathrm{T}}, x_2^* = [5, 0]^{\mathrm{T}}$,其函数值不同,$f(x_1^*) = 4, f(x_2^*) = 16$。全局最优点为 $x_1^* = [-1, 0]^{\mathrm{T}}, f^* = 4$。

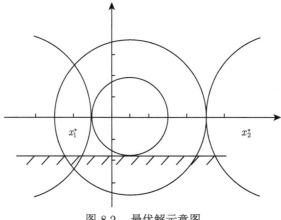

图 8.2　最优解示意图

### 2. 起作用约束与不起作用约束

对于一般约束优化问题,其约束分为两类:等式约束和不等式约束。在可行点 $x^{(k)}$ 处,对于不等式约束,若 $g_i(x^{(k)}) = 0$,则称第 $i$ 个约束 $g_i(x)$ 为可行点的起作用约束;否则,若 $g_i(x^{(k)}) < 0$,则称 $g_i(x)$ 为可行点的不起作用约束。即只有在可行域的边界上的点才有起作用约束,所有约束对可行域内部的点都是不起作用约束。对于等式约束,凡是满足该约束的任一可行点,该等式约束都是起作用约束,如图 8.3 所示。

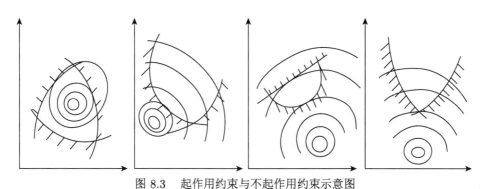

图 8.3　起作用约束与不起作用约束示意图

结论如下。

(1) 约束优化问题的最优解不仅与目标函数有关,而且与约束集合的性质有关。

(2) 在可行点 $x^{(k)}$ 处，起作用约束在该点的邻域内不但起限制可行域范围的作用，而且可以提供可行搜索方向的信息。

(3) 由于约束最优点一般发生在起作用约束上，不起作用约束在求解最优点的过程中，可以认为无任何影响，所以可以略去不起作用约束，把所有起作用约束当作等式约束问题求解最优点。

## 8.2 库恩-塔克条件

### 8.2.1 等式约束优化问题的最优性条件

下面先回顾高等数学中所学的条件极值问题。

在 $\phi(x, y) = 0$ 的条件下，求函数 $z = f(x, y)$ 的极值。即

$$\min f(x, y)$$
$$\text{s.t. } \phi(x, y)$$

首先引入拉格朗日乘子 $\lambda$，构造拉格朗日函数：

$$L(x, y; \lambda) = f(x, y) + \lambda \phi(x, y)$$

若 $(x^*, y^*)$ 是条件极值的极小点，则存在 $\lambda^*$，使方程组

$$\begin{cases} \dfrac{\partial L}{\partial x} = f_x(x^*, y^*) + \lambda^* \phi_x(x^*, y^*) = 0 \\[2mm] \dfrac{\partial L}{\partial y} f_y(x^*, y^*) + \lambda^* \phi_y(x^*, y^*) = 0 \\[2mm] \dfrac{\partial L}{\partial \lambda} \phi(x^*, y^*) = 0 \end{cases}$$

成立。

下面将其推广到多元函数情况，对于等式约束优化 (fh) 问题：

$$\min f(x)$$
$$\text{s.t. } h_j(x) = 0, \quad j = 1, 2, \cdots, l$$

其中，$f(x), h_j(x) (j = 1, 2, \cdots, l)$ 为 $\mathbb{R}^n \to \mathbb{R}$ 上的连续可微函数。这里可行域为

$$D = \{x \,|\, h_j(x) = 0, j = 1, 2, \cdots, l\}$$

这是一个条件极值问题，对于该类问题，可以建立拉格朗日函数进行求解。

$$L(x, v) = f(x) + v^{\mathrm{T}} h(x)$$

其中，$v \in \mathbb{R}^l$ 为拉格朗日乘子。若 $x^*$ 为 (fh) 的最优点，则存在 $v^* \in \mathbb{R}^l$ 使

$$\nabla f(x^*) + \sum_{j=1}^{l} v_j^* \nabla h_j(x^*) = 0$$

矩阵形式：

$$\nabla f(x^*) + v^{*T} \nabla h(x^*) = 0$$

即 $\nabla f(x^*)$ 可以表示为 $\nabla h_j(x^*)(j = 1, 2, \cdots, l)$ 的线性组合。

下面以二维为例，$l = 1$ 时的最优性条件及几何意义如图 8.4 所示。

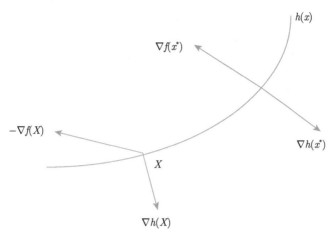

图 8.4　等式约束优化问题的最优性条件及几何意义

这里 $x^*$ 为极小点，$\nabla f(x^*)$ 与 $\nabla h(x^*)$ 共线；$X$ 非极小点，$\nabla f(X)$ 与 $\nabla h(X)$ 不共线。

一般情况下，等式约束 (fh) 优化问题的可行域 $D = \{x \mid h_j(x) = 0, j = 1, 2, \cdots, l\}$ 为 $l$ 个超曲面的交集。设 $x^* \in D$，其最优性条件为

$$\nabla f(x^*) = -\sum_{j=1}^{l} v_j^* \nabla h_j(x^*)$$

### 8.2.2　不等式约束优化问题的最优性条件

8.2.1 节介绍了等式约束问题的一阶最优性必要条件，下面讨论不等式约束 (fg) 问题解的必要条件。

考虑问题

$$\min f(x)$$
$$\text{s.t. } g_i(x) \leqslant 0, \quad i = 1, 2, \cdots, m$$

设 $x \in D = \{x \mid g_i(x) \leqslant 0, i = 1, 2, \cdots, m\}$，在点 $x$ 处，向量 $g(x) \leqslant 0$ 中有的分量是以严格不等式成立，有的是以等式成立。令 $I = \{i \mid g_i(x) = 0, i = 1, 2, \cdots, m\}$，称 $I$ 为点 $x$ 处的起作用集 (紧约束集)。

如果 $x^*$ 是极小点，对于 $g_i(x)$，$i \notin I$，$g_i(x)$ 没有起作用，因为它们在 $x^*$ 的邻域内，对点的可行性没有限制作用；对于 $g_i(x)$，$i \in I$ 中，只有在那些使 $g_i(x)$ 变为大于零的方向上有限制，对使 $g_i(x)$ 变为小于或等于零的方向上也没有限制。对每一个约束函数来说，只有当它是起作用约束时，才产生影响，如图 8.5 所示。

$$g_2(x^*) < 0x^*, \quad g_1(x^*) = 0$$

从图 8.5 可以看出，$g_1(x^*) = 0$，因此 $g_1$ 为起作用约束。$g_2(x^*) < 0$，$g_2$ 为不起作用约束。

以二维情况为例，设 $m = 1$，在图 8.6 中，在 $x^*$ 点，当 $-\nabla f(x^*)$ 与 $\nabla g(x^*)$ 方向相同，即当沿着 $f(x)$ 下降方向前进时，$g(x)$ 上升就变得大于零，于是 $x$ 变得不可行，因此 $x^*$ 是极小点；在 $X$ 点，虽然 $\nabla f(X)$ 与 $\nabla g(X)$ 共线，但沿 $f(X)$ 下降方向使 $g(X)$ 也变小，因此 $X$ 不是极小点。即要使函数值下降，必须使 $g(X)$ 值变大，则在 $X$ 点使 $f(X)$ 下降的方向 ($-\nabla f(x)$ 方向) 指向约束集合内部，因此 $X$ 不是极小点。

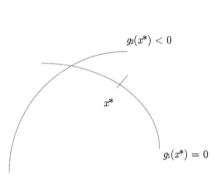

图 8.5　起作用约束示意图

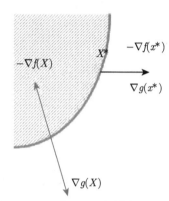

图 8.6　$f(x)$ 与 $g(x)$ 的梯度方向关系图

因此在极小点 $X^*$ 处有

$$\nabla f(X^*) + u^* \nabla g(X^*) = 0, \ u^* > 0$$

对于不等式约束问题有如下最优性定理，它的结论称为库恩-塔克 (Kuhn-Tucker，K-T) 条件。

**定理 8.1** (最优性必要条件)　K-T 条件。

问题 (fg)，设 $S = \{x \,|\, g_i(x) \leqslant 0\}, x^* \in S, I$ 为 $x^*$ 点处的起作用集，设 $f(x), g_i(x), i \in I$ 在 $x^*$ 点可微，$g_i(x), i \notin I$ 在 $x^*$ 点连续。向量组 $\{\nabla g_i(x^*), i \in I\}$ 线性无关。

如果 $x^*$ 是最优点，则存在 $u_i^* \geqslant 0, i \in I$ 使

$$\nabla f(x^*) + \sum_{i \in I} u_i^* \nabla g_i(x^*) = 0 \tag{8.1}$$

如果进一步有 $g_i(x)$ 在 $x^*$ 处可微，$\forall i$。那么

$$\begin{cases} \nabla f(x^*) + \sum\limits_{i=1}^{m} u_i^* \nabla g_i(x^*) = 0 \\ u_i^* \geqslant 0, \quad i = 1, 2, \cdots, m \\ u_i^* g_i(x^*) = 0, \quad i = 1, 2, \cdots, m \text{(互补松弛条件)} \end{cases} \tag{8.2}$$

满足 K-T 条件的点 $x^*$ 称为 K-T 点。

对于互补松弛条件 $u_i^* g_i(x^*) = 0,\ i = 1, 2, \cdots, m$。由于 $u_i^* \geqslant 0, g_i(x^*) \leqslant 0,\ i = 1, 2, \cdots, m$，因此当 $i \notin I$ 时，$g_i(x^*) < 0$，一定有 $u_i^* = 0$。因此，除可微性的要求外，式 (8.1) 与式 (8.2) 是等价的。

K-T 条件的几何意义是目标函数的负梯度 $-\nabla f(x^*)$ 可以表示为紧约束函数梯度的非负组合。

### 8.2.3 一般约束优化问题的最优性条件

下面考虑一般约束 (fgh) 优化问题，由上述不等式约束优化与等式约束优化问题解的必要条件，结合定理 8.1，可以推出一般约束优化问题最优解的条件如下。

**定理 8.2** 考虑一般约束 (fgh) 优化问题，设 $S = \{x | g_i(x) \leqslant 0, h_j(x) = 0, i = 1, 2, \cdots, m; j = 1, 2, \cdots, l\}$，$x^* \in S, I$ 为 $x^*$ 点处的起作用集，设 $f(x), g_i(x), i \in I, h_j(x) = 0, j = 1, 2, \cdots, l$ 在 $x^*$ 点可微，$g_i(x), i \notin I$ 在 $x^*$ 点连续。向量组 $\{\nabla g_i(x^*), i \in I, \nabla h_j(x^*), j = 1, 2, \cdots, l\}$ 线性无关。

如果 $x^*$ 是最优点，则存在 $u_i^* \geqslant 0, i \in I$，$v_j, j = 1, 2, \cdots, l$ 使

$$\nabla f(x^*) + \sum_{i=1}^{m} u_i^* \nabla g_i(x^*) + \sum_{j=1}^{l} v_j^* \nabla h_j(x^*) = 0 \tag{8.3}$$

如果进一步有 $g_i(x)$ 在 $x^*$ 处可微，$\forall i$。那么

$$\begin{cases} \nabla f(x^*) + \sum_{i=1}^{m} u_i^* \nabla g_i(x^*) + \sum_{j=1}^{l} v_j^* \nabla h_j(x^*) = 0 \\ u_i^* \geqslant 0, \quad i = 1, 2, \cdots, m \\ u_i^* g_i(x^*) = 0 \end{cases} \tag{8.4}$$

$u_i^* g_i(x^*) = 0,\ i = 1, 2, \cdots, m$ 为互补松弛条件。满足 K-T 条件的点 $x^*$ 称为 K-T 点。

**例 8.1** 求下列非线性规划的 K-T 点。

$$\min f(x_1, x_2) = (x_1 - 3)^2 + (x_2 - 2)^2$$

$$\text{s.t.} \begin{cases} g_1(x_1, x_2) = x_1^2 + x_2^2 - 5 \leqslant 0 \\ g_2(x_1, x_2) = x_1 + 2x_2 - 4 \leqslant 0 \\ g_3(x_1, x_2) = -x_1 \leqslant 0 \\ g_4(x_1, x_2) = -x_2 \leqslant 0 \end{cases}$$

由图解法容易求得最优解为 $x^* = (2, 1)^{\mathrm{T}}$，见图 8.7，验证 $x^*$ 点是 K-T 点。

由于 $\begin{cases} g_1(x_1, x_2) = 0 \\ g_2(x_1, x_2) = 0 \end{cases}$，交点 $x^* = (2, 1)^{\mathrm{T}}$ 起作用集 $I = \{1, 2\}$，

$$\nabla g_1(x^*) = (2x_1^*, 2x_2^*)^{\mathrm{T}} = (4, 2)^{\mathrm{T}}$$

$$\nabla g_2(x^*) = (1, 2)^{\mathrm{T}}$$

$$\nabla f(x^*) = (2(x_1^* - 3), 2(x_2^* - 2))^{\mathrm{T}} = (-2, -2)^{\mathrm{T}}$$

计算可得

$$u_1^* = \frac{1}{3}, \; u_2^* = \frac{2}{3}$$

使 $\nabla f(x^*) + \frac{1}{3}\nabla g_1(x^*) + \frac{2}{3}\nabla g_2(x^*) = 0$，说明在 $x^*$ 点满足 K-T 条件。

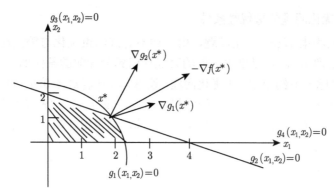

图 8.7　例 8.1 的 K-T 点

下面利用 K-T 条件求解：

$$\nabla f(x_1, x_2) = \begin{pmatrix} 2(x_1 - 3) \\ 2(x_2 - 2) \end{pmatrix}, \nabla g_1(x_1, x_2) = \begin{pmatrix} 2x_1 \\ 2x_2 \end{pmatrix}, \nabla g_2(2) = \begin{pmatrix} 1 \\ 2 \end{pmatrix}$$

$$\nabla g_3(x_1, x_2) = \begin{pmatrix} -1 \\ 0 \end{pmatrix}, \nabla g_4(x_1, x_2) = \begin{pmatrix} 0 \\ -1 \end{pmatrix}$$

$$\begin{cases} \nabla f(x_1, x_2) + \sum_i^m u_i \nabla g_i(x_1, x_2) \\ u_i \geqslant 0, i = 1, 2, \cdots, m \\ u_i g_i(x_1, x_2) = 0 \end{cases}$$

$$2(x_1 - 3) + u_1 2x_1 + u_2 - u_3 = 0 \tag{1}$$

$$2(x_2 - 2) + u_1 2x_2 + 2u_2 - u_4 = 0 \tag{2}$$

$$u_1, u_2, u_3, u_4 \geqslant 0$$

$$u_1(x_1^2 + x_2^2 - 5) = 0 \tag{3}$$

$$u_2(x_1 + x_2 - 4) = 0 \tag{4}$$

$$u_3 x_1 = 0 \tag{5}$$

$$u_4 x_2 = 0 \tag{6}$$

可能的 K-T 点出现在下列情况。

(1) 两约束曲线的交点：$g_1$ 与 $g_2$，$g_1$ 与 $g_3$，$g_1$ 与 $g_4$，$g_2$ 与 $g_3$，$g_2$ 与 $g_4$，$g_3$ 与 $g_4$。

(2) 目标函数与一条曲线相交的情况：$g_1$，$g_2$，$g_3$，$g_4$。

对每一个情况求得满足 (1)~(6) 的点 $(x_1, x_2)^{\mathrm{T}}$ 及乘子 $u_1, u_2, u_3, u_4$，且 $u_i \geqslant 0$ 时，即为一个 K-T 点。举例如下。

(1)$g_1$ 与 $g_2$ 交点：$x = (2,1)^{\mathrm{T}} \in S, I = \{1,2\}$ 则 $u_3 = u_4 = 0$。解

$$\begin{cases} 2(x_1 - 3) + 2u_1 x_1 + u_2 = 0 \\ 2(x_2 - 2) + 2u_1 x_2 + 2u_2 = 0 \end{cases}$$

得

$$u_1 = \frac{1}{3}, u_2 = \frac{2}{3} > 0$$

故 $x = (2,1)^{\mathrm{T}}$ 是 K-T 点。

(2)$g_1$ 与 $g_3$ 交点：

$$\begin{cases} x_1^2 + x_2^2 - 5 = 0 \\ x_1 = 0 \end{cases}$$

得 $x = (0, \pm\sqrt{5})^{\mathrm{T}}$，$(0, -\sqrt{5})^{\mathrm{T}} \notin S$，故不是 K-T 点；$(0, \sqrt{5})^{\mathrm{T}} \notin S$，不满足 $g_2 \leqslant 0$，故不是 K-T 点。

(3)$g_3$ 与 $g_4$ 交点：$x = (0,0)^{\mathrm{T}} \in S$，$I = \{3,4\}$ 故 $u_1 = u_2 = 0$。解

$$\begin{cases} 2(0 - 3) - u_3 = 0 \\ 2(0 - 2) - u_4 = 0 \end{cases}$$

得 $u_3 = -6 < 0, u_4 = -4 < 0$ 故不是 K-T 点。

(4) 目标函数 $f(x)$ 与 $g_1(x) = 0$ 相切的情况：$I = \{1\}$，则 $u_2 = u_3 = u_4 = 0$。解

$$\begin{cases} 2(x_1 - 3) + 2x_1 u_1 = 0 \\ 2(x_2 - 2) + 2x_2 u_1 = 0 \\ x_1^2 + x_2^2 - 5 = 0 \end{cases}$$

得

$$\left( \pm\sqrt{\frac{45}{13}} \pm\sqrt{\frac{20}{13}} \right) \notin S$$

$$g_2(x_1, x_2) = \sqrt{\frac{45}{13}} + 2\sqrt{\frac{20}{13}} - 4 = 7\sqrt{\frac{5}{13}} - 4 = 0.34 > 0$$

故均不是 K-T 点。

K-T 条件的几何意义是，在约束极小点处，目标函数的负梯度一定能表示为所有起作用约束在该点梯度的线性组合，如图 8.8 所示。

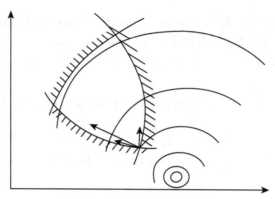

图 8.8　K-T 条件的几何意义

　　K-T 条件是确定某点为最优点的必要条件，只要是最优点，且此处起作用约束的梯度线性无关，它就一定满足这个条件，但一般来说，它并不是充分条件。因而满足 K-T 条件的点不一定是最优点。但对于凸规划，K-T 条件是最优点存在的充要条件。

　　**定理 8.3**　设 $f(x), g_i(x), h_j(x)(i = 1, 2, \cdots, m;\ j = 1, 2, \cdots, l)$ 在 $x^*$ 处连续可微，且 $f(x), g_i(x)$ 为凸函数，$h_j(x)$ 为线性函数，若 $x^*$ 是非线性规划的 K-T 点的充要条件是 $x^*$ 是其全局极小点。

　　由定理 8.3 可知，线性规划的 K-T 点必然是最优解。

　　**例 8.2**　求非线性规划的 K-T 点及全局最优解：

$$\min f(x_1, x_2) = (x_1 - 2)^2 + (x_2 - 3)^2$$

$$\text{s.t.} \begin{cases} -(2 - x_1)^3 + x_2 \leqslant 0 \\ -2x_1 + x_2 = -1 \end{cases}$$

　　**解**　因为

$$\nabla f(x) = (2(x_1 - 2),\ 2(x_2 - 3))^{\mathrm{T}}$$

$$\nabla g(x) = \begin{bmatrix} 3(2 - x_1)^2 \\ 1 \end{bmatrix}, \nabla h(x) = (-2, 1)^{\mathrm{T}}$$

故 K-T 条件为

$$\begin{cases} 2(x_1 - 2) + 3\lambda(2 - x_1)^2 - 2\mu = 0 \\ 2(x_2 - 3) + \lambda + \mu = 0 \\ \lambda(x_2 - (2 - x_1)^3) = 0 \\ x_2 - 2x_1 + 1 = 0 \\ \lambda \geqslant 0 \end{cases}$$

下面分两种情况讨论。

(1) $\lambda = 0$:

$$\begin{cases} 2(x_1 - 2) - 2\mu = 0 \\ 2(x_2 - 3) + \mu = 0 \\ x_2 - 2x_1 + 1 = 0 \end{cases}$$

解得

$$x_1 = 2, \quad x_2 = 3, \quad \mu = 0$$

代入原问题, 它不是可行解, 故不是 K-T 点।

(2) $\lambda \neq 0$:

$$\begin{cases} 2(x_1 - 2) + 3\lambda(2 - x_1)^2 - 2\mu = 0 \\ 2(x_2 - 3) + \lambda + \mu = 0 \\ \lambda(x_2 - (2 - x_1)^3) = 0 \\ x_2 - 2x_1 + 1 = 0 \end{cases}$$

解得

$$x_1 = 1, \quad x_2 = 1, \quad \lambda = 2, \quad \mu = 2$$

经检验 $x = (1,1)^{\mathrm{T}}$ 是原问题的可行解, 故它是 K-T 点। 因为 $f, g$ 是凸函数, $h$ 是线性函数, 所以 $x^* = (1,1)^{\mathrm{T}}$ 是全局最优解। 在实际问题讨论中, 常常会对决策变量附加非负的限制।

## 8.3　罚函数法与障碍函数法

### 8.3.1　罚函数法

罚函数法是一种使用很广泛、很有效的间接解法। 它的基本原理是将约束优化问题中的不等式约束和等式约束经过加权转化后, 与原目标函数一起构成新的目标函数, 从而把约束优化问题转化为一系列无约束优化问题। 常用的方法有两种: 一个是罚函数法 (又称为外点法), 另一个是障碍函数法 (又称为内点法)।

从适用性来说, 罚函数法适合于凸与非凸规划、线性与非线性规划约束, 其突出优点就是突破了通常必须在可行域内进行搜索的限制। 通过构造一个由目标函数和约束函数组成的罚函数, 对违反约束的点在目标函数中加入惩罚, 对可行点则不予惩罚। 迭代点通常在可行域外部移动, 随着迭代的进行, 惩罚也不断加大, 迫使迭代点成为可行点, 进而再寻求最优点।

下面考虑不等式约束 (fg) 优化问题:

$$\begin{aligned} &\min f(x) \\ &\text{s.t. } g_i(x) \leqslant 0, i = 1, 2, \cdots, m \end{aligned}$$

仿照拉格朗日乘子法, 将目标函数 $f(x)$ 与约束条件 $g_i(x) \leqslant 0 (i = 1, 2, \cdots, m)$ 结合在一起, 构成一个新的函数, 从而实现有约束规划问题向一系列无约束优化问题转化। 为此引入广义函数：

$$\phi(t) = \begin{cases} 0, & t \geqslant 0 \\ \infty, & t < 0 \end{cases}$$

取 $t = g_i(x)$，则有

$$\phi(g_i(x)) = \begin{cases} 0, & x \in D \\ \infty, & X \notin D \end{cases}, \quad i = 1, 2, \cdots, m$$

其中，$D = \{x \mid g_i(x) \leqslant 0, i = 1, 2, \cdots, m\}$。

于是函数的两种状态刻画了点 $x$ 或在可行域内或在可行域外的两种情况。

构造辅助函数

$$P(x) = f(x) + \sum_{i=1}^{m} \phi(g_i(x))$$

求该函数的极小点。

因 $\phi(g_i(x))$ 只取 $0$ 与 $\infty$ 两值，因此只有取 $0$ 时才能使 $\min P(x)$ 有意义，从而有 $\phi(g_i(x)) = 0$，$i = 1, 2, \cdots, m$。同时可推出 $\min P(x) = \min f(x) = f(x^*)$ 及 $x^* \in D$。

由于广义函数不便进行数学处理，无连续、可微等良好性质，为此将 $\phi(t)$ 改善为经典函数并保存转化功能，取

$$\phi(t) = \begin{cases} 0, & t \geqslant 0 \\ t^2, & t < 0 \end{cases}$$

取 $t = g_i(x)$，则有

$$\phi(g_i(x)) = \begin{cases} 0, & x \in D \\ g_i^2(x), & x \notin D \end{cases} = [\max(0, g_i^2(x))]^2, \quad i = 1, 2, \cdots, m$$

当 $x \in D$ 时，有

$$\sum_{i=1}^{m} \phi(g_i(x)) = 0$$

当 $x \notin D$ 时，有

$$0 < \sum_{i=1}^{m} \phi(g_i(x)) < \infty$$

相应地修正辅助函数 $P(x)$ 为

$$P(x, M) = f(x) + M \sum_{i=1}^{m} (\max(0, g_i(x)))^2$$

$M$ 为很大的正实数。

称 $P(x, M)$ 为罚函数, $M$ 为罚因子, $M \sum_{i=1}^{m} (\max(0, g_i(x)))^2$ 为罚项。

随着 $M$ 的逐渐增大, 得到一系列无约束极值问题:

$$
\begin{aligned}
& \min P(x, M) \\
& \text{s.t. } x \in D
\end{aligned} \tag{8.5}
$$

对于第一个 $M > 0$, 求得问题 (8.3) 的最优解 $x_M$, 当 $x_M \in D$ 时, $x_M$ 即为原问题的最优解 $x^*$。事实上, 任取 $x \in D$, 有

$$
f(x) = f(x) + M \sum_{i=1}^{m} (\max(0, g_i(x)))^2 = P(x, M) \geqslant P(x_M, M) = f(x_M)
$$

取一严格单调递增且近于 $+\infty$ 的罚因子数列 $\{M_k\}$, 即

$$
0 < M_1 < M_2 < \cdots < M_k < \cdots
$$

对应于罚函数数列为

$$
P(x, M_k) = f(x) + M_k \sum_{i=1}^{m} (\max(0, g_i(x)))^2, \quad k = 1, 2, \cdots
$$

显然, 罚因子越大, 罚项作用越大。设对应问题 (8.3) 的最优解为 $x^{(k)}$, 可以证明, 在一定条件下, 存在某个 $k_0$, 使 $x^{(k_0)} \in D$, 且 $x^{(k_0)} = x^*$, 或者 $\{x^{(k)}\}$ 的任一极限点为 $x^*$。

与不等式约束类似, 对于等式约束 (fh) 优化问题:

$$
\begin{aligned}
& \min f(x) \\
& \text{s.t. } h_j(x) = 0, \quad j = 1, 2, \cdots, l
\end{aligned}
$$

采用以下形式的罚函数:

$$
P(x, M) = f(x) + M \sum_{j=1}^{l} (h_j(x))^2
$$

对于既包含等式约束又包含不等式约束的一般约束 (fgh) 优化问题:

$$
\begin{aligned}
& \min f(x) \\
& \text{s.t. } \begin{cases} g_i(x) \leqslant 0, & i = 1, 2, \cdots, m \\ h_j(x) = 0, & j = 1, 2, \cdots, l \end{cases}
\end{aligned}
$$

其罚函数的形式为

$$
P(x, M) = f(x) + M \sum_{j=1}^{l} (h_j(x))^2 + M \sum (\max\{0, g_i(x)\})^2
$$

罚函数法计算步骤如下。

第一步：取 $M_1 > 0$(一般取 $M_1 = 1$)，允许误差 $\varepsilon > 0$，令 $k = 1$。

第二步：求无约束极值问题：

$$\min P(x, M_k) = P(x^{(k)}, M_k)$$

$$P(x, M_k) = f(x) + M_k \sum_{i=1}^{m} (\max(0, g_i(x)))^2$$

第三步：若有某一 $i(1 \leqslant i \leqslant m)$，使得 $g_i(x^{(k)}) \leqslant \varepsilon$，则取 $M_{k+1} > M_k$(可取 $M_{k+1} = cM_k, c = 5$ 或 $c = 10$)。令 $k = k + 1$，转第二步。否则，停止迭代，取 $x^{(k)} = x^*$。

罚函数法的经济意义：若把目标函数 $f(x)$ 看作某种价格，约束条件 $g_i(x) \leqslant 0$ 看作某些规定，非线性规划问题就是某人必须在规定条件下购置货物并追求最低价格的问题。为执行规定，另立一笔罚款 $M \sum_{i=1}^{m} (\max(0, g_i(x)))^2$。若符合规定 $(x \in D)$，则罚款为零；若违反规定 $(x \notin D)$，则罚款巨大。于是自然得到：

$$总价(P) = 价格 + 罚款$$

而现在追求的目标是使总价 $(P)$ 最小。当罚因子充分大时，违反规定的罚款额是难以承受的，从而永远达不到总价 $(P)$ 最小的目标，这就迫使人们必须在规定的条件下进行购买，即想方设法去掉罚款。一旦获得使总价 $(P)$ 最小的解，此解也就符合规定，因此也就是原问题的最优解。

**例 8.3**　用罚函数法求下列问题的约束最优解

$$\min f(x) = x_1^2 + x_2^2$$
$$\text{s.t. } g(x) = 1 - x_1 \leqslant 0$$

**解**　令

$$P(x) = x_1^2 + x_2^2 + M(x_1 - 1)^2$$

$$\begin{cases} \dfrac{\partial P}{\partial x_1} = 2x_1 + 2M(x_1 - 1) = 0 \\ \dfrac{\partial P}{\partial x_2} = 2x_2 = 0 \end{cases}$$

解得

$$\begin{cases} x_1 = \dfrac{M}{M + 1} \\ x_2 = 0 \end{cases}$$

当 $M \to \infty$ 时，$(x_1, x_2) \to (1, 0), (1, 0) \in D$，如图 8.9 所示。

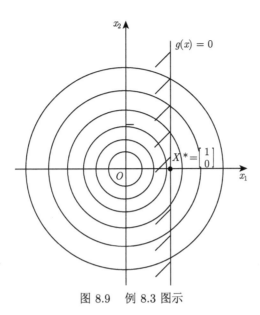

图 8.9 例 8.3 图示

**例 8.4** 用罚函数法求该问题的约束最优解

$$\min f(x) = x_1^2 + x_2$$

$$\text{s.t.} \begin{cases} g_1(x) = x_1^2 - x_2 \leqslant 0 \\ g_2(x) = -x_1 \leqslant 0 \end{cases}$$

**解** $P(x) = x_1^2 + x_2 + M\left((-x_1^2 + x_2)^2 + x_1^2\right)$

$$\begin{cases} \dfrac{\partial P}{\partial x_1} = 2x_1 + M\left(2(-x_1^2 + x_2)2x_1 + 2x_1\right) = 0 \\ \dfrac{\partial P}{\partial x_2} = 1 + 2M(-x_1^2 + x_2)(-1) = 0 \end{cases}$$

$$2(-x_1^2 + x_2) = -1/M$$

$$x_1(2 + M) = 0$$

由于 $M > 0$，所以 $x_1 = 0$，$x_2 = -\dfrac{1}{2M}$。当 $M \to \infty$ 时，$(x_1, x_2) \to (0,0)$，$(0,0) \in D$。

### 8.3.2 障碍函数法

与罚函数法不同，障碍函数法要求迭代过程始终在可行域内部进行，其初始点必须选在可行域内部，再在可行域边界上设置一道"障碍"，当迭代点由可行域内部靠近边界时，目标函数将取值很大，迫使迭代点留在可行域内部，因此又称为内点法。内点法只能求解具有不等式约束的优化问题。

下面考虑不等式约束 (fg) 优化问题：

$$\min f(x)$$

$$\text{s.t.} \ g_i(x) \leqslant 0, i = 1, 2, \cdots, m$$

保证迭代点在可行域内部的方法就是构造障碍函数：

$$\overline{P}(x,r) = f(x) + rB(x)$$

其中，$rB(x)$ 为障碍项，$r > 0$ 为障碍因子，当迭代点趋向边界时，函数 $rB(x) \to \infty$。

$B(x)$ 的两种重要形式如下。

(1) 倒数型：

$$B(x) = -\sum_{i=1}^{m} \frac{1}{g_i(x)}$$

(2) 对数型：

$$B(x) = -\sum_{i=1}^{m} \ln\left[-g_i(x)\right]$$

由于 $r$ 是很小的正数，当迭代点 $x$ 趋向边界时，$\overline{P}(x,r) \to \infty$；否则 $\overline{P}(x,r) \approx f(x)$。因此通过求解

$$\min \overline{P}(x, r_k)$$
$$\text{s.t.} x \in \text{int} D$$

其中，int 表示在 $D$ 的内部。

由于函数 $B(x)$ 的存在，相当于在可行域的边界形成 "围墙"，当迭代点接近边界时，就因为 "围墙" 而自动折回。因此求障碍函数的极小值实质就是求一个无约束优化问题。

与罚函数法类似，采用的也是序列无约束极小化方法，取一严格单调且趋于 0 的障碍因子数列 $\{r_k\}$：

$$r_1 > r_2 > \cdots > r_k > \cdots, \lim_{k \to \infty} r_k = 0$$

对于每个 $r_k$，从可行域内部出发，求解问题

$$\min \overline{P}(x, r_k)$$
$$\text{s.t.} x \in \text{int} D$$

障碍函数法计算步骤如下。

第一步：给定初始内点 $x^{(0)} \in \text{int} D$，初始障碍因子 $r_1 > 0$，缩小系数 $\beta \in (0,1)$，允许误差 $\varepsilon > 0$，令 $k = 1$。

第二步：构造障碍函数 (可采用倒数函数，也可以采用对数函数)。

第三步：以 $x^{(k-1)}$ 为初始点，求无约束极值问题：

$$\min \overline{P}(x, r_k)$$
$$\text{s.t.} \ x \in \text{int} D$$

设求得极小点为 $x^{(k)}$。

第四步：若 $rB(x) < \varepsilon$ 停止迭代，得近似解 $x^{(k)}$，否则，令 $r_{k+1} = \beta r_k$，$k = k + 1$，转第三步。

**例 8.5**　用障碍函数法求例 8.3 的最优解

$$\min f(x) = x_1^2 + x_2^2$$
$$\text{s.t. } g(x) = 1 - x_1 \leqslant 0$$

**解**　令 $P(x) = x_1^2 + x_2^2 - r\ln(x_1 - 1)$

$$\begin{cases} \dfrac{\partial P}{\partial x_1} = 2x_1 - \dfrac{r}{x_1 - 1} = 0 \\[3mm] \dfrac{\partial P}{\partial x_2} = 2x_2 = 0 \end{cases}$$

$$\begin{cases} x_1 = \dfrac{1 + \sqrt{1 + 2r}}{2} \\[3mm] x_2 = 0 \end{cases}$$

当 $r \to 0$ 时，$(x_1, x_2) \to (0, 0)$。

**例 8.6**　用障碍函数法求例 8.4 的最优解

$$\min f(x) = x_1^2 + x_2$$
$$\text{s.t. } \begin{cases} g_1(x) = x_1^2 - x_2 \leqslant 0 \\ g_2(x) = -x_1 \leqslant 0 \end{cases}$$

**解**　令 $P(x) = x_1^2 + x_2 - r\ln(-x_1^2 + x_2) - r\ln(x_1)$

$$\begin{cases} \dfrac{\partial P}{\partial x_1} = 2x_1 - \dfrac{2rx_1}{-x_1^2 + x_2} - \dfrac{r}{x_1} = 0 \\[3mm] \dfrac{\partial P}{\partial x_2} = 1 - \dfrac{r}{-x_1^2 + x_2} = 0 \end{cases}$$

解得

$$\begin{cases} x_1 = \dfrac{\sqrt{r}}{2} \\[3mm] x_2 = \dfrac{5}{4}r \end{cases}$$

当 $r \to 0$ 时，$(x_1, x_2) \to (0, 0)$。

**例 8.7**　用障碍函数法求解

$$\min f(x) = \dfrac{1}{12}(x_1 + 1)^3 + x_2$$
$$\text{s.t. } \begin{cases} g_1(x) = 1 - x_1 \leqslant 0 \\ g_2(x) = -x_2 \leqslant 0 \end{cases}$$

**解**　令 $P(x) = \dfrac{1}{12}(x_1+1)^3 + x_2 + r\left(\dfrac{1}{x_1-1} + \dfrac{1}{x_2}\right)$

$$
\begin{cases}
\dfrac{\partial P}{\partial x_1} = \dfrac{1}{4}(x_1+1)^2 - \dfrac{r}{(x_1-1)^2} = 0 \\[3mm]
\dfrac{\partial P}{\partial x_2} = 1 - \dfrac{r}{x_2^2} = 0
\end{cases}
$$

解得

$$
\begin{cases}
x_1 = \sqrt{1 + 2\sqrt{r}} \\
x_2 = \sqrt{r}
\end{cases}
$$

当 $r \to 0$ 时，$(x_1, x_2) \to (1, 0)$。

### 8.3.3　混合罚函数法

　　通过分析罚函数法与障碍函数法的函数构造可知，当要求在迭代过程中始终满足某些约束条件时，就需要使用障碍函数法 (对这些约束条件而言)；然而障碍函数法不能处理等式约束。因此人们自然希望将罚函数法和障碍函数法结合使用。即对等式约束和当前不被满足的不等式约束，使用罚函数法；对所有满足的那些不等式约束，使用障碍函数法，这就是混合罚函数法。因此，混合罚函数法可以求解具有不等式约束和等式约束问题的优化问题，也可以求解一般约束优化问题。

　　对于一般约束 (fgh) 优化问题：

$$
\min f(x)
$$
$$
\text{s.t. } \begin{cases}
g_i(x) \leqslant 0, & i = 1, 2, \cdots, m \\
h_j(x) = 0, & j = 1, 2, \cdots, l
\end{cases}
$$

混合罚函数的形式为

$$
P(x) = f(x) + \dfrac{1}{r^{(k)}}\left\{ \sum_{j=1}^{l}[h_i(x)]^2 + \sum_{i \in S_k}[\min(0, g_i(x))]^2 \right\} - r^{(k)}\sum_{i \in T_k}\ln(-g_i(x))
$$

其中，$T_k = \{i\,|\,g_i(x) < 0, 1 \leqslant i \leqslant m\}$，$S_k = \{i\,|\,g_i(x) \geqslant 0, 1 \leqslant i \leqslant m\}$，$r^{(k)}$ 是严格单调且趋于 0 的数列 $\{r^{(k)}\}$：

$$
r^{(1)} > r^{(2)} > \cdots > r^{(k)} > \cdots, \quad \lim_{k \to \infty} r^{(k)} = 0
$$

　　**例 8.8**　用混合罚函数法求约束最优问题最优解：

$$
\min f(x) = \ln x_1 - x_2
$$
$$
\text{s.t. } \begin{cases}
g(x) = 1 - x_1 \leqslant 0 \\
h(x) = x_1^2 + x_2^2 - 4 = 0
\end{cases}
$$

**解**

$$P(x) = \ln x_1 - x_2 + \frac{1}{r}(x_1^2 + x_2^2 - 4)^2 - r \ln(x_1 - 1)$$

给定初始点 $x^{(0)}$($x^{(0)}$ 满足 $x_1 > 1$),选择初始 $r_0 = 1$,用无约束条件下多变量函数的寻优方法,求罚函数的无约束极小点 $x^{(1)}$,然后减小障碍因子 $r$ 的值,仍然用多变量函数的寻优方法,求罚函数的极小点 $x^{(2)}$,如此继续采用序列无约束最小化方法,可得近似极小点序列,其极限就是原问题的最优解。

将 $r$ 取不同的值得到的近似极小点,具体计算结果如表 8.1 所示。

表 8.1 例 8.8 的计算结果

| $r_k$ | 1 | 1/4 | 1/16 | 1/64 | 1/256 | $r \to 0$ |
|---|---|---|---|---|---|---|
| $x_1$ | 1.553 | 1.1159 | 1.040 | 1.010 | 1.002 | 1 |
| $x_2$ | 1.334 | 1.641 | 1.711 | 1.727 | 1.731 | $\sqrt{3}$ |

### 8.3.4 乘子法

以上介绍的罚函数法、障碍函数法、混合罚函数法均采用序列无约束最小化方法,不必计算导数,方法简单,使用方便。但罚函数法存在着固有的缺点,即随着罚因子或障碍因子趋向极限,罚函数的黑塞矩阵的条件数无限增大,因此罚函数的黑塞矩阵会变得越来越病态,罚函数的这种病态给约束极小化带来了一定的困难,为了克服这一缺点,Powell 和 Hestenes 于 1964 年各自独立地提出了乘子法。下面先介绍等式约束优化问题的乘子法,然后推广到一般约束优化问题的情况。

1. 等式约束优化问题的乘子法

$$\begin{aligned} &\min f(x) \\ &\text{s.t. } h_j(x) = 0, \quad j = 1, 2, \cdots, l \end{aligned}$$

建立比较一般的乘子罚函数法,或称为增广拉格朗日函数。

乘子罚函数:

$$\phi(x, v, \mu) = f(x) + \sum_{j=1}^{l} v_j h_j(x) + \sum_{j=1}^{l} \mu_j h_j^2(x) = f(x) + v^{\mathrm{T}} h(x) + h^{\mathrm{T}}(x) M h(x)$$

其中,$v \in \mathbb{R}^l$ 为乘子,$\mu \in \mathbb{R}^l$ 为罚因子。$M = \mathrm{diag}(\mu_1, \mu_2, \cdots, \mu_l)$ 为对角矩阵,$\mu > 0$。上式中前两项实际上就是等式约束优化问题的拉格朗日函数。求解

$$\begin{aligned} &\min \phi(x, v^{(k)}, \mu^{(k)}) \\ &\text{s.t. } x \in D \end{aligned}$$

得到

$$x^{(k+1)}, k = 0, 1, 2, \cdots$$

若 $h(x^{(k+1)}) = 0$ 得到解 $x^{(k+1)}$ 及乘子 $v^{(k)}$;否则调整 $v^{(k)}$ 及 $\mu^{(k)}$。

**2. 一般约束优化问题的乘子法**

对于一般约束 (fgh) 优化问题：

$$\min f(x)$$
$$\text{s.t.} \begin{cases} g_i(x) \leqslant 0, & i = 1, 2, \cdots, m \\ h_j(x) = 0, & j = 1, 2, \cdots, l \end{cases}$$

为了将其转化为等式约束优化问题，对不等式约束引入松弛变量 $z \in \mathbb{R}^m$，并且 $z \geqslant 0$。则一般约束 (fgh) 优化问题变为

$$\min f(x)$$
$$\text{s.t.} \begin{cases} g_i(x) + z_i = 0, & i = 1, 2, \cdots, m \\ h_j(x) = 0, & j = 1, 2, \cdots, l \end{cases}$$

上式就变为 $m + n$ 个等式的约束优化问题，可以用前面的方法进行求解。

乘子法是 20 世纪 70 年代以来发展起来的较为有效的求解约束优化问题的方法之一，在理论上比罚函数法有较大的优越性，更有利的是，由于最优乘子在实际背景中有它的实际意义，因而解题的同时，得到乘子的估计常常是必要的。但是它也存在不足，就是增广拉格朗日函数只有一阶可微性质，有时会给计算造成一定的限制。

# 8.4　复　形　法

复形法是单纯形方法的推广，通过对约束问题建立复形的迭代，是解约束优化问题的一种直接方法，迭代时仅需要计算函数值，不需要计算导数。

考虑优化问题

$$\min f(x)$$
$$\text{s.t.} \begin{cases} g_i(x) \leqslant 0, & i = 1, 2, \cdots, m \\ h_j(x) = 0, & j = 1, 2, \cdots, l \end{cases}$$
$$D = \{x \,|\, g_i(x) \leqslant 0, i = 1, 2, \cdots, m; h_j(x) = 0, j = 1, 2, \cdots, l\}$$

复形法计算步骤如下。

第一步：在 $D$ 内随机选取 $k(> n+1)$ 个点 $x^{(i)}(1 \leqslant i \leqslant k)$，以这些点为顶点组成的凸包由若干单纯形组成，称复形 (采用 $k > n + 1$ 个顶点是为了克服单纯形法易产生退化的缺点，顶点个数一般可取 $k = 2n$)。

第二步：在 $k$ 个顶点中找出目标函数值最大的点 (最坏点) 和目标函数值最小的点 (最好点)，分别记为 $x^{(p)}$ 和 $x^{(l)}$，求除 $x^{(p)}$ 以外的 $k - 1$ 个点的中心点，记为 $\hat{x}$：

$$\hat{x} = \frac{1}{k-1} \sum_{\substack{i=1 \\ i \neq p}}^{k} x^{(i)}$$

第三步：作 $x^{(p)}$ 关于 $\hat{x}$ 的 $\alpha$ 倍反射点，记为 $x^{(\alpha)}$：

$$x^{(\alpha)} = (1+\alpha)\hat{x} - \alpha x^{(p)}, \alpha \geqslant 1$$

第四步：若 $x^{(\alpha)} \in D$，则转第五步；否则，令 $\alpha = \dfrac{\alpha}{2}$，因约束的存在，作延伸意义不大，只做收缩，直至 $x^{(\alpha)} \in D$。

第五步：若 $f(x^{(\alpha)}) < f(x^{(p)})$，则由 $x^{(\alpha)}$ 代替 $x^{(p)}$ 组成新的复形；若 $f(x^{(\alpha)}) \geqslant f(x^{(p)})$，则令 $\alpha = \dfrac{\alpha}{2}$，重新计算 $x^{(\alpha)}$，直至 $f(x^{(\alpha)}) < f(x^{(p)})$，再由 $x^{(\alpha)}$ 代替 $x^{(p)}$ 组成新的复形。

第六步：若连续 $m$ 次 ($m$ 为事先给定的正数)，有 $\left\| x^{(h)} - x^{(l)} \right\| < \varepsilon$，停止计算，$x^{(l)}$ 为近似最优解。

**例 8.9**　用复形法求解

$$\min f(x) = x_1^2 + x_2^2 - 2x_1^2 x_2^2$$
$$\text{s.t.} \begin{cases} x_1 x_2 + x_1^2 + x_2^2 \leqslant 2 \\ x_1, x_2 \geqslant 0 \end{cases}$$

**解**　随机取 4 点 $x^{(1)} = (0.25, 0.5)^{\mathrm{T}}$，$x^{(2)} = (0, 1)^{\mathrm{T}}$，$x^{(3)} = (1, 0)^{\mathrm{T}}$，$x^{(4)} = (0.48, 0.55)^{\mathrm{T}}$，构成初始复形，分别计算其相应的函数值，计算结果见表 8.2。

表 8.2　例 8.9 的第一个复形函数计算结果

| $x$ | $x^{(1)}$ | $x^{(2)}$ | $x^{(3)}$ | $x^{(4)}$ |
|---|---|---|---|---|
| $f(x)$ | 0.53 | 2 | 1 | 0.46 |

最坏点 $x^{(p)} = x^{(2)}$，最好点 $x^{(l)} = x^{(4)}$，中心点 $\hat{x} = (0.57, 0.35)$。

计算 $x^{(p)}$ 关于 $\hat{x}$ 的反射点 $x^{(\alpha)} = (1.14, -0.3)$ (取 $\alpha = 1$)，因为 $x^{(\alpha)}$ 不在可行域内，令 $\alpha = \dfrac{1}{2}$，重新计算得 $x^{(\alpha)} = (0.86, 0.03)$，$f(x^{(\alpha)}) = 0.73$。由于 $f(x^{(\alpha)}) < f(x^{(p)})$，所以由 $x^{(\alpha)}$ 代替 $x^{(2)}$ 组成新的复形，其顶点和相应的函数值计算结果见表 8.3。

表 8.3　例 8.9 的第二个复形函数计算结果

| $x$ | $x^{(1)}$ | $x^{(2)}$ | $x^{(3)}$ | $x^{(4)}$ |
|---|---|---|---|---|
| $f(x)$ | 0.53 | 0.73 | 1 | 0.46 |

最坏点 $x^{(p)} = x^{(3)}$，最好点 $x^{(l)} = x^{(4)}$，中心点 $\hat{x} = (0.53, 0.36)$。计算 $x^{(p)}$ 关于 $\hat{x}$ 的反射点 $x^{(\alpha)} = (0.06, 0.72)$ (取 $\alpha = 1$)，$f(x^{(\alpha)}) = 1.03$。由于 $f(x^{(\alpha)}) \geqslant f(x^{(p)})$，令 $\alpha = \dfrac{1}{2}$，重新计算得 $x^{(\alpha)} = (0.29, 0.54)$，$f(x^{(\alpha)}) = 0.61$。由于 $f(x^{(\alpha)}) < f(x^{(p)})$，所以由 $x^{(\alpha)}$ 代替 $x^{(3)}$ 组成新的复形，其顶点和相应的函数值计算结果见表 8.4。

表 8.4　例 8.9 的第三个复形函数计算结果

| $x$ | $x^{(1)}$ | $x^{(2)}$ | $x^{(3)}$ | $x^{(4)}$ |
|---|---|---|---|---|
| $f(x)$ | 0.53 | 0.73 | 0.61 | 0.46 |

这样继续迭代，直到满足精度要求。

由于复形法在迭代过程中不用导数值，对函数的要求相当宽松，因而适用范围十分广泛。且不受随机因素影响，不受初始点的选择的影响，性能稳定，维数越高越能显示出它的优越性。该方法虽然直观，但略显粗糙，计算精度较低，对某些目标函数，其复形顶点有可能退化为一个低维空间，以至于无法继续迭代。

## 习　题　8

1. 对于约束最优化问题

$$\min f(x) = \left(x_1 - \frac{9}{4}\right)^2 + (x_2 - 2)^2$$

$$\text{s.t.} \begin{cases} x_1^2 - x_2 \leqslant 0 \\ x_1 + x_2 \leqslant 6 \\ x_1, x_2 \geqslant 0 \end{cases}$$

验证 $x^* = (1.5, 2.25)$ 是该问题的 K-T 点。证明 $x^*$ 是该问题的唯一最优解。

2. 通过 K-T 条件求解下列问题

(1) $\min f(x) = -3x_1 + x_2 - x_3^2$

$$\text{s.t.} \begin{cases} x_1 + x_2 + x_3 \leqslant 0 \\ -x_1 + 2x_2 + x_3^2 = 0 \end{cases}$$

(2) $\min f(x) = x_1^2 + 3x_2^2 + x_3^2$

$$\text{s.t.} \begin{cases} x_1 + 4x_2 \leqslant 12 \\ -x_1 + 2x_2 + x_3^2 \leqslant 2 \\ x_1, x_2, x_3 \geqslant 0 \end{cases}$$

3. 用罚函数法与障碍函数法求解下列约束最优化问题，取 $\varepsilon = 0.1$。

(1) $\min f(x) = (x_1 - 2)^2 + (x_1 - 2x_2)^2$

　　s.t. $x_1^2 - x_2 = 0$

(2) $\min f(x) = e^{x_1} + e^{x_2}$

$$\text{s.t.} \begin{cases} x_1^2 + x_2^2 - 9 = 0 \\ x_1 + x_2 - 1 \geqslant 0 \\ x_1, x_2 \geqslant 0 \end{cases}$$

# 第 9 章 运筹学软件介绍

随着科技的发展，各类软件逐步完善，利用计算机来指导学生解决一些数学问题已经成为课堂教学的一部分。对于以规划问题优化求解为主要目的高级运筹学来说，利用软件来解决线性规划和非线性规划问题是现代科学的重要途径之一。

计算机软件可快速给出线性规划的最优解，以及提供非线性规划问题的近似求解，虽然对于大部分非线性规划问题无法给出解析解或者精确解，但是可以避免较大型规划问题手工求解的困难与解决无法求解的难题。目前可用于求解线性规划和非线性规划问题的软件有：Excel、LINDO/LINGO、MATLAB、CPLEX、COPT、Python、SCIP 等。下面首先以线性规划和整数规划为例介绍常见软件在线性规划中的应用，再以 LINGO 为例，介绍 LINGO 在非线性规划问题中的应用案例。

## 9.1 运筹学中几种常见软件介绍

### 1. Excel

Microsoft Excel 是微软公司的办公软件 Microsoft Office 的组件之一，是 Microsoft 为使用 Windows 和 Apple Macintosh 操作系统的计算机而编写和运行的一款试算表软件。Excel 是微软办公套装软件的一个重要组成部分，确切地说，它是一个电子表格软件，可以用来制作电子表格、完成许多复杂的数据运算，进行数据处理、统计分析、预测和辅助决策操作，并且具有强大的制作图表功能，广泛地应用于管理、统计财经、金融等众多领域。Excel 中大量的公式函数可以被选择和应用，可以方便地实现许多计算、信息分析、电子表格生成与管理、数据统计与管理等功能。Excel 软件界面友好、使用方便。Excel 软件的最大魅力就在于它的通用性。

在 Excel 中所做的工作是在一个工作簿中进行的。工作簿是计算和存储数据的文件，每一个工作簿都可以包含多张工作表 (电子表格)，因此，可以在单个文件中管理各种类型的相关信息。工作簿是工作表的集合，每个工作簿最多能包含 255 张工作表，工作簿如同活页夹，工作表如同其中的一张张活页纸。工作表是一个由行和列组成的表格，是用来存储和处理数据的最主要文档，所有对数据进行的操作，都是在工作表上进行的。工作表名称显示于工作簿窗口底部的工作表标签上。工作表的特殊性在于其中的单元格之间有着密切的联系，当一个单元格内的数据发生变动时，就有可能直接影响其他单元格内的数据，也就是说，工作表是一个动态表格。单元格是 Excel 工作表的最基本单位，数据的输入和编辑是以 (活动) 单元格为对象的。公式是在工作表中对数据进行分析的等式。它可以对工作表数值进行加法、减法或乘法等运算。还可以引用同一工作表中的其他单元格、同一工作簿不同工作表中的单元格或者其他工作簿的工作表中的单元格。在 Excel 中可以创建许多种公式，其中既有进行简单代数运算的公式，也有分析复杂数学模型的公式。输入公式的方法有两种：一是直接键入，二是利用公式选项板。Excel 提供了近 200 个函数，并将它们按功能分类，列在"粘贴函数"对话框。

Excel 可用来进行优化决策，用 Excel 求解线性规划最优解的基本步骤如下。

(1) 打开 Excel，文件 → 选项 → 加载项 → 规划求解加载项，打钩确定。

(2) 在 Excel 中建立表格模型，用公式建立各个数据之间的联系。

(3) 确定需要作出的决策，并且制定可变单元格显示这些决策。

(4) 确定对这些决策的约束条件，并将以数据和决策表示被限制的结果放入输出单元格。

(5) 选择要输入目标单元格的以数据和决策表示的决策目标。

(6) 点数据 → 分析 → 规划求解，设置目标 → 选定可变单元格 → 输入约束，在"使无约束变量为非负数"处打钩，选择求解方法为"单纯线性规划"，再点"求解"，这样完成了整个线性规划问题的求解。

目前许多软件厂商借助 Excel 的友好界面和强大的数据处理功能开始研究将其以更简单的方式应用到企业管理和流程控制中，如 ESSAP[Excel & SQL(structured query language，结构化查询语言) 平台] 就是很好的应用 Excel 和数据库软件 MS SQL 相结合应用到企业管理和各行各业数据处理的例子。ESSAP 是一个用于构建信息系统的设计与运行平台。其以 Excel 为操作界面，结合大型数据库 MS SQL 与工作流技术，用户只要运用自己已经掌握的 Excel 操作技术 (不需依靠专业 IT 人员)，就可以设计满足自己需要 (管理意图) 的各种信息管理系统。另外，系统设计完成并投入使用以后，并不意味着系统就从此不能改变，而是还可以根据管理的需要进行不断的优化与扩展功能，真正做到了"持续优化，因需而变"，达到设计系统永不落伍。

### 2. LINDO/LINGO

LINDO 是 linear interactive and discrete optimizer 的缩写，即"交互式的线性和离散优化求解器"。LINGO 是 linear interactive and general optimizer 的缩写，即"交互式的线性和通用优化求解器"。LINDO/LINGO 是美国 LINDO 系统公司开发的一套专门用于求解最优化问题的软件包。LINDO 用于求解线性规划和二次规划，LINGO 除了具有 LINDO 的全部功能外，还可以用于求解非线性规划，也可以用于一些线性和非线性方程组的求解以及代数方程求根等。LINDO/LINGO 软件的最大特色在于它可以允许优化模型中的决策变量是整数 (即整数规划，包括 0-1 整数规划)，方便灵活，而且执行速度很快。LINGO 实际上还是最优化问题的一种建模语言，包括许多常用函数可供使用者建立优化模型时调用，并提供与其他数据文件 (如文本文件、Excel 电子表格文件、数据库文件等) 的接口，易于方便地输入、求解和分析大规模最优化问题。由于这些特点，LINDO/LINGO 软件在教学、科研和工业、商业、服务等领域得到广泛应用。

一个 LINGO 程序一般包括集合段 (以关键字 sets：开头，以 endsets 结尾)、数据输入段 (以关键字 data：开头，以 enddata 结尾)、优化目标和约束段、初始段 (以关键字 init：开头，以 endinit 结尾)、数据预处理段 (以关键字 calc：开头，以 endcalc 结尾) 等部分。详细内容可参考有关教材和资料。

### 3. MATLAB

MATLAB 是矩阵实验室 (matrix laboratory) 的简称，是美国 MathWorks 公司出品的商业数学软件，用于算法开发、数据可视化、数据分析以及数值计算的高级技术计算语言和交互式环境。它将数值分析、矩阵计算、科学数据可视化以及非线性动态系统的建模和仿真等诸多强大功能集成在一个易于使用的视窗环境中，为科学研究、工程设计以及进行有效数值计算的众多科学领域提供了一种全面的解决方案，并在很大程度上摆脱了传统非交互式程序设计语言 (如 C、Fortran) 的编辑模式，代表了当今国际科学计算软件的先进水平。

MATLAB 和 Mathematica、Maple 并称为三大数学软件。MATLAB 在数学类科技应用软件关于数值计算方面首屈一指。MATLAB 可以进行矩阵运算、绘制函数和数据、实现算法、创建用户界面、连接其他编程语言的程序等，主要应用于工程计算、控制设计、信号处理与通信、图像处理、信号检测、金融建模设计与分析等领域。MATLAB 拥有内容丰富、功能强大的多种工具箱，为用户提供了极大的便利。

MATLAB 中的优化工具箱，可以求解线性规划、非线性规划和多目标规划问题。具体而言，包括线性、非线性最小化，最大最小化，二次规划，半无限问题，线性、非线性方程 (组) 的求解，线性、非线性的最小二乘问题。MATLAB 求解优化问题的主要函数见表 9.1。

**表 9.1　MATLAB 中常见优化函数**

| 类型 | 模型 | 基本函数名 |
|---|---|---|
| 一元函数极小 | $\text{Min } F(x) \text{ s.t. } x1 < x < x2$ | $x = \text{fminbnd}('F', x_1, x_2)$ |
| 无约束极小 | $\text{Min } F(X)$ | $X = \text{fminunc}('F', X_0)$<br>$X = \text{fminsearch}('F', X_0)$ |
| 线性规划 | $\text{Min } c^T X$<br>$\text{s.t. } AX <= b$ | $X = \text{linprog}(c, A, b)$ |
| 二次规划 | $\text{Min } \frac{1}{2} x^T H x + c^T x$<br>$\text{s.t. } Ax <= b$ | $X = \text{quadprog}(H, c, A, b)$ |
| 约束极小<br>(非线性规划) | $\text{Min } F(X)$<br>$\text{s.t. } G(X) <= 0$ | $X = \text{fmincon}('FG', X_0)$ |
| 达到目标问题 | $\text{Min } r$<br>$\text{s.t. } F(x) - wr <= \text{goal}$ | $X = \text{fgoalattain}('F', x, \text{goal}, w)$ |
| 极小极大问题 | $\text{Min } \max_{X} \{F_i(x)\}$<br>$\text{s.t. } G(x) <= 0$ | $X = \text{fminimax}('FG', x_0)$ |

使用优化工具箱时，由于优化函数要求目标函数和约束条件满足一定的格式，所以需要用户在进行模型输入时注意以下几个问题。

(1) 目标函数最小化。优化函数 fminbnd、fminsearch、fminunc、fmincon、fgoalattain、fminimax 和 lsqnonlin 都要求目标函数最小化，如果优化问题要求目标函数最大化，可以通过使该目标函数的负值最小化来实现。近似地，对于 quadprog 函数提供 -H 和 -f，对于 linprog 函数提供 -f。

(2) 约束非正。优化工具箱要求非线性不等式约束的形式为 $C_i(x) \leqslant 0$，通过对不等式取负可以达到使大于零的约束形式变为小于零的不等式约束形式的目的，如 $C_i(x) \geqslant 0$ 形式的约束等价于 $-C_i(x) \leqslant 0$。

### 4. ILOG CPLEX

ILOG CPLEX 是目前国际上流行的优化软件包，是一种高性能、健壮、灵活的优化软件，由 CPLEX 接口和 CPLEX 算法组成。CPLEX 接口又由组件库和交互优化程序两部分组成。组件库允许开发人员将 ILOG CPLEX 引擎完整、有效地整合到应用程序中；交互优化程序提供了开发和部署应用程序过程中的各种不同的连接方式。灵活的接口能够使其用于大多数开发环境及很多平台，提供了真正的可移植性。ILOG CPLEX 本身并不是一种算法，但是却包含一系列可配置的算法，也称为优化选择，这些优化选择主要包括单一优化程序、界限优化程序和混合整数优化程序。用户可以根据实际问题的不同特点，选用不同的优化程序来解决。特别地，ILOG CPLEX 混合整数优化程序应用一种前沿的策略的划分范围技术——cutting-edge，可以为大多数复杂的混合整数规划问题提供一种快捷、强大的解决方案，使其更快地找到鲁棒性更好的解。ILOG CPLEX 广泛应用于物流行业、制造业、通信业、油田地面工程等，使得一些复杂的问题求解变得相对简单、高效。

### 5. COPT

杉数求解器 (cardinal optimizer，COPT) 是杉数自主研发的针对大规模优化问题的高效数学规划求解器套件，也是支撑杉数端到端供应链平台的核心组件，是目前同时具备大规模混合整数规划、线性规划 (单纯形法和内点法)、半定规划、(混合整数) 二阶锥规划以及 (混合整数) 凸二次规划和 (混合整数) 凸二次约束规划问题求解能力的综合性能数学规划求解器，为企业应对高性能求解的需求提供了更多选择。目前，杉数求解器 COPT 6.0 新增混合整数二阶锥规划 MISOCP 求解器、混合整数凸二次 (约束) 规划 MIQ(C)P 求解器，大幅提升了半定规划的求解能力，并发布了新的功能——参数调优工具 (tuner)，为用户带来了全新体验。

## 9.2 利用 Excel 求解线性规划问题

### 9.2.1 Excel 求解线性规划问题步骤

以例 2.1 的计划安排问题为例介绍如何使用 Excel 软件求解线性规划问题。Excel 中的线性规划求解功能并不能作为命令直接显示在菜单中，因此，使用前需要首先加载该模块。具体操作为：菜单栏中选择"文件 → 选项 → Excel 选项 → 加载项"，单击"转到"按钮，然后在"加载项"对话框中选择"规划求解加载项"，并单击"确定"按钮，见图 9.1。

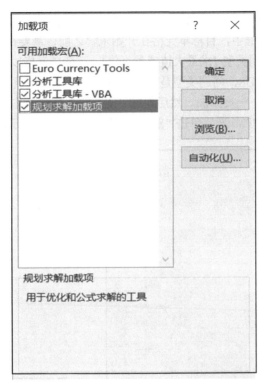

图 9.1  Excel 功能模块加载

步骤 1：首先把线性规划模型写成 Excel 电子表格。通常分为四个部分：基础数据、决策变量、目标函数以及约束条件，如图 9.2 所示。其中"变量"中的值是任意输入的初始值。图中最后 3 行是公式，其中 SUMPRODUCT 函数的功能是在给定的几组数组中，将数组间对应的元素相乘并相加。例如：

SUMPRODUCT(B3:C3, B7:C7) = B3*B7 + C3*C7 = 0 *0+ 3*1 = 3。

因此使用时 Excel 表中显示的不是公式而是计算结果 3。

| | A | B | C | D |
|---|---|---|---|---|
| 1 | | | | |
| 2 | | 产品甲 | 产品乙 | 资源总量 |
| 3 | 设备A/h | 0 | 3 | 15 |
| 4 | 设备B/h | 4 | 0 | 12 |
| 5 | 原材料/kg | 2 | 2 | 14 |
| 6 | 单位利润 | 2 | 3 | |
| 7 | 变量 | 0 | 1 | |
| 8 | 总利润 | =SUMPRODUCT(B7:C7,B6:C6) | | |
| 9 | | | | |
| 10 | | | | |
| 11 | | | | |
| 12 | 设备A | =SUMPRODUCT(B3:C3,B7:C7) | | |
| 13 | 设备B | =SUMPRODUCT(B4:C4,B7:C7) | | |
| 14 | 原材料 | =SUMPRODUCT(B5:C5,B7:C7) | | |
| 15 | | | | |

图 9.2  计划安排问题电子表格

步骤 2: 加载成功后, 在菜单栏中选择 "数据 → 规划求解", 便会弹出 "规划求解参数" 对话框, 如图 9.3 所示。在该对话框中, 目标单元格在开始求解之前, 需要在对话框中设置好各种参数, 包括目标单元格, 问题类型 (求最大值或最小值), 可变单元格以及约束条件等。具体说, 在此例中目标单元格选择 B8, 问题类型是求最大值, 可变单元格是 B7 到 C7, 单击 "添加" 按钮, 使三个约束条件一一被添加。然后勾选 "使无约束变量为非负数", 选择求解方法下拉菜单选择 "单纯线性规划", 最后单击 "确定" 按钮回到图 9.3 所示对话框。

图 9.3  规划求解参数设置对话框

步骤 3: 设置完成后, 单击图 9.3 的 "求解" 按钮, 将弹出 "规划求解结果" 对话框, 如图 9.4 所示。选定 "保留规划求解的解" 以及 "运算结果报告", 单击 "确定" 按钮。如果模型没有最优解, 对话框将显示 "规划求解找不到有用的解" 或 "设置目标单元格的值未收敛"。例 2.1 的最优解报告如图 9.5 所示。

图 9.4  规划求解结果对话框

在图 9.5 中可变单元格部分的 "终值" 下面，"(2，5)" 代表是最优解，工厂应生产 2 件产品 I 以及 5 件产品 II 可获得最高利润 19。此结果与使用图解法的结果 (见例 2.6) 是一致的。

**目标单元格 (最大值)**

| 单元格 | 名称 | 初值 | 终值 |
|---|---|---|---|
| $B$8 | 总利润 产品甲 | 19 | 19 |

**可变单元格**

| 单元格 | 名称 | 初值 | 终值 | 整数 |
|---|---|---|---|---|
| $B$7 | 变量 产品甲 | 2 | 2 | 约束 |
| $C$7 | 变量 产品乙 | 5 | 5 | 约束 |

**约束**

| 单元格 | 名称 | 单元格值 | 公式 | 状态 | 型数值 |
|---|---|---|---|---|---|
| $B$12 | 设备A 产品甲 | 15 | $B$12<=$D$3 | 到达限制值 | 0 |
| $B$13 | 设备B 产品甲 | 8 | $B$13<=$D$4 | 未到限制值 | 4 |
| $B$14 | 原材料 产品甲 | 14 | $B$14<=$D$5 | 到达限制值 | 0 |

图 9.5 最优解结果报告

### 9.2.2 利用 Excel 进行线性规划的灵敏度分析

以例 2.18 线性规划问题的灵敏度分析为例介绍如何使用 Excel 软件求解线性规划问题的灵敏度分析问题。

步骤 1：输入线性规划模型例 2.18 的基础数据、决策变量、目标函数和约束条件，如图 9.6 所示。

| | A | B | C | D | E |
|---|---|---|---|---|---|
| 1 | | | | | |
| 2 | | 产品A | 产品B | 产品C | 资源量 |
| 3 | 甲原料 | 1 | 1 | 1 | 12 |
| 4 | 乙原料 | 1 | 2 | 2 | 20 |
| 5 | 单件利润 | 5 | 8 | 6 | |
| 6 | | | | | |
| 7 | 变量 | 1 | 0 | 0 | |
| 8 | 总利润 | =SUMPRODUCT(B5:D5,B7:D7) | | | |
| 9 | | | | | |
| 10 | 甲原料 | =SUMPRODUCT(B3:D3,B7:D7) | | | |
| 11 | 乙原料 | =SUMPRODUCT(B4:D4,B7:D7) | | | |

图 9.6 计划生产电子表格

步骤 2：输入各种参数，包括目标单元格、问题类型 (求最大值或最小值)、可变单元格和约束条件等。与上一案例的步骤 2 类似。

步骤 3：在 "规划求解结果" 对话框中选择 "敏感性报告"，如图 9.7 所示。然后单击 "确定" 按钮就会出现敏感性分析报告，如图 9.8 所示。

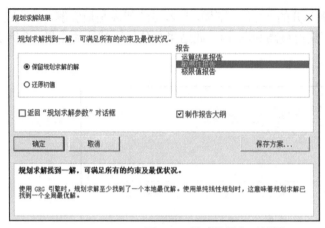

图 9.7　敏感性报告对话框

**可变单元格**

| 单元格 | 名称 | 终值 | 递减成本 | 目标式系数 | 允许的增量 | 允许的减量 |
|---|---|---|---|---|---|---|
| **$B$7:$D$7** | | | | | | |
| $B$7 | 变量 产品A | 4 | 0 | 5 | 3 | 1 |
| $C$7 | 变量 产品B | 8 | 0 | 8 | 2 | 2 |
| $D$7 | 变量 产品C | 0 | -2 | 6 | 2 | 1E+30 |

**约束**

| 单元格 | 名称 | 终值 | 阴影价格 | 约束限制值 | 允许的增量 | 允许的减量 |
|---|---|---|---|---|---|---|
| $B$10 | 甲原料 产品A | 12 | 2 | 12 | 8 | 2 |
| $B$11 | 乙原料 产品A | 20 | 3 | 20 | 4 | 8 |

图 9.8　敏感性分析结果

在图 9.8 的可变单元格部分，"终值"下面对应的数据 $X = (4,8,0)^{\mathrm{T}}$ 是最优解，它代表了最优生产方案，结果与例 2.18 中使用单纯形方法求解的结果一致。"目标式系数"栏表示价值系数 $C$ 的现值。"允许的增量"与"允许的减量"栏代表在最优解保持不变的前提下价值系数 $C_i$ 允许的增量与减量。其中"1E+30"代表 $10^{30}$，意味着无穷大。因此本例中的价值系数的变化范围能被确定。

$$-1 \leqslant \Delta C_1 \leqslant 3, \ 即 -1 \leqslant C_1 - 5 \leqslant 3, \ 则 4 \leqslant C_1 \leqslant 8;$$

$$-2 \leqslant \Delta C_2 \leqslant 2, \ 即 -2 \leqslant C_2 - 8 \leqslant 2, \ 则 6 \leqslant C_2 \leqslant 10;$$

$$-\infty \leqslant \Delta C_3 \leqslant 2, \ 即 -\infty \leqslant C_3 - 6 \leqslant 2, 则 -\infty \leqslant C_3 \leqslant 8$$

上述数据显示产品 A 的单件利润 $C_1$ 的取值范围在 [4,8] 区域内时，最优解不发生改变。同样产品 B 和产品 C 的单件利润 $C_2$ 和 $C_3$ 的取值范围分别是 [6,10] 和 $(-\infty,8]$ 时，最优解不发生改变。这些结果与例 2.18 的分析结果是一致的。

在图 9.8 的约束部分，"终值"下面对应的数据 $b = (12,20)^{\mathrm{T}}$ 是当前的资源约束量。最后两栏代表在最优解保持不变的前提下资源约束 $b_i$ 允许的增量与允许的减量。本案例中的资源约束 $b_i$ 的变化范围为

$$-2 \leqslant \Delta b_1 \leqslant 8,\ 即 -2 \leqslant b_1 - 12 \leqslant 8,\ 则 10 \leqslant b_1 \leqslant 20;$$

$$-8 \leqslant \Delta b_2 \leqslant 4,\ 即 -8 \leqslant b_2 - 20 \leqslant 4,\ 则 12 \leqslant b_2 \leqslant 24$$

上述数据显示当原料甲的供应量 $b_1$ 在 $[10,20]$ 变化时，不影响最优基。同样原料乙的供应量 $b_2$ 在 $[12,24]$ 变化时，不影响最优基。这些结果与例 2.18 的分析结果是一致的。

图 9.8 的敏感性分析报告中显示出另一个重要信息关于影子价格。影子价格是指线性规划的原问题中某个资源约束常数增加或减少一个单位从而导致目标函数值的增量或减量。影子价格的大小客观上反映资源在系统内的稀缺程度，影子价格越高，资源在系统中越稀缺。图 9.8 中约束部分"阴影价格"栏显示的 $(2,3)^{\mathrm{T}}$ 就是影子价格，它意味着如果原料甲增加一个单位，则目标函数值会增加 2 个单位。类似的如果原料乙增加一个单位，则目标函数值会增加 3 个单位。

# 9.3　利用 Excel 求解整数规划

线性规划中的变量 (部分或全部) 限制为整数时，称为整数规划。0-1 规划在整数规划中占有重要地位，一方面，许多实际问题，如指派问题、选址问题、送货问题都可归结为此类规划，另一方面，任何有界变量的整数规划都与 0-1 规划等价，用 0-1 规划方法还可以把多种非线性规划问题表示成整数规划问题。

### 9.3.1　整数规划求解

以例 3.1 为例介绍如何使用 Excel 求解整数规划问题。这是一个集装箱托运货物问题，最终要求货物甲和货物乙各装多少箱能使利润最大同时又满足集装箱的一些限制条件。基础数据输入如图 9.9 所示，这是一个整数规划问题。

| | A | B | C | D |
|---|---|---|---|---|
| 1 | | | | |
| 2 | | 货物甲 | 货物乙 | 托运限制 |
| 3 | 体积 | 5 | 4 | 24 |
| 4 | 质量 | 2 | 5 | 13 |
| 5 | 单件利润 | 20 | 10 | |
| 6 | | | | |
| 7 | 变量 | 0 | 1 | |
| 8 | 总利润 | =SUMPRODUCT(B5:C5,B7:C7) | | |
| 9 | | | | |
| 10 | 体积 | =SUMPRODUCT(B3:C3,B7:C7) | | |
| 11 | 质量 | =SUMPRODUCT(B4:C4,B7:C7) | | |
| 12 | | | | |

图 9.9　装箱问题电子表格

使用 Excel 计算例 3.1 的步骤与上述线性规划求解类似。需要注意的是货物甲和货物乙的箱数必须指明是整数。如图 9.10 所示，在"添加约束"对话框中指明在"B7"位置上

的第一个变量被限制为整数 "int"。所有约束条件被添加完成后，整个参数设置的结果显示在图 9.11 中。

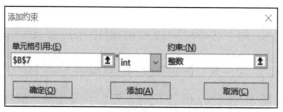

图 9.10　整数约束对话框

图 9.11　整数规划求解参数设置

在单击 "求解" 按钮后，得到整数规划最优解如图 9.12 所示。在可变单元格部分，"初

**目标单元格 (最大值)**

| 单元格 | 名称 | 初值 | 终值 |
|---|---|---|---|
| $B$8 | 总利润 货物甲 | 10 | 90 |

**可变单元格**

| 单元格 | 名称 | 初值 | 终值 | 整数 |
|---|---|---|---|---|
| $B$7 | 变量 货物甲 | 0 | 4 | 整数 |
| $C$7 | 变量 货物乙 | 1 | 1 | 整数 |

**约束**

| 单元格 | 名称 | 单元格值 | 公式 | 状态 | 型数值 |
|---|---|---|---|---|---|
| $B$10 | 体积 货物甲 | 24 | $B$10<=$D$3 | 到达限制值 | 0 |
| $B$11 | 质量 货物甲 | 13 | $B$11<=$D$4 | 到达限制值 | 0 |
| $B$7=整数 | | | | | |
| $C$7=整数 | | | | | |

图 9.12　装箱问题的整数最优解

值"栏显示的是任意输入的初始变量数值。"终值"栏显示的是最终的最优整数解，当货物甲装 4 箱和货物乙装 1 箱时可获得最大利润 90。

### 9.3.2  0-1 整数规划求解

以例 3.5 为例介绍如何使用 Excel 求解 0-1 整数规划问题。把基础数据输入到 Excel 电子表格中，如图 9.13 所示。

| | A | B | C | D | E |
|---|---|---|---|---|---|
| 1 | | | | | 约束常数 |
| 2 | 系数矩阵 | 1 | 2 | -1 | 2 |
| 3 | | 1 | 4 | 1 | 4 |
| 4 | | 1 | 1 | 0 | 3 |
| 5 | | 4 | 0 | 1 | 6 |
| 6 | 价值系数 | 3 | -2 | 5 | |
| 7 | | | | | |
| 8 | 变量 | 1 | 0 | 0 | |
| 9 | 目标 | =SUMPRODUCT(B6:D6,B8:D8) | | | |
| 10 | | | | | |
| 11 | 约束 | =SUMPRODUCT(B2:D2,B8:D8) | | | |
| 12 | | =SUMPRODUCT(B3:D3,B8:D8) | | | |
| 13 | | =SUMPRODUCT(B4:D4,B8:D8) | | | |
| 14 | | =SUMPRODUCT(B5:D5,B8:D8) | | | |

图 9.13　矩阵形式电子表格模型

用 Excel 进行 0-1 整数规划求解的步骤与一般的整数规划求解类似。不同点是需要指明所有变量是 0-1 决策变量。例如，说明在"B8"位置上的第一个变量是 0-1 形式的变量，在选择按钮处选择"bin"就意味着第一个变量被限制为"0-1"决策变量，如图 9.14 所示。

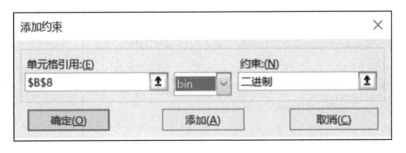

图 9.14　二进制形式的约束

在所有参数被设置完后单击"求解"按钮，最优解报告显示在图 9.15 中。在可变单元格部分，"初值"栏显示的是任意输入的初始变量数值 $(x_1,x_2,x_3) = (1,0,0)$。"终值"栏显示的是最终的最优 0-1 整数解 $(x_1,x_2,x_3) =(1,0,1)$，最大值被显示在目标单元格部分为 8。结果与例 3.5 中使用隐枚举方法求解的结果一致。

**目标单元格 (最大值)**

| 单元格 | 名称 | 初值 | 终值 |
|---|---|---|---|
| $B$9 | 目标 | 3 | 8 |

**可变单元格**

| 单元格 | 名称 | 初值 | 终值 | 整数 |
|---|---|---|---|---|
| **$B$8:$D$8** | | | | |
| $B$8 | 变量 | 1 | 1 | 二进制 |
| $C$8 | 变量 | 0 | 0 | 二进制 |
| $D$8 | 变量 | 0 | 1 | 二进制 |

**约束**

| 单元格 | 名称 | 单元格值 | 公式 | 状态 | 型数值 |
|---|---|---|---|---|---|
| $B$11 | 约束 | 0 | $B$11<=$E$2 | 未到限制值 | 2 |
| $B$12 | | 2 | $B$12<=$E$3 | 未到限制值 | 2 |
| $B$13 | | 1 | $B$13<=$E$4 | 未到限制值 | 2 |
| $B$14 | | 5 | $B$14<=$E$5 | 未到限制值 | 1 |
| $B$8=二进制 | | | | | |
| $C$8=二进制 | | | | | |
| $D$8=二进制 | | | | | |

图 9.15　　0-1 形式最优解

## 9.4　LINGO 软件求解非线性规划

### 9.4.1　LINGO 软件介绍

LINGO 模型窗口如图 9.16 所示。模型窗口输入格式要求如下。

```
model:
    !6产地8销地运输问题;
sets:
    warehouses/wh1..wh6/:capacity;
    vendors/v1..v8/:demand;
    links(warehouses,vendors):cost,volume;
endsets
!目标函数;
    min=@sum(links:cost*volume);
!需求约束;
    @for (vendors(J):@sum(warehouses (I):volume(I,J))=demand(J));
!产量约束;
    @for (warehouses(I):@sum(vendors (u):volume(I,J))<=capacity(I));
!下面是数据;
data:
    capacity=60 55 51 43 41 52;
    demand=35 37 22 32 41 32 43 38;
    cost=6 2 6 7 4 2 9 5
         4 9 5 3 8 5 8 2
         5 2 1 9 7 4 3 3
         7 6 7 3 9 2 7 1
         2 3 9 5 7 2 6 5
         5 5 2 2 8 1 4 3;
enddata
end
```

图 9.16　　LINGO 窗口输入格式

(1)LINGO 的数学规划模型包含目标函数、决策变量、约束条件三个要素。

(2) 在 LINGO 程序中，每一个语句都必须用一个英文状态下的分号 ";" 结束，一个语句可以分几行输入。

(3)LINGO 的注释以英文状态的感叹号 "!" 开始，必须以英文状态下的分号 ";" 结束。

(4)LINGO 的变量不区分字母的大小写，必须以字母开头，可以包含数字和下划线，不超过 32 个字符。

(5)LINGO 程序中，只要定义好集合，其他语句的顺序是任意的。

(6)LINGO 中的函数以 "@" 开头。

(7)LINGO 默认所有的变量都是非负的。

(8)LINGO 中 "> 或 <" 号与 ">= 或 <=" 号功能相同。

(9)LINGO 模型以语句 "model:" 开始，以 "end" 结束，对于比较简单的模型，这两个语句可以省略。

(10) 完整的 LINGO 模型共由如下四个部分构成。①目标与约束段 (model: end)；②集合段 (sets: endsets)；③数据段 (data: enddata)；④初始化段 (init: endinit)。除了一些非常简单的模型，一般目标与约束段是必需的，其他是可选的。

(11) LINGO 中各类优化计算功能的实现，靠的是其内置的丰富函数集，包括常见的数学函数、变量界定函数、集合操作函数、数据输入输出函数等，可参考 LINGO 的帮助或网上资料了解更多信息。下面介绍几个常用的变量界定函数：① @BND(L,x,U)，即 $L \leqslant x \leqslant U$；② @BIN(x)，限制 x 仅取整数 0 或 1；③ @FREE(x)，取消对 x 的非负符号限制；④ @GIN(x)，限制 x 仅取非负整数。

LINGO 建模时需要注意以下几个问题。

(1) 尽量使用实验变量，减少整数约束和整数变量。

(2) 模型中使用的参数数量级要适当，否则会给出警告信息，可以选择适当的单位改变相对尺度。

(3) 尽量使用线性模型，减少非线性约束和非线性变量的个数，同时尽量少使用绝对值、符号函数、多变量求最大最小值、取整函数等非线性函数。

(4) 合理设定变量上下界，尽可能给出初始值。

在 LINGO 求解非线性规划时，其模型表达没有特别之处，需要注意两点：一是由于非线性规划不存在通用解法，LINGO 求解时使用的是各类迭代求解算法，有终止条件、全局与局部、初始解等方面的设置问题，可在 LINGO|OPTIONS|INonlinear Solver(非线性求解器) 选项卡中找到，图 9.17 给出了大致说明；二是求解终止时结果的解读问题，LINGO 能够找到足够精确的全局解，取决于各类因素，不能确保，需要结合模型本身的特征及实践验证，对结果进行谨慎解读。

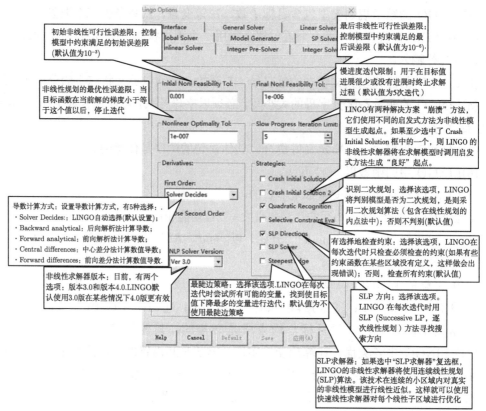

图 9.17　LINGO 中非线性求解器设置界面

## 9.4.2　LINGO 求解一维极值优化问题

以例 6.1 为例介绍如何使用 LINGO 求解一维极值优化问题。

求函数 $f(x) = x^2 + x + 1$ 在区间 $[-2, 2]$ 上的近似极小点和近似极小值，并要求误差不超过 0.2。

步骤 1：输入 LINGO 模型，如图 9.18 所示。

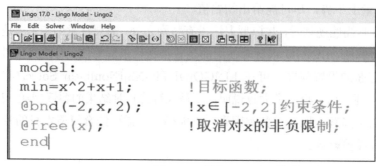

图 9.18　输入 LINGO 模型

步骤 2：点击 Solve 按钮求解 LINGO 模型，计算结果如图 9.19 所示。

图 9.19  LINGO 模型计算结果 (1)

结果得到当 $x = -0.5$ 时，极小值 $f(x) = 0.75$。

### 9.4.3  LINGO 求解无约束最优问题

以例 7.5 为例介绍如何使用 LINGO 求解一维极值优化问题。步骤与上述 9.4.1 节类似，此处只展示 LINGO 模型计算结果，如图 9.20 所示。

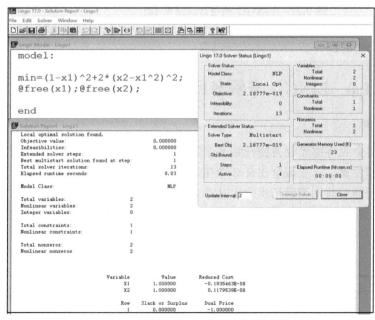

图 9.20  LINGO 模型计算结果 (2)

结果得到 $X = (1,1)^{\mathrm{T}}$ 是该问题的最优解，此时极小值 $f(x) = 0$。

### 9.4.4　LINGO 求解约束最优问题

以例 8.1 为例介绍如何使用 LINGO 求解一维极值优化问题。步骤与上述 9.4.2 节类似，此处只展示 LINGO 模型计算结果，如图 9.21 所示。

图 9.21　LINGO 模型计算结果 (3)

解得最优解为 $X = (2,1)^{\mathrm{T}}$。

## 9.5　LINGO 求解多目标规划问题

### 9.5.1　多目标规划实例

**例 9.1**　某个大型企业将物流业务委托给某个物流公司，物流公司将根据企业的情况确定配送中心的数量和位置。已知该企业有 3 个生产工厂生产同一种产品，主要满足 8 个客户的需求。物流公司经过前期调研初步确定 4 个潜在的配送中心的位置，并且已知工厂的供应量 (单位：t)、客户的需求量 (单位：t) 和各点的距离 (单位：km)，有关数据如表 9.2～ 表 9.5 所示。

表 9.2　工厂供应量

| 工厂 | 1 | 2 | 3 | 合计 |
|---|---|---|---|---|
| 年供应量 | 86760 | 76020 | 73368 | 236148 |
| 月均供应量 | 7230 | 6335 | 6114 | 19679 |

表 9.3　配送中心位置到客户的距离

| 位置 | 1 | 2 | 3 | 4 | 5 | 6 | 7 | 8 |
|---|---|---|---|---|---|---|---|---|
| 1 | 56 | 25 | 23 | 25 | 31 | 22 | 8 | 5 |
| 2 | 61 | 31 | 28 | 30 | 35 | 37 | 27 | 25 |
| 3 | 62 | 40 | 38 | 40 | 46 | 47 | 37 | 14 |
| 4 | 3 | 93 | 91 | 93 | 99 | 100 | 90 | 88 |

表 9.4　工厂到配送中心位置的距离

| 工厂 | 1 | 2 | 3 | 4 |
|---|---|---|---|---|
| 1 | 260 | 308 | 318 | 316 |
| 2 | 240 | 233 | 243 | 178 |
| 3 | 36 | 32 | 338 | 269 |

表 9.5　客户需求量

| 客户 | 1 | 2 | 3 | 4 | 5 | 6 | 7 | 8 |
|---|---|---|---|---|---|---|---|---|
| 需求量 | 1500 | 1120 | 1513 | 2196 | 3463 | 1587 | 2224 | 3008 |

选择配送中心的位置首先要考虑费用和客户的满意度，已知各位置建设配送中心的运营费用，包括每月的固定费用和单位产品的可变费用，如表 9.6 所示。

表 9.6　配送中心的费用

| 配送中心 | 1 | 2 | 3 | 4 |
|---|---|---|---|---|
| 固定费用/元 | 374000 | 374000 | 374000 | 137200 |
| 可变费用/元 | 350 | 400 | 280 | 300 |

运输费用率为 5.91 元/$(t \cdot km)$，客户的满意度与运输时间或者运输距离成反比，距离越长满意度越低。决策者需要在潜在的位置选择一个或多个作为配送中心，目的是使得总费用最小和客户的满意度最大。

**解**　设第 $i(i=1,2,3)$ 个工厂到第 $j(j=1,2,3,4)$ 个潜在配送中心的位置的距离为 $a_{ij}$，第 $j$ 个配送中心到第 $k(k=1,2,\cdots,8)$ 个客户的距离为 $b_{jk}$，第 $j$ 个配送中心的固定费用和单位可变费用分别为 $c_j, h_j$，第 $k$ 个客户的需求量为 $d_k$，第 $i$ 个工厂的产量为 $q_i$。

该问题需要确定的因素包括是否在某个位置建立配送中心，各工厂向配送中心每月提供的货物数量，每个客户由哪个配送中心负责送货。设 $x_{ji}(i=1, 2, 3; j=1, 2, 3, 4)$ 表示第 $i$ 个工厂向第 $j$ 个配送中心提供的产品数量，并引进两组 0-1 变量：

$$y_j = \begin{cases} 1, & \text{第 } j \text{ 个潜在位置建立配送中心,} \\ 0, & \text{第 } j \text{ 个潜在位置不建立配送中心,} \end{cases} \quad j=1,2,3,4$$

$$z_{jk} = \begin{cases} 1, & \text{第 } j \text{ 个潜在位置负责第 } k \text{ 个客户,} \\ 0, & \text{第 } j \text{ 个潜在位置不负责第 } k \text{ 个客户,} \end{cases} \quad j=1,2,3,4; \ k=1,2,\cdots,8$$

约束条件分为如下四类。

(1) 每个客户由一个中心负责，即

$$\sum_{j=1}^{4} z_{jk} = 1, \quad k = 1, 2, \cdots, 8$$

(2) 两组 0-1 变量之间的关联关系：

$$\sum_{k=1}^{8} z_{jk} \leqslant 8y_j, \quad j = 1, 2, 3, 4$$

(3) 配送中心每月进货与出货相等，则有

$$\sum_{k=1}^{8} d_k z_{jk} - \sum_{i=1}^{3} x_{ij} = 0, \quad j = 1, 2, 3, 4$$

(4) 工厂的运出量不超过产量，则有

$$\sum_{j=1}^{4} x_{ij} \leqslant q_i, \quad i = 1, 2, 3$$

该问题的目标函数有以下两个。

(1) 总费用最小。总费用包括配送中心的运营费用和货物的运输费用，其中配送中心的运营费用包括固定费用和可变费用，货物的运输费用包括从工厂运往配送中心的费用和从配送中心运往客户的费用。则总费用为

$$\sum_{j=1}^{4} \left( c_j y_j + h_j \sum_{i=1}^{3} x_{ij} \right) + 5.91 \sum_{i=1}^{3} \sum_{j=1}^{4} a_{ij} x_{ij} + 5.91 \sum_{j=1}^{4} \sum_{k=1}^{8} b_{jk} d_k z_{jk}$$

(2) 客户满意度最大。假设各客户地位平等，以最不满意的客户满意度为衡量客户满意度的标准。客户满意度与送货的时间成反比，而时间又与距离成正比，因而客户满意度与距离成反比。这里的距离只需考虑从配送中心到客户的距离，因为工厂运往配送中心的产品会提前发送，假设客户订单下达即可发货。显然，运货距离越小客户满意度越大，因而可以用客户到货距离最长者达到最小替代满意度最大的目标，即

$$\min \max_{k} \sum_{j=1}^{4} b_{jk} z_{jk}$$

如果令 $\max\limits_{k} \sum\limits_{j=1}^{4} b_{jk} z_{jk} = v$，则上述目标函数可以化成等价的问题，即

$$\min v,$$
$$\text{s.t.} \sum_{j=1}^{4} b_{jk} z_{jk} \leqslant v, \quad k = 1, 2, \cdots, 8$$

综上所述，建立如下的数学模型：

$$\min \sum_{j=1}^{4} \left( c_j y_j + h_j \sum_{i=1}^{3} x_{ij} \right) + 5.91 \sum_{i=1}^{3} \sum_{j=1}^{4} a_{ij} x_{ij} + 5.91 \sum_{j=1}^{4} \sum_{k=1}^{8} b_{jk} d_k z_{jk}$$

$$\min v$$

$$\text{s.t.} \begin{cases} \sum_{j=1}^{4} z_{jk} = 1, & k = 1, 2, \cdots, 8 \\ \sum_{k=1}^{8} z_{jk} \leqslant 8 y_j, & j = 1, 2, 3, 4 \\ \sum_{k=1}^{8} d_k z_{jk} - \sum_{i=1}^{3} x_{ij} = 0, & j = 1, 2, 3, 4 \\ \sum_{j=1}^{4} x_{ij} \leqslant q_i, & i = 1, 2, 3 \\ \sum_{j=1}^{4} b_{jk} z_{jk} \leqslant v, & k = 1, 2, \cdots, 8 \\ x_{ij} \geqslant 0, y_j, z_{jk} = 0 \text{ 或} 1, & i = 1, 2, 3; \ j = 1, 2, 3, 4; \ k = 1, 2, \cdots, 8 \end{cases}$$

该数学模型的变量和约束条件与前面的数学规划一样,不同之处是有两个目标函数,为了和前面的数学规划相区别,有两个或两个以上目标函数的模型就称为多目标规划,对应前面的只有一个目标的规划称为单目标规划或简称数学规划,通常所说的数学规划如不特别指明就是指单目标规划。

### 9.5.2　多目标规划的有效解

求解有效解的方法有很多种,如理想点法、平方和加权法、虚拟目标法、线性加权和法、最小最大法、乘除法和优先级法等。这里重点介绍理想点法和优先级法。

#### 1. 理想点法

理想点法的基本思想:以每个单目标最优值为该目标的理想值,使每个目标函数值与理想值的差的平方和最小。该方法的基本步骤如下。

第一步:求出每个目标函数的理想值。以单个目标函数为目标构造单目标规划,求该规划的最优值,即

$$f_j^* = \min_{x \in S} f_j(x), \quad j = 1, 2, \cdots, p$$

第二步:计算每个目标与理想值的差的平方和,作出评价函数,即

$$h(F) = \sum_{J=1}^{P} \left( f_j - f_j^* \right)^2$$

第三步:求评价函数的最优值,即

$$\min_{x \in S} h(F) = \min_{x \in S} \sum^{p} \left( f_j - f_j^* \right)^2$$

该方法需要求解 $p+1$ 个单目标规划。

**例 9.2** 用理想点法求解例 9.1。

**解** 根据上面的求解结果,建立理想点解法的如下非线性规划模型:

$$\min \quad 10^{-9}\left[\sum_{j=1}^{4}\left(c_j y_j + h_j \sum_{i=1}^{3} x_{ij}\right) + 5.91\sum_{i=1}^{3}\sum_{j=1}^{4} a_{ij}x_{ij}\right.$$

$$\left. + 5.91\sum_{j=1}^{4}\sum_{k=1}^{8} b_{jk}d_k z_{jk} - 24068950\right]^2 + (v-31)^2$$

$$\text{s.t.} \quad \begin{cases} \sum_{j=1}^{4} z_{jk} = 1, \quad k=1,2,\cdots,8 \\ \sum_{k=1}^{8} z_{jk} \leqslant 8y_j, \quad j=1,2,3,4 \\ \sum_{k=1}^{8} d_k z_{jk} - \sum_{i=1}^{3} x_{ij} = 0, \quad j=1,2,3,4 \\ \sum_{j=1}^{4} x_{ij} \leqslant q_i, \quad i=1,2,3 \\ \sum_{j=1}^{4} b_{jk}z_{jk} \leqslant v, \quad k=1,2,\cdots,8 \\ x_{ij} \geqslant 0, y_j, z_{jk} = 0 \text{ 或 } 1, \quad i=1,2,3; \ j=1,2,3,4; \ k=1,2,\cdots,8 \end{cases}$$

这里由于两个目标函数取值的数量级相差较大,因此对两个目标函数的偏差平方和进行了加权处理。

利用 LINGO 软件,求得有效解对应的费用为 24816950,最长服务距离为 93。

计算的 LINGO 程序如下:

```
model:
sets:
goal/1..2/:g;!2个目标函数的理想值;
gong/1..3/:q;
kehu/1..8/:d;
weizhi/1..4/:c,h,y;
link1(gong,weizhi):x,a;
link2(weizhi,kehu):b,z;
endsets
data:
g=1000000000;!这里必须赋初值,否则结果是错误的,建议把该LINGO程序分3部分做;
q=7230 6335 6114;
b=56 25 23 25 31 22 8 5
61 31 28 30 35 37 27 25
```

```
62 40 38 40 46 47 37 14
3 93 91 93 99 100 90 88;
a=260 308 318 316
240 233 243 178
36 32 338 269;
d=1500 1120 1513 2196 3463 1587 2224 3008;
c=374000 374000 374000 137200;
h=350 400 280 300;
enddata
submodel myobj1: !定义第1个目标函数;
[obj1]min=@sum(weizhi:c*y)+@sum(link1(i,j):h(j)*x(i,j))+5.91*@sum(link1:a*x)
    +5.91*@sum(link2(j,k):b(j,k)*d(k)*z(j,k)));
endsubmodel
submodel myobj2: !定义第2个目标函数;
[obj2]min=v;
endsubmodel
submodel myobj3:
min=10^(-9)*(g(1)-@sum(weizhi:c*y)+@sum(link1(i,j):h(j)*x(i,j))+5.91*@sum(
    link1:a*x)+5.91*@sum(link2(j,k):b(j,k)*d(k)*z(j,k)))^2+(g(2)-v)^2;
endsubmodel
submodel mycon1: !定义共同的约束条件;
@for(kehu(k):@sum(weizhi(j):z(j,k))=1);
@for(weizhi(j):@sum(kehu(k):z(j,k))<=8*y(j));
@for(weizhi(j):@sum(kehu(k):d(k)*z(j,k))=@sum(gong(i):x(i,j)));
@for(gong(i):@sum(weizhi(j):x(i,j))<=q(i));
@for(weizhi:@bin(y));
@for(link2:@bin(z));
endsubmodel
submodel mycon2:
@for(kehu(k):@sum(weizhi(j):b(j,k)*z(j,k))<=v);!定义第2个约束条件;
endsubmodel
submodel mycon3: !定义费用子模型;
gg=@sum(weizhi:c*y)+@sum(link1(i,j):h(j)*x(i,j))+5.91*@sum(link1:a*x)+5.91
    *@sum(link1:a*x)+5.91*@sum(link2(j,k):b(j,k)*d(k)*z(j,k)));
endsubmodel
calc:
@solve(myobj1,mycon1); !求最小费用;
g(1)=obj1;
@solve(myobj2,mycon1,mycon2);g(2)=obj2;!求最长距离;
@write("g(2)=",g(2),@newline(1));!LINGO输出滞后,这里为了确认g(2)的取值;
@solve(myobj3,mycon1,mycon2,mycon3);
endcalc
end[A1]
```

## 2. 优先级法

优先级法的基本思想是根据目标重要性分成不同优先级, 先求优先级高的目标函数的最优值, 在确保优先级高的目标获得不低于最优值的条件下, 再求优先级低的目标函数, 具体步骤如下。

第一步, 确定优先级。

第二步, 求第一级单目标最优值

$$f_1^* = \min_{x \in S} f_1(x)$$

第三步, 以第一级单目标等于最优值为约束, 求第二级目标最优, 即

$$\min_{x \in S} f_2(x)$$

$$f_1(x) = f_1^*$$

第四步, 以第一、第二级单目标等于其最优值为约束, 求第三级目标最优。依次递推求解。

优先级法适用于目标有明显轻重之分的问题, 也就是说, 各目标的重要性差距比较大, 首先确保最重要的目标, 然后再考虑其他目标。在同一等级的目标可能会有多个, 这些目标的重要性没有明显的差距, 可以用加权或理想点法求解。

**注** 优先级法也称为序贯解法。

**例 9.3** 用优先级法求解例 9.1。

**解** 首先确定以最长距离最小为优先目标, 使其达到最小后再以总费用最小为目标, 由前面计算可知, 第二个目标函数最优值为 31, 因而在此基础上求数学规划;

$$\min \sum_{j=1}^{4} \left( c_j y_j + h_j \sum_{i=1}^{3} x_{ij} \right) + 5.91 \sum_{i=1}^{3} \sum_{j=1}^{4} a_{ij} x_{ij} + 5.91 \sum_{j=1}^{4} \sum_{k=1}^{8} b_{jk} d_k z_{jk}$$

$$\text{s.t.} \begin{cases} \sum_{j=1}^{4} z_{jk} = 1, & k = 1, 2, \cdots, 8 \\ \sum_{k=1}^{8} z_{jk} \leqslant 8 y_j, & j = 1, 2, 3, 4 \\ \sum_{k=1}^{8} d_k z_{jk} - \sum_{i=1}^{3} x_{ij} = 0, & j = 1, 2, 3, 4 \\ \sum_{j=1}^{4} x_{ij} \leqslant q_i, & i = 1, 2, 3 \\ \sum_{j=1}^{4} b_{jk} z_{jk} \leqslant 31, & k = 1, 2, \cdots, 8 \\ x_{ij} \geqslant 0, y_j, z_{jk} = 0 \text{ 或} 1, & i = 1, 2, 3; \ j = 1, 2, 3, 4; \ k = 1, 2, \cdots, 8 \end{cases}$$

利用 LINGO 软件求得最小费用为 24139160。

计算的 LINGO 程序如下：

```
model:
sets:
gong/1..3/:q;
kehu/1..8/:d;
weizhi/1..4/:c,h,y;
link1(gong,weizhi):x,a;
link2(weizhi,kehu):b,z;
endsets
data:
q=7230 6335 6114;
b=56 25 23 25 31 22 8 5
61 31 28 30 35 37 27 25
62 40 38 40 46 47 37 14
3 93 91 93 99 100 90 88;
a=260 308 318 316
240 233 243 178
36 32 338 269;
d=1500 1120 1513 2196 3463 1587 2224 3008;
c=374000 374000 374000 137200;
h=350 400 280 300;
enddata
min=@sum(weizhi:c*y)+@sum(link1(i,j):h(j)*x(i,j))+5.91*@sum(link1:a*x)+5.91
    *@sum(link2(j,k):b(j,k)*d(k)*z(j,k));
@for(kehu(k):@sum(weizhi(j):z(j,k))=1);
@for(weizhi(j):@sum(kehu(k):z(j,k))<=8*y(j));
@for(weizhi(j):@sum(kehu(k):d(k)*z(j,k))=@sum(gong(i):x(i,j)));
@for(gong(i):@sum(weizhi(j):x(i,j))<=q(i));
@for(kehu(k):@sum(weizhi(j):b(j,k)*z(j,k))<=31);!第二目标函数约束条件;
@for(weizhi:@bin(y));
@for(link2:@bin(z));
end[A2]
```

# 参 考 文 献

《运筹学》教材编写组, 2005. 运筹学 [M]. 3 版. 北京: 清华大学出版社.

戴维·R. 安德森, 等, 2003. 数据、模型与决策 [M]. 于淼, 等, 译. 北京：机械工业出版社.

耿修林, 2006. 数据、模型与决策 [M]. 北京：科学出版社.

郭耀煌, 李军, 2001. 管理运筹学 [M]. 成都：西南交通大学出版社.

韩伯棠, 2005. 管理运筹学 [M]. 2 版. 北京：高等教育出版社.

胡运权, 2006. 运筹学基础及应用 [M].4 版. 哈尔滨：哈尔滨工业大学出版社.

胡运权, 2010. 运筹学习题集 [M]. 4 版. 北京：清华大学出版社.

胡运权, 2012. 运筹学教程 [M]. 4 版. 北京：清华大学出版社.

李荣钧, 邝英强, 2002. 运筹学 [M]. 广州：华南理工大学出版社.

马良, 2008. 高级运筹学 [M]. 北京：机械工业出版社.

宁宣熙, 2007. 管理运筹学教程 [M]. 北京：清华大学出版社.

宋学锋, 2003. 运筹学 [M]. 南京：东南大学出版社.

吴祈宗, 侯福均, 2013. 运筹学与最优化方法 [M].2 版. 北京：机械工业出版社.

徐玖平, 胡知能, 2004. 运筹学 [M]. 2 版. 北京：科学出版社.

徐玖平, 胡知能, 王綖, 2007. 运筹学-I 类 [M]. 3 版. 北京：科学出版社.

徐渝, 贾涛, 2005. 运筹学（上册）[M]. 北京：清华大学出版社.

徐裕生, 张海英, 2006. 运筹学 [M]. 北京：北京大学出版社.

杨超, 2010. 数据、模型与决策 [M]. 武汉：武汉理工大学出版社.

赵可培, 2000. 运筹学 [M]. 上海：上海财经大学出版社.